Evolution von Kollusion

Jonathan Kopf

Evolution von Kollusion

Experimentelle Evidenz in Kontraktmärkten

Jonathan Kopf
Karlsruhe, Deutschland

Von der Fakultät für Wirtschaftswissenschaften des Karlsruher Instituts für Technologie (KIT) genehmigte Dissertation.

Tag der mündlichen Prüfung: 1. Februar 2017
Referent: Prof. Dr. Hagen Lindstädt
Korreferentin: Prof. Dr. Nora Szech

ISBN 978-3-658-17807-9   ISBN 978-3-658-17808-6   (eBook)
DOI 10.1007/978-3-658-17808-6

Die Deutsche Nationalbibliothek verzeichnet diese Publikation in der Deutschen National-bibliografie; detaillierte bibliografische Daten sind im Internet über http://dnb.d-nb.de abrufbar.

Springer Gabler
© Springer Fachmedien Wiesbaden GmbH 2017

Gedruckt auf säurefreiem und chlorfrei gebleichtem Papier

Springer Gabler ist Teil von Springer Nature
Die eingetragene Gesellschaft ist Springer Fachmedien Wiesbaden GmbH
Die Anschrift der Gesellschaft ist: Abraham-Lincoln-Str. 46, 65189 Wiesbaden, Germany

Geleitwort

Auf vielen oligopolistischen Märkten folgen Anbieter einem explizit oder still-schweigend vereinbarten kooperativen Verhalten. Kollusion ist unter anderem in oligopolistischen B2B-Kontraktmärkten ein verbreitetes Verhaltensmuster. Beobach-tungen werfen die Frage auf, weshalb einige Industrien sich dauerhaft einen Preiskampf liefern, während es anderen Industrien gelingt, die Preise durch implizite oder (illegal) explizite Absprachen auf einem profitablen Niveau zu halten. Aus theoretischer, empirischer und experimenteller Perspektive ist der Einfluss von Randbedingungen wie die Anzahl der Wettbewerber, Produktheterogenität oder Kommunikation bereits intensiv erforscht worden. Insbesondere hinsichtlich (gewöhnlich in der Praxis illegaler) expliziter Kommunikation besteht jedoch nach wie vor Unklarheit darüber, auf welche Art und Weise diese Randbedingungen ihre Wirkung entfalten.

An dieser Stelle setzt die Arbeit von Jonathan Kopf an. Sie widmet sich der Forschungs-frage, welche Wirkzusammenhänge die Evolution von expliziter Kollusion im Kontext von Kontraktmärkten bestimmen. Dabei steht noch nicht einmal die Frage nach dem „Ob", sondern vor allem auch die Frage nach dem „Wie" im Zentrum der Arbeit. Jonathan Kopf hat dabei das B2B-Geschäft vor Augen und modelliert dementsprechend Kontraktmärkte mit der Möglichkeit zur Preisdifferenzierung zwischen Abnehmern (im Gegensatz zu Spotmärkten). Im Fokus stehen insbesondere Monitoring, Kommuni-kationsinhalte, Einfluss der Absprachetypen sowie die Frage, welche Faktoren aus der Historie heraus eine Rolle spielen.

Grundlage der Untersuchung ist ein spieltheoretisches Experiment mit 255 Probanden, wobei Kontraktmärkte in Form eines mehrperiodischen Bertrand-Preiswettbewerbs mit Wechselkosten und Preisdifferenzierung modelliert werden. In 51 Märkten verhandeln jeweils drei Anbieter und zwei Nachfrager in neun Runden über vier Einheiten. Die Untersuchung der Kommunikation unter den Anbietern wird anhand einer Inhaltsanalyse eines Chats operationalisiert. Die Hypothesen werden anhand von multivariaten Panelregressionen überprüft.

Die überraschend klaren und robusten Ergebnisse zeigen erstens, dass Monitoring die Wettbewerbsintensität senkt und insbesondere die verzögerungsfreie Verfügbarkeit entscheidend ist. Zweitens zeigt sich hinsichtlich der Kommunikationsinhalte, dass konkrete, abgestimmte Aktionen wie Absprachen und Drohungen das effektivste Mittel sind, um den Erfolg von Kollusion sicherzustellen. Drittens zeigt sich in Bezug auf Absprachetypen, dass Preisabsprachen höhere Preise erzielen, während Marktaufteilungen stabiler sind, wobei sich die Stärken durch kombinierte Absprachen vereinen lassen. Viertens wird gezeigt, dass sich Kollusion entlang typischer Verlaufspfade entwickelt, wobei die Wahrscheinlichkeit erfolgreicher Absprachen aus der Historie heraus von etablierter Kollusion und Preiskämpfen gesteigert wird, während Vertrauensbrüche zukünftiger Kollusion abträglich sind.

Mir gefällt an dieser interessanten und spannend zu lesenden Arbeit besonders der überaus klare und ungewöhnlich konkrete Forschungsbeitrag und Erkenntnisfortschritt. Ich wünsche ihr eine gute Aufnahme in die Diskussion von Fachwelt und Praxis.

Prof. Dr. Hagen Lindstädt
Karlsruhe, Februar 2017

Inhaltsverzeichnis

Geleitwort V

Inhaltsverzeichnis VII

Abbildungsverzeichnis XI

Tabellenverzeichnis XIII

Symbol- und Abkürzungsverzeichnis XV

1 Einleitung 1

   1.1 Hintergrund und Motivation 1

   1.2 Zielsetzung und Methodik 4

   1.3 Aufbau der Arbeit 7

2 Stand der Forschung 9

   2.1 Spieltheoretische Betrachtung von Oligopolen 9

      2.1.1 Grundlegende Oligopolmodelle 10

      2.1.2 Implikationen des dynamischen Wettbewerbs 11

      2.1.3 Alternative spieltheoretische Lösungskonzepte 13

   2.2 Oligopolmärkte mit Wechselkosten 16

      2.2.1 Definition und Abgrenzung von Wechselkosten 16

      2.2.2 Eigenschaften und Wettbewerbsintensität von Wechselkostenmärkten 18

      2.2.3 Einfluss von Preisdifferenzierung in Oligopolmärkten mit Wechselkosten 20

   2.3 Kollusion in Oligopolmärkten 26

      2.3.1 Grundlagen zu Kollusion am Beispiel des Gefangenendilemmas 27

      2.3.2 Stabilität von Kollusion und die Relevanz von Drohungen 29

      2.3.3 Klassifizierung von Kollusionsformen 33

      2.3.4 Typisierung kollusiver Absprachen 37

      2.3.5 Kollusion beeinflussende Faktoren 40

2.3.6 Einfluss von Monitoring auf Kollusion und die Wettbewerbsintensität 45

2.3.7 Einfluss von Kommunikation auf Kollusion und die
       Wettbewerbsintensität 55

2.4 Zusammenfassung und Forschungslücke 65

3 Ableitung der Hypothesen 69

3.1 Definition des Erfolgs von Kollusion 69

3.2 Hypothesenableitung 72

   3.2.1 Hypothesen zum Einfluss von Monitoring 72

   3.2.2 Hypothesen zum Einfluss von Kommunikation 73

   3.2.3 Hypothesen zum Einfluss der Absprachetypen 76

   3.2.4 Hypothesen zum Einfluss der Historie 78

3.3 Zusammenfassung der Hypothesen 80

4 Konzeption, Durchführung und Operationalisierung des Experiments 83

4.1 Konzeption des Marktmodells 85

   4.1.1 Definition der Modellanforderungen 85

   4.1.2 Charakteristika des Marktmodells 87

   4.1.3 Parametrisierung des Modells 95

   4.1.4 Informationsstruktur und Definition der *Treatments* 99

   4.1.5 Anreizsystem für die Teilnehmer 104

4.2 Operative Durchführung des Experiments 106

   4.2.1 Auswahl und Koordination der Teilnehmer 107

   4.2.2 Operative Implementierung und Aufbau des Experiments 110

   4.2.3 Ablauf des Experiments 111

4.3 Operationalisierung der Kommunikationsinhalte 114

   4.3.1 Unitisierung in Codiereinheiten 116

   4.3.2 Codierung der Kommunikationsinhalte 119

5 Auswertung und Diskussion der Ergebnisse 127

5.1 Deskriptive Analyse der experimentellen Ergebnisse 127

   5.1.1 Deskriptive Analyse der allgemeinen Dynamik von
          Wechselkostenmärkten 127

   5.1.2 Deskriptive Analyse zu den Themenbereichen der Thesen 133

5.1.3 Deskriptive Analyse von funktionalem und ökonomischem
        Kollusionserfolg 143

5.1.4 Zusammenfassung der deskriptiven Analyse 144

5.2 Multivariate Analyse zur Überprüfung der Hypothesen 145

5.2.1 Definition der Variablen 146

5.2.2 Methodische Grundlagen und Auswahl der Regressionsmodelle 150

5.2.3 Regressionsergebnisse als Basis der Hypothesenüberprüfung 157

5.2.4 Statistische Analyse der allgemeinen Dynamik von
        Wechselkostenmärkten 161

5.2.5 Überprüfung der Hypothesen 162

5.2.6 Zusammenfassung der Hypothesenüberprüfung 172

5.2.7 Robustheit der Ergebnisse 174

5.3 Diskussion und Einordnung der Ergebnisse in die Literatur 181

6 Abschließende Überlegungen **189**

6.1 Zusammenfassung und Zielabgleich 189

6.2 Kritische Würdigung und Ausblick 194

6.3 Implikationen der Ergebnisse 199

Anhang **203**

A1 Details zur Durchführung des Experiments 203

    A1.1 Einführungsdokument inkl. Bildschirminhalte 203

    A1.2 Handout 222

    A1.3 Fragebogen 223

A2 Details zur Codierung 226

    A2.1 Codierhandbuch für die Codierer 226

A3 Details zur deskriptiven Analyse 236

    A3.1 Detaillierte Analyse der Verlaufspfade 236

    A3.2 Statistik der codierten Kommunikationsinhalte 241

    A3.3 Beispiele für die Korrelation von funktionalem und ökonomischem
          Erfolg 242

A4 Auszüge aus der Kommunikation im Experiment 244

Literaturverzeichnis **245**

Abbildungsverzeichnis

Abbildung 1: Wirkkette stabiler Kollusion 29

Abbildung 2: Stufenmodell der Kommunikationsinhalte nach 76

Abbildung 3: Oligopolstruktur des experimentellen Marktes 92

Abbildung 4: Statische Angebots- und Nachfragefunktion 97

Abbildung 5: Aufbau im Experimentallabor 110

Abbildung 6: Generischer Ablauf einer manuellen Inhaltsanalyse 116

Abbildung 7: Konzeptionelle Darstellung des Wissensstands 117

Abbildung 8: Ablauf der Codierung 119

Abbildung 9: Beschreibung des finalen Codierschemas 121

Abbildung 10: Kombinatorik der Vollständigkeit von Absprachen 122

Abbildung 11: Sequentielle Codierschritte einer Runde 123

Abbildung 12: Histogramm/Dichteverteilung der Preise 128

Abbildung 13: Boxplot der Preise nach Märkten 129

Abbildung 14: Produzenten- und Konsumentenrente nach Märkten 130

Abbildung 15: Boxplot der Preise nach Runden inkl. Startpreis 131

Abbildung 16: Anteil Wilderei nach Runden 132

Abbildung 17: Dichteverteilung und Boxplot der Preise nach Treatments 134

Abbildung 18: Kommunikationsanteile insgesamt und nach Runden 135

Abbildung 19: Anteil Absprachen und Wirkung nach Vollständigkeit 137

Abbildung 20: Anteil der Absprachetypen und funktionaler/ökonomischer Erfolg ... 139

Abbildung 21: Funktionale und ökonomische Wirkung der Absprachetypen 140

Abbildung 22: Häufigkeit und Darstellung der Verlaufspfade 141

Abbildung 23: Explorative Analyse der Verlaufspfade 142

Abbildung 24: Durchschnittspreise und Anteile erfolgreicher Absprachen je Markt. 144

Abbildung 25: Wirkung von Monitoring auf den Kollusionserfolg 190

Abbildung 26: Wirkung von Kommunikation nach Konkretheit und Abstimmung . 191

Abbildung 27: Wirkung von Absprachetypen auf den Kollusionserfolg 192

Abbildung 28: Verlaufspfade und korrespondierende Einflussfaktoren der Historie. 193

Abbildung 29: Handout Anbieter 222

Abbildung 30: Handout Nachfrager 222

Abbildung 31: Fragebogen – Statistische Daten 223

Abbildung 32: Fragebogen – Beschreibung Spielstrategie............................223

Abbildung 33: Fragebogen – Spielstrategie (Anbieter)................................224

Abbildung 34: Fragebogen – Spielstrategie (Nachfrager)............................224

Abbildung 35: Fragebogen – Persönliche Einstellung 225

Abbildung 36: Mittlerer Preis nach Runden und Verlaufspfad.....................236

Abbildung 37: Anteil versuchter Absprachen nach Runden und Verlaufspfad.........236

Abbildung 38: Anteil erfolgreicher Absprachen nach Runden und Verlaufspfad.......237

Abbildung 39: Anteil Vertrauensbrüche nach Runden und Verlaufspfad...................237

Abbildung 40: Preise nach Runden für Märkte des Verlaufspfads "Kollusion"...........238

Abbildung 41: Preise nach Runden für Märkte des Verlaufspfads "Tal der Tränen"..238

Abbildung 42: Preise nach Runden für Märkte des Verlaufspfads "Preiskampf"........239

Abbildung 43: Boxplot der Preise nach Runden für Verlaufspfad "Kollusion"...........239

Abbildung 44: Boxplot der Preise nach Runden für Verlaufspfad "Tal der Tränen"...240

Abbildung 45: Boxplot der Preise nach Runden für Verlaufspfad "Preiskampf" 240

Tabellenverzeichnis

Tabelle 1: Auszahlungsmatrix im Gefangenendilemma 27

Tabelle 2: Einflussfaktoren auf Kollusion entlang der Wirkkette 44

Tabelle 3: Hypothesenübersicht 80

Tabelle 4: Allgemeine Charakteristika des Marktmodells 94

Tabelle 5: Parametrisierung des Marktmodells 99

Tabelle 6: *Ex ante* Informationsstruktur des Marktmodells 101

Tabelle 7: *Ad interim* Informationsstruktur des Marktmodells 102

Tabelle 8: *Ex post* Monitoring-Informationsstruktur des Marktmodells 103

Tabelle 9: Demografische Teilnehmerstruktur 109

Tabelle 10: Ablauf des Experiments 111

Tabelle 11: Reliabilität der Inhaltsanalyse anhand verschiedener Gütekriterien 125

Tabelle 12: Übersicht zu typischen Verhaltensweisen in Wechselkostenmärkten 132

Tabelle 13: Häufigkeit der Kommunikationsinhalte in Prozent 136

Tabelle 14: Definition der endogenen Variablen 148

Tabelle 15: Definition der exogenen Variablen zur Hypothesenüberprüfung 148

Tabelle 16: Definition der Kontrollvariablen 150

Tabelle 17: Modell P – Regressionsergebnisse zum Preis 159

Tabelle 18: Modell A – Regressionsergebnisse zum Absprracheerfolg 160

Tabelle 19: Modell P1 und A1 – Kontrollvariablen 161

Tabelle 20: Modell P2 und A2 – Monitoring 163

Tabelle 21: Modell P3 und A3 – Kommunikationsumfang 164

Tabelle 22: Modell P4 und P5 – Prinzipielles und Absprachen 165

Tabelle 23: Modell P6, P7, A6 und A7 – Vollständigkeit von Absprachen 166

Tabelle 24: Modell P8 und A8 – Drohungen 168

Tabelle 25: Modell P9 und A9 – Absprachetyp 169

Tabelle 26: Modell P10 und A10 – Historie 171

Tabelle 27: Ergebnisübersicht der Hypothesenüberprüfung 172

Tabelle 28: Modell P – Robustheitstests zum Preis 178

Tabelle 29: Modell A – Robustheitstests zum Absprracheerfolg 179

Tabelle 30: Robustheitsprüfungen der Regressionsmodelle............................180
Tabelle 31: Häufigkeit und Preise der codierten Kommunikationsinhalte..................241
Tabelle 32: Häufigkeit, Anteil und Durchschnittspreis erfolgreicher Absprachen......241

Symbol- und Abkürzungsverzeichnis

A	Auszahlung
A'	Tatsächliche Auszahlung (gerundet)
A.	Anbieter
A.-Typ	Absprachetype
A1, A2, A3	Anbieter 1, 2, 3
Abspr.-erfolg	Abspracheerfolg
B2B	*Business-to-Business* (Geschäfte zwischen Unternehmen)
B2C	*Business-to-Consumer* (Geschäfte zwischen Unternehmen und Endkunden)
bzw.	beziehungsweise
c	Grenzkosten
CATA	*Computer-Aided Text Analysis*
d. h.	das heißt
deut.	deutsch
E	Nummer der Einheit
E.	Einheit(en)
E1, E2, E3, E4	Einheit 1, 2, 3, 4
engl.	englisch
et al.	*et alii* bzw. *et aliae* bzw. *et alia* (deut. und andere)
etc.	*et cetera*
EUR	Euro
f.	folgende
FE	*Fixed Effects*
ggü.	gegenüber
GLS	*Generalized Least Squares*
Hrsg.	Herausgeber
i	Nummer eines Anbieters
inkl.	inklusive
insb.	insbesondere

j	Nummer eines Nachfragers
K.-In.	Kommunikationsinhalte
K.-Inhalte	Kommunikationsinhalte
K.-Umfang	Kommunikationsumfang
KIT	Karlsruher Institut für Technologie
Komm.-Umfang	Kommunikationsumfang
m	Anzahl der gewünschten Prädiktoren
Max.	Maximal
min	Minuten
Min.	Minimal
Mon.	Monitoring
N	Anzahl Beobachtungen
N.	Nachfrager
n/a	Keine Untersuchung möglich
n.s.	nicht signifikant
N1, N2	Nachfrager 1, 2
Nr.	Nummer
Ø	Durchschnitt
OLS	*Ordinary Least Squares*
ORSEE	Online-Rekrutierungssystem für Ökonomische Experimente (engl. *Online Recruitment System for Economic Experiments*)
Π	Spielgewinn
p	Preis
r	Reservationspreis
R^2	Bestimmtheitsmaß
#	Anzahl
RE	*Random Effects*
S.	Seite
s. o.	siehe oben
t	Nummer der Runde/Zeit
T	Transaktionserfolg
T	Transaktion(en)
vgl.	vergleiche
VIF	Varianzinflationsfaktor

Vollst.	Vollständigkeit
w	Wechselkosten
W	Wechselkurs
z. B.	zum Beispiel
z-Tree	*Zurich Toolbox for Readymade Economic Experiments*

1 Einleitung

"People of the same trade seldom meet together, even for merriment and diversion, but the conversation ends in a conspiracy against the public, or in some contrivance to raise prices."
(Adam Smith, 1776, The Wealth of Nations, Book I, Chapter X)

1.1 Hintergrund und Motivation

Der Preis eines Produktes ist das Resultat einer Vielzahl von Faktoren: Die Kostenstruktur eines Unternehmens, vorgegebene Renditeziele, die angestrebte Positionierung des Produktes am Markt, die langfristige Unternehmensstrategie, die Zahlungsbereitschaft der Kunden und nicht zuletzt der Wettbewerb mit anderen Unternehmen können Auswirkungen auf die Preispolitik eines Unternehmens haben (vgl. Diller & Herrmann, 2003, V). Für den Käufer ist hierbei in den meisten Fällen im Nachhinein nicht mehr nachvollziehbar, welche Faktoren bei der Preisbildung ausschlaggebend waren.

Unter dem Deckmantel des freien Wettbewerbs werden jedoch mitunter eigene Regeln definiert, indem Unternehmen sich über ein gemeinsames, koordiniertes Vorgehen verständigen. Erst wenn Kartelle[1] aufgedeckt werden, erfährt die Öffentlichkeit, dass und weshalb die Preise in Branchen wie der Kaffee-, Zement-, Bier- oder Zucker-Industrie jahrelang zu hoch angesetzt waren. Aus Sicht der Wettbewerbsbehörden genauso wie aus Sicht der Unternehmen stellt sich die Frage, weshalb sich einige Industrien dauerhaft einen erbitterten Preiskampf liefern, während es anderen Industrien gelingt, die Preise durch implizite oder explizite Absprachen auf einem profitablen Niveau zu halten.

---

[1] Ein Kartell stellt eine Form expliziter Kollusion dar, wobei die Begriffe in der Literatur oftmals synonym verwendet werden. Eine Abgrenzung der Begriffe wird in Kapitel 2.3.3 vorgenommen.

Mit Absprachen zwischen Marktteilnehmern – allgemeiner unter den Begriff der Kollusion gefasst – beschäftigt sich die ökonomische Forschung mindestens seit Smith (1776). Aus spieltheoretischer Perspektive ist hierbei insbesondere der aus dem Gefangenendilemma[2] bekannte Zielkonflikt bei kollusiven Strategien interessant, der mit einer inhärenten Instabilität von Kollusion einhergeht: Ein Anbieter[3] kann kurzfristig immer höhere Gewinne erzielen, wenn er das Kartell unterläuft und durch geringfügige Preisreduzierungen einen Großteil des Marktes an sich reißt[4] (vgl. Stigler, 1964, S. 46). Folgen jedoch mehrere Anbieter diesem Gedankengang, kann im resultierenden Preiskampf keiner mehr Gewinne realisieren.

Vor diesem Hintergrund stellt sich die Frage, auf welche Art und Weise sich Kollusion in manchen Märkten dennoch erfolgreich etablieren kann. Die vorliegende Untersuchung ist daher von der Motivation getrieben, ein besseres, über den aktuellen Stand der Forschung hinausgehendes Verständnis für die Evolution von Kollusion zu entwickeln. Der Begriff der Evolution deutet in diesem Kontext darauf hin, dass nicht die Frage ob, sondern wie Kollusion zustande kommt, im Mittelpunkt dieser Arbeit steht. Von Interesse sind hierbei primär weder volkswirtschaftliche[5] noch legale[6] Aspekte; vielmehr entspringt die Untersuchung der Perspektive des strategischen Managements und fokussiert somit auf kollusives Verhalten aus Sicht der Unternehmen. Der normative Filter der Gesetzgebung wird daher bewusst vermieden und der Schwerpunkt auf die Erforschung der Wirkzusammenhänge von Kollusion unter der Möglichkeit expliziter Absprachen gelegt.

---

[2]   Eine kurze Einführung in das Gefangenendilemma und eine Überleitung auf Oligopolmärkte findet sich in Kapitel 2.3.1.

[3]   Aus Gründen der Lesbarkeit wird auf die gleichzeitige Verwendung männlicher und weiblicher Sprachformen verzichtet. Sämtliche Personenbezeichnungen gelten gleichwohl für beiderlei Geschlecht.

[4]   Das Beispiel bezieht sich auf den einfachen Fall eines Bertrand-Preiswettbewerbs (vgl. Kapitel 2.1 und 2.3.2).

[5]   Beispielsweise werden die Auswirkungen von Kollusion auf die volkswirtschaftliche Wohlfahrt nicht näher beleuchtet. Auch eine Unterscheidung zwischen wertschöpfender Kooperation im Sinne von Coopetition (Magin, Schunk, Heil & Fürst, 2003, S. 131) und nicht wertschöpfender Kooperation (vgl. Schmidtchen, 2003, S. 68) wird daher nicht weiter thematisiert..

[6]   Die Gesetzgebung wird in der vorliegenden Untersuchung daher lediglich am Rande erwähnt.

Ausgangspunkt der Untersuchung sind Beobachtungen aus der Praxis. Kollusive Verhaltensweisen können unter anderem in oligopolistischen B2B-Kontraktmärkten[7] wie beispielsweise in der chemischen Industrie, in der Automobilzuliefererbranche oder bei Getränkeabfüllern eine Rolle spielen. Bei letzteren werden üblicherweise im jährlichen Turnus über Kontraktverhandlungen Verträge zwischen Getränkeabfüllern und den Kunden im Lebensmitteleinzelhandel ausgehandelt. Die angebotenen Waren stellen annähernd *Commodities*[8] dar und weisen somit kaum Qualitätsunterschiede auf. Der Markt wird von wenigen Anbietern und wenigen Nachfragern dominiert, weshalb die einzelnen Verhandlungen für die Unternehmen von weitreichender Bedeutung sind. Neben der Berücksichtigung von unternehmensinternen Faktoren ist es für die Anbieter daher essentiell, auch die Reaktion der Wettbewerber bei der Vertragsverhandlung zu antizipieren. Schafft es ein Anbieter von einem seiner Konkurrenten einen Nachfrager abzuwerben, entstehen zunächst einmalige Kosten für die Abstimmung von Schnittstellen, die Umstellung von Maschinen oder das Qualitätsmanagement. Diese Wechselkosten führen dazu, dass Nachfrager nicht allein auf Basis des Preises entscheiden, sondern die finanziellen Nachteile eines Anbieterwechsels in die Entscheidungsfindung mit einbeziehen, was den individuellen Handelsbeziehungen und deren strategischer Entwicklung im Vergleich zu anonymen Marktstrukturen ein hohes Gewicht verleiht.

Die vorliegende Untersuchung widmet sich daher folgender zentraler Forschungsfrage: Welche Wirkzusammenhänge bestimmen die Evolution von expliziter Kollusion in Kontraktmärkten?

---

[7] B2B-Kontraktmärkte stehen im Fokus einer Forschungsgruppe am Institut für Unternehmensführung. Bereits publizierte Untersuchungen schließen insbesondere die Arbeiten von Kroth (2015) und Paulik (2016) ein.

[8] Bruhn (2014, S. 54) definiert *Commodities* "im klassischen Sinne" als Produkte, "die in einem hohen Maß standardisiert und unabhängig vom Hersteller homogen, d. h. funktional und qualitativ gleichwertig" sind.

1.2 Zielsetzung und Methodik

Da die Forschungsfrage auf Basis von B2B-Kontraktmärkten untersucht werden soll, wird vor der Thematisierung von Zielen und Methodik kurz darauf eingegangen, durch welche zentralen Eigenschaften diese Märkte charakterisiert sind[9]:

- **Zweiseitige Oligopole** – Die Anzahl von Anbietern und Nachfragern mit signifikantem Marktanteil ist begrenzt.
- **Produkthomogenität**[10] – Die Produkte weisen kaum Qualitätsunterschiede auf und sind daher für die Nachfrager austauschbar.
- **Wechselkosten** – Beim Wechsel des Anbieters entstehen dem Nachfrager einmalig zusätzliche Kosten.
- **Multilaterale Kontraktverhandlungen** – Transaktionen werden in privaten Verhandlungen auf Basis von Einzelverträgen geschlossen, wobei ein Nachfrager mit mehreren Anbietern gleichzeitig verhandelt.[11]
- **Preisdifferenzierung** – Die geringe Anzahl an unterscheidbaren Nachfragern in Kombination mit Einzelverträgen erlaubt es individuelle Preise zu fordern.
- **Eingeschränktes Monitoring**[12] – Aufgrund von in privaten Verhandlungen geschlossenen Einzelverträgen sind Informationen über abgeschlossene Transaktionen nicht immer öffentlich.

Ausgehend von der übergreifenden Forschungsfrage lassen sich vier konkrete Ziele für die vorliegende Arbeit ableiten, welche jeweils andere Facetten der Evolution von expliziter Kollusion beleuchten:

I. Das erste Ziel besteht darin, einen näheren Blick auf die für Kollusion relevanten Rahmenbedingungen in Kontraktmärkten zu werfen. Die Anzahl der Anbieter, die Homogenität der Produkte, die Existenz von Wechselkosten, die Art des Transaktionsabschlusses oder die Möglichkeit zur Preisdifferenzierung spielen

---

[9] Ähnliche Definitionen finden sich auch in den Untersuchungen von Kroth (2015, S. 1) und Paulik (2016, S. 3).

[10] In Verbindung mit Wechselkosten entstehen, wie in Kapitel 2.2 dargelegt, sogenannte quasihomogene Güter, da die Nachfrager aufgrund ihrer Kaufhistorie und den damit verbundenen Wechselkosten zwischen den Produkten unterscheiden.

[11] Eine formale Definition der Marktinstitution multilateraler Kontraktverhandlungen wird in Kapitel 4.1.2 betrachtet.

[12] Monitoring bezeichnet die Beobachtbarkeit der Handlungen von Konkurrenten in der Vergangenheit. Eine formale Definition auf Basis der Literatur findet sich in Kapitel 2.3.6.

zwar grundsätzlich eine wichtige Rolle, müssen jedoch in den meisten Märkten als gegeben betrachtet werden und sind daher aus Sicht der Unternehmen nur bedingt aufschlussreich. In Bezug auf Monitoring existieren sowohl von Seiten des Gesetzgebers als auch der Unternehmen selbst ein gewisser Gestaltungsspielraum, indem beispielsweise unternehmensspezifische Transaktionspreise über Branchenverbände publiziert werden. Folglich kommt der Untersuchung der Informationsstrukturen besondere Relevanz zu, was zu der Frage führt, welchen Einfluss **Monitoring** auf Kollusion und Wettbewerbsintensität zeigt.

II. Zweitens soll das Verständnis zum Einfluss von Kommunikation auf kollusives Verhalten weiterentwickelt werden. Neben der in der Literatur bereits ausgiebig erforschten Frage, ob explizite, unverbindliche Kommunikation die Marktdynamik beeinflusst, stehen insbesondere die bislang kaum erforschten Inhalte der Kommunikation im Vordergrund. Daraus leitet sich die Frage ab, über welche Inhalte die Anbieter tatsächlich kommunizieren und welche dieser **Kommunikationsinhalte** über Erfolg oder Misserfolg von kollusiven Strategien bestimmen.

III. Drittens lassen sich auf Basis einer Analyse der Kommunikationsinhalte auch Rückschlüsse darüber ziehen, welches Mittel zur Umsetzung von Kollusion am geeignetsten ist. Im Wesentlichen liefert die Literatur zu den Eigenschaften der Absprachetypen wie Preisabsprachen oder Marktaufteilungen lediglich Anhaltspunkte ohne statistisch belastbare Aussagen (vgl. Kapitel 2.3.4 und 3.2.2). Es stellt sich daher die Frage, welche Charakteristika die unterschiedlichen kollusiven **Absprachetypen** aufweisen.

IV. Als viertes und letztes Ziel soll die Evolution von Kollusion im Zeitverlauf betrachtet werden. Unter dieser übergreifenden Thematik versteht sich einerseits die explorative, deskriptive Untersuchung von typischen Verlaufspfaden entlang der Frage, auf welche Art und Weise sich die Evolution von Kollusion entfaltet. Andererseits betrifft dies auch den Einfluss von in der Vergangenheit getroffenen Entscheidungen und der bisherigen Marktdynamik auf das aktuelle Geschehen, was die Frage aufwirft, welche Faktoren den zukünftigen Kollusionserfolg aus der **Historie** heraus beeinflussen.

Die vorliegende Untersuchung gliedert sich den Bereich des strategischen Managements ein. Innerhalb dieses Forschungsgebietes eignen sich zur Analyse der Wirkzusammenhänge in Oligopolen insbesondere spieltheoretische Methoden aus dem Bereich der Industrieökonomik. Die Spieltheorie betrachtet von strategischen Interaktionen geprägte Situationen (vgl. Tirole, 1999, S. 447), bei denen der Erfolg nicht allein vom eigenen Verhalten, sondern auch von den Aktionen der Konkurrenten abhängt. Hierbei wird grundsätzlich zwischen kooperativen und nichtkooperativen Spielen unterschieden. Bei kooperativen Spielen stehen gemeinsame Aktionen von Gruppen von Spielern im Vordergrund, welche durch bindende Verträge durchgesetzt werden. Stehen hingegen die Aktionen und Strategien eines einzelnen Spielers im Vordergrund, spricht man von nichtkooperativen Spielen. Da verbindliche Verträge zwischen Konkurrenten in den vorliegenden Oligopolmärkten meist nicht möglich sind, werden Oligopole in der Spieltheorie vorwiegend als nicht-kooperative Spiele modelliert (vgl. Osborne & Rubinstein, 1994, S. 2; Pindyck & Rubinfeld, 2013, S. 659-661).

Prinzipiell lässt sich die vorliegende Fragestellung aus methodischer Sicht rein theoretisch, empirisch anhand von Feldstudien oder experimentell mit Hilfe von realen Probanden im Labor untersuchen. Wie in Kapitel 4 eingehender dargelegt, sind Marktexperimente mit realen Probanden die geeignetste Methode, um diese Forschungsfrage zu beantworten. Ein wesentlicher Vorteil dabei ist, dass sich Rahmenbedingungen und Störgrößen im Labor zuverlässig kontrollieren lassen, ohne dass Annahmen zum menschlichen Verhalten erforderlich werden. Anhand eines experimentellen Marktmodells lassen sich valide Aussagen zum kollusiven Verhalten in den vorliegenden Kontraktmärkten treffen. Für explizites kollusives Verhalten erscheinen insbesondere die Inhalte der Kommunikation zwischen den Anbietern essentiell zu sein. Um diese Inhalte messbar zu machen, wird auf die in anderen Forschungsrichtungen bewährte Methodik der Inhaltsanalyse zurückgegriffen. Da Inhaltsanalysen in der Untersuchung von Oligopolmärkten noch kaum verbreitet sind, wird das Vorgehen, wie in Kapitel 4.3 dargelegt, im Hinblick auf die besonderen Anforderungen dieser Untersuchungen entwickelt. Die Überprüfung der einzelnen Hypothesen erfolgt zur Generierung von statistisch belastbaren Aussagen anhand von multivariaten Regressionsmodellen.

1.3 Aufbau der Arbeit

Die vorliegende Untersuchung gliedert sich in sechs wesentliche Abschnitte.

1. Im vorliegenden **Kapitel 1** werden Motivation, Zielsetzung und Methodik sowie der Aufbau der Arbeit eingeleitet.

2. Als Basis der folgenden Betrachtungen wird in **Kapitel 2** der aktuelle Stand der Forschung dargelegt. Die grundlegenden Zusammenhänge in den vorliegenden Märkten werden in Kapitel 2.1 anhand einer allgemeinen spieltheoretischen Betrachtung von Oligopolen vorgestellt. Um die Marktdynamiken der vorliegenden B2B-Kontraktmärkte besser zu verstehen, wird daraufhin in Kapitel 2.2 auf die Besonderheiten von Wechselkostenmärkten eingegangen. Als Schwerpunkt dieser Arbeit werden relevante Aspekte von Kollusion in Kapitel 2.3 dediziert besprochen und in Kapitel 2.4 die resultierende Forschungslücke herausgearbeitet.

3. Ausgehend vom Stand der Forschung und der identifizierten Forschungslücke werden daraufhin in **Kapitel 3** die Hypothesen abgeleitet.

4. **Kapitel 4** beschäftigt sich mit der Konzeption des Marktmodells in Kapitel 4.1, der Durchführung des Experiments in Kapitel 4.2 sowie der Operationalisierung der Verhandlungsinhalte anhand einer Inhaltsanalyse in Kapitel 4.3.

5. Um einen vorläufigen Überblick für das experimentelle Datenmaterial zu erhalten, beginnt die Auswertung und Diskussion der Ergebnisse in **Kapitel 5** zunächst mit der deskriptiven Analyse in Kapitel 5.1, bevor die Hypothesen-überprüfung anhand multivariater Regressionsmodelle in Kapitel 5.2 vorgestellt wird. Die Interpretation und Diskussion der Auswertungsergebnisse im Kontext der Literatur erfolgt abschließend in Kapitel 5.3.

6. Das letzte **Kapitel 6** gibt zunächst eine Zusammenfassung der Untersuchung in Kapitel 6.1, wobei die Ergebnisse mit den im letzten Abschnitt definierten Zielen abgeglichen werden. In Kapitel 6.2 wird die Arbeit von einer kritischen Würdigung und einem kurzen Ausblick abgerundet, bevor in Kapitel 6.3 abschließend einige Implikationen abgeleitet werden.

2 Stand der Forschung

Als Basis der vorliegenden Untersuchung wird in diesem Kapitel der aktuelle Stand der Forschung vorgestellt. Im Folgenden wird zunächst allgemein auf grundlegende Zusammenhänge bei der spieltheoretischen Betrachtung von Oligopolen eingegangen. Da Wechselkosten in Kontraktmärkten eine wichtige Rolle spielen, wird deren Einfluss auf die Marktdynamik eingehend im darauffolgenden Kapitel betrachtet. Um dem Schwerpunkt dieser Arbeit auf Kollusion gerecht zu werden, wird dieser Thematik ein gesondertes Kapitel gewidmet. Weil in der vorliegenden Arbeit verschiedene Aspekte der Evolution von Kollusion – vom Einfluss von Monitoring über Kommunikation und verschiedene Absprachetypen bis hin zur Historie – beleuchtet werden, wird im Abschnitt zu Kollusion ein relativ breiter Überblick über kollusive Verhaltensmuster, Klassifizierungen und Einflussfaktoren gegeben. Im Rahmen einer Zusammenfassung der vorgestellten Literatur wird abschließend die Forschungslücke und damit der Mehrwert der vorliegenden Arbeit identifiziert.

Zu zentralen Themen werden dabei einzelne Untersuchungen detailliert diskutiert (Kapitel 2.2.3, 2.3.6, 2.3.7). Da sich die experimentelle ökonomische Forschung nicht isoliert betrachten lässt, sondern eng mit theoretischen Vorhersagen und empirischen Beobachtungen im Feld verwoben ist, werden auch Erkenntnisse dieser Forschungsfelder besprochen. Methodische Aspekte stehen nicht im Fokus dieser Untersuchung, weshalb auf die entsprechende Literatur selektiv im Rahmen der Anwendung dieser Methoden eingegangen wird.

2.1 Spieltheoretische Betrachtung von Oligopolen

Nach einer kurzen Vorstellung grundlegender Oligopolmodelle gilt insbesondere den Implikationen dynamischen Wettbewerbs ein besonderes Augenmerk, da diese für die Evolution von Kollusion eine maßgebliche Rolle spielen. Wie nachfolgend dargelegt stößt die klassische Spieltheorie im dynamischen Wettbewerb an gewisse Limitierungen, weshalb in der Literatur unter anderem auch die abschließend kurz vorgestellten alternativen Lösungskonzepte diskutiert werden.

2.1.1 Grundlegende Oligopolmodelle

Unter einem Oligopol versteht man eine Marktstruktur, die von einer kleinen Anzahl von Unternehmen dominiert wird. Das Oligopol ist eine weit verbreitete Marktform, die von der Automobil- über die Stahl-, Aluminium- und Petrochemie- bis hin zur Elektronikbranche viele Industriezweige beherrscht (vgl. Pindyck & Rubinfeld, 2013, S. 615). Im Gegensatz zu Monopolen oder Wettbewerbssituationen mit vielen kleinen Konkurrenten rücken bei Oligopolen die strategischen Interaktionen in den Vordergrund, da jedes Unternehmen einen relevanten Einfluss auf den Markt besitzt und es somit entscheidend ist, die Reaktionen der Rivalen einzuschätzen (vgl. Pindyck & Rubinfeld, 2013, S. 615; Varian, 2011, S. 551). Weil oligopolistische Marktstrukturen in der Realität in verschiedensten Formen und Komplexitäten auftreten, werden in der Spieltheorie verschiedene simplifizierte Modelle herangezogen um die grundlegenden Verhaltensmuster abbilden zu können (vgl. Varian, 2011, S. 551).

Steht die Wahl der Angebotsmenge im Vordergrund, spricht man vom Mengen-wettbewerbs-Modell nach den wegweisenden Untersuchungen von Cournot (1838). Im Cournot-Modell legen Duopolisten zunächst simultan Mengen von homogenen Gütern fest. Die Preisfindung erfolgt daraufhin im Ausgleich von Angebot und Nachfrage durch einen Auktionator. Geht man von rationalen Entscheidern aus, die bei vollständiger Transparenz aller Informationen die Handlungsoptionen der Konkurrenten mit einkalkulieren, wählen beide Unternehmen dieselbe sogenannte Cournot-Menge, welche sich als Nash-Gleichgewicht[13] herleiten lässt (vgl. Tirole, 1999, S. 475-481). Bertrand (1883) hingegen geht in seinen Untersuchungen davon aus, dass der Preis die primäre Entscheidungsvariable der Unternehmen darstellt. Gleichgewichtsbetrach-tungen führen im Bertrand-Preiswettbewerb zu der Erkenntnis, dass sich bereits in einem Duopol vollkommener Wettbewerb einstellt. Da ein Anbieter durch eine

---

[13] Die Definition des Nash-Gleichgewichts geht ursprünglich zurück auf Nash (1950). Pindyck und Rubinfeld (2013, S. 616) beschreiben das Nash-Gleichgewicht bezogen auf Oligopole als "Menge von Strategien [...], bei denen jedes Unternehmen optimal handelt unter Berücksichtigung des Handelns der Konkurrenten".

geringfügige Preissenkung die komplette Nachfrage auf sich vereinen und seinen Gewinn damit annähernd verdoppeln kann, haben beide Unternehmen jederzeit den Anreiz, die Preise geringfügig zu senken und unterbieten sich daher in der einperiodigen Betrachtung bis zum Nash-Gleichgewicht auf Grenzkosten (vgl. Tirole, 1999, S. 455-458). Sowohl der Cournot-Mengenwettbewerb als auch der Bertrand-Preiswettbewerb werden aus unterschiedlichen Gründen in der Literatur als realitätsfern kritisiert. Bei Cournot (1838) wird dabei insbesondere die Notwendigkeit eines Auktionators zurückgewiesen, während bei Bertrand (1883) das Ausbleiben jeglicher Gewinne sowie massive Mengenschwankungen infolge von infinitesimal kleinen Preisänderungen als unplausibles Ergebnis für reale Oligopolmärkte erachtet wird. Dies wird daher auch als Bertrand-Paradoxon bezeichnet (vgl. Dolbear et al., 1968; Tirole, 1999, S. 455-458). Zur Erhöhung der Wirklichkeitsnähe werden zahlreiche Erweiterungen dieser Modelle diskutiert. Die wichtigsten Weiterentwicklungen schließen insbesondere die Betrachtung von sequenziellen Entscheidungen nach Von Stackelberg (1934), den von Kreps und Scheinkman (1983) untersuchten kombinierten Preis-Mengen-Wettbewerb, die nach Edgeworth (1925) benannten Edgeworth-Preiszyklen bei Kapazitätsbeschränkungen und die geknickte Nachfragekurve[14] ein, welche maßgeblich von Hall und Hitch (1939) sowie Sweezy (1939) entwickelt wurde.

Die im Fokus dieser Untersuchung stehenden Kontraktmärkte lassen sich grundsätzlich am besten mit Hilfe des Bertrand-Preiswettbewerbs modellieren, da der Praxiserfahrung nach in erster Linie der Preis die primäre Entscheidungsvariable darstellt. Die beobachtete Marktdynamik in der Realität deckt sich jedoch oft nicht mit den Vorhersagen des statischen Bertrand-Modells. Zur Annäherung an die realen Randbedingungen dieser Märkte unter gleichzeitiger Auflösung des Bertrand-Paradoxons wird im Folgenden zunächst der dynamische Wettbewerb näher betrachtet, bevor das Modell in Kapitel 2.2 um Wechselkosten und Preisdifferenzierung erweitert wird.

2.1.2 Implikationen des dynamischen Wettbewerbs

Unternehmen in oligopolistischen Marktstrukturen treten nicht nur einmalig, sondern wiederholt in Interaktion, was Reaktionen auf die Aktionen der Konkurrenten erlaubt. Da sich dieses Verhalten in statischen Modellen nicht abbilden lässt, ist eine dynamische

---

[14] Engl. *kinked demand curve*, (Hall & Hitch, 1939, S. 22).

Betrachtung sinnvoll (vgl. Tirole, 1999, S. 537). Modelliert wird der dynamische Wettbewerb durch eine Wiederholung des statischen Spiels für mehrere Runden, was gemeinhin als Superspiel bezeichnet wird. Unterschieden wird dabei zwischen Spielen mit endlichem und unendlichem Zeithorizont (vgl. Tirole, 1999, S. 537-539).

Wird das Bertrand-Spiel auf eine endliche Zahl von Runden erweitert, lässt sich auch das dynamische Spiel mit Hilfe von retrograder Induktion lösen. Da die in den Vorrunden gewählten Preise keine Auswirkung auf die Gewinne der letzten Runde haben, ist die Vergangenheit irrelevant für die Entscheidungsfindung rationaler Konkurrenten und sie fordern in der letzten Runde wie im statischen Spiel den Wettbewerbspreis. Dieselben Überlegungen lassen sich in der vorletzten Runde anstellen und die Konkurrenten wählen wiederrum den Wettbewerbspreis. Führt man die retrograde Induktion bis zur ersten Runde fort, gelangt man zum Ergebnis, dass sich das Superspiel wie eine Aneinanderreihung von einzelnen statischen Bertrand-Spielen verhält (vgl. Tirole, 1999, S. 537-539).

Wird statt des endlichen ein unendlicher Zeithorizont gewählt, lässt sich das Spielergebnis über retrograde Induktion nicht ableiten. Der Bertrand-Preis stellt auch hier ein Gleichgewicht dar – wählt einer der Duopolisten den Wettbewerbspreis, besteht die beste Antwort für seinen Konkurrenten darin ebenfalls den Wettbewerbspreis zu fordern. Tatsächlich kann nach dem wohl zuerst von Friedman (1971) beschriebenen sogenannten Folk-Theorem[15] jedoch jeder beliebige Preispunkt zwischen den Grenzkosten und dem Monopolpreis ein teilspielperfektes Nash-Gleichgewicht[16] darstellen, indem zukünftige Gewinne mit der Preispolitik der aktuellen Runde verknüpft werden. Vereinbaren die Anbieter einen Preispunkt und drohen für Abweichungen davon Strafmaßnahmen an, müssen die Akteure abwägen, inwiefern die zusätzlichen kurzfristigen Gewinne einer Preissenkung die langfristig durch Strafen entgangenen Gewinne aufwiegen. Sind die angedrohten Strafen abschreckend genug –

---

[15] Der Begriff Folk-Theorem leitet sich aus der Tatsache ab, dass der grundlegende Zusammenhang lange vor seiner spieltheoretischen Formalisierung gewissermaßen als Allgemeinwissen des "Volkes" bekannt war (vgl. Holler & Illing, 2006, S. 144). Ein umfassender Überblick über die verschiedenen Folk-Theoreme findet sich beispielsweise bei Holler und Illing (2006, S. 143-150).

[16] Rieck (1993, S. 172) definiert die auf Selten (1965) zurückgehende Teilspielperfektheit folgendermaßen: "Ein Nash-Gleichgewicht ist genau dann ein teilspielperfektes Gleichgewicht, wenn die Gleichgewichtsbedingung in jedem seiner Teilspiele erfüllt ist."

beispielsweise die Androhung für immer den Wettbewerbspreis zu fordern und damit jegliche zukünftige Gewinne zu verhindern – übersteigen die zukünftigen die kurzfristigen Gewinne, weshalb sich rationale Entscheider an den vereinbarten Preis halten[17]. Mithilfe dieser in Kapitel 2.3 näher beleuchteten Vergeltungsstrategien lässt sich grundsätzlich eine Vielzahl an Preispunkten durchsetzen (vgl. Tirole, 1999, 539-543, S. 590-596).

Entscheidend ist in diesem Zusammenhang die Diskontierung zukünftiger Zahlungsströme. Rees (1993, S. 31) argumentiert, dass die Diskontierung im Allgemeinen die marginalen Kapitalkosten eines Unternehmens reflektiert. Neben dem mathematischen Zusammenhang über die Verzinsung (vgl. Pindyck & Rubinfeld, 2013, S. 756-759) wird die Diskontierung hier auch im Sinne von Ungeduld interpretiert (vgl. Tirole, 1999, S. 549). Für sehr ungeduldige Oligopolisten sind die kurzfristigen Gewinne immer wertvoller als alle zukünftigen Gewinne[18] – weshalb eine Preisreduzierung bis zum Wettbewerbspreis völlig unabhängig von eventuellen Strafmaßnahmen die einzig rationale Strategie ist. Eine hinreichend geringe Diskontierung ist daher die Voraussetzung für die Existenz der Vielzahl an teilspielperfekten Nash-Gleichgewichten nach dem Folk-Theorem (vgl. Tirole, 1999, S. 537-543).

Die wichtigste Implikation für die vorliegende Untersuchung besteht darin, dass im dynamischen Bertrand-Preiswettbewerb mit unendlichem Zeithorizont und hinreichend geringer Diskontierung nicht ein einzelner, eindeutiger Gleichgewichtspreis existiert, sondern grundsätzlich viele Preispunkte teilspielperfekte Nash-Gleichgewichte darstellen können.

2.1.3 Alternative spieltheoretische Lösungskonzepte

Die Vielzahl der Gleichgewichte im dynamischen Wettbewerb impliziert, dass die theoretische Lösung keine Vorhersagekraft besitzt, welcher Preis nun tatsächlich von den Anbietern gefordert wird (vgl. Osborne & Rubinstein, 1994, S. 134) – gewissermaßen ist die Superspiel-Theorie "zu erfolgreich" (Tirole, 1999, S. 542) in

---

[17] In Kapitel 2.3.2 wird auf einige essentielle Annahmen wie beispielsweise die Glaubwürdigkeit von Drohungen näher eingegangen, welche an dieser Stelle implizit vorausgesetzt werden.

[18] Eine mathematische Quantifizierung des hierfür notwendigen Diskontfaktors findet sich bei Tirole (1999, S. 539-543).

der Erklärung möglicher Ergebnisse. Werden einige der bislang implizit oder explizit genannten Annahmen gelockert – beispielsweise durch die Einführung von Wechselkosten in Kapitel 2.2 – lassen sich hingegen mitunter überhaupt keine Nash-Gleichgewichte in reinen Strategien mehr identifizieren (vgl. z. B. Orzen & Sefton, 2008, S. 717; Peeters & Strobel, 2005, S. 1), was aus theoretischer Sicht ebenfalls unbefriedigend ist.

In der Literatur werden daher verschiedene alternative, teilweise divergierende Lösungskonzepte diskutiert, welche – wie Johnson (1993, S. 80) treffend bemerkt – gewissermaßen neu definieren, was "rational" im strategischen ökonomischen Kontext bedeutet. Untenstehend soll lediglich kurz auf einige Konzepte eingegangen werden, welche in der nachfolgend vorgestellten Literatur genutzt werden[19]:

- Beim **Nash-Gleichgewicht in gemischten Strategien** trifft ein Spieler eine Entscheidung zwischen verschiedenen Handlungsoptionen nicht deterministisch, sondern zufällig mit einer gewissen Wahrscheinlichkeit (vgl. Pindyck & Rubinfeld, 2013, S. 670).[20]

- Beim *Trembling-hand*-**perfekten Gleichgewicht** nach Selten (1975) wird davon ausgegangen, dass Spieler ihre Strategien nicht mit absoluter Sicherheit wählen können, sondern dass es mit geringer Wahrscheinlichkeit zu Fehlern kommt. Interessant werden dahingehende Betrachtungen insbesondere vor der Frage, wie robust Gleichgewichte abseits idealisierter Rahmenbedingungen sind (vgl. Rieck, 1993, S. 180-188).[21]

- Beim **perfekten Markovschen Gleichgewicht**[22] (Tirole, 1999, S. 559) werden Strategien betrachtet, welche ausschließlich vom aktuellen Zustand des betrachteten Systems abhängen (vgl. Maskin & Tirole, 1987, S. 947). Der Zustand enthält dabei lediglich auszahlungsrelevante Informationen, was viele

---

[19] Für eine vollständige Definition der Strategien, Gleichgewichte und dazugehörigen Annahmen wird auf die zitierte Literatur verwiesen. Holler und Illing (2006, S. 54-188) und Rieck (1993, S. 153-202) beispielsweise geben einen umfassenden Überblick. Die vorliegende Aufzählung soll in keiner Weise eine Gleichwertigkeit der genannten Lösungskonzepte suggerieren; teilweise bauen diese aufeinander auf oder beschreiben unterschiedliche Aspekte von Lösungskonzepten.

[20] Zurückgehend auf Shilony (1977) werden Nash-Gleichgewichte in gemischten Strategien auch in Märkten mit Wechselkosten thematisiert.

[21] Aoyagi und Fréchette (2009) beispielsweise beziehen sich auf *trembling* als mögliche Erklärung ihrer Ergebnisse zum Einfluss von Monitoring.

[22] Engl. *Markov perfect equilibrium* (Maskin & Tirole, 1987, S. 947).

Elemente der Markthistorie wie beispielsweise unverbindliche Kommunikation irrelevant macht (vgl. Maskin & Tirole, 2001, S. 191). Wegweisend sind hierbei insbesondere die Modellierungen von Maskin und Tirole (1987, 1988a, 1988b), die mit Markovschen Reaktionsfunktionen unter anderem die von Edgeworth (1925) postulierten Edgeworth-Preiszyklen formalisieren (vgl. Maskin & Tirole, 1988b).[23]

- Das auf Harsanyi (1967, 1968a, 1968b) zurückgehende (perfekte) **Bayessche Gleichgewicht** (vgl. Tirole, 1999, S. 967-993) wird ebenso wie das verwandte von Kreps und Wilson (1982b) postulierte Konzept des **sequentiellen Gleichgewichts** unter unvollständiger Information[24] angewendet. Dabei wird auf Wahrscheinlichkeitsverteilungen zurückgegriffen, welche in Form sogenannter *Beliefs* formalisiert sind (vgl. Rieck, 1993, S. 188-192).

- Nach dem von Morgan und Shy (2000) vorgeschlagenen *Undercut-Proof Equilibrium* wählt ein Anbieter prinzipiell den höchstmöglichen Preis, bei dem kein Konkurrent einen Anreiz hat, einen niedrigeren Preis zu setzen.[25]

- In der von Maynard Smith (1982) wesentlich geprägten evolutionären Spieltheorie wird die in der klassischen Spieltheorie grundlegende Annahme rationaler Akteure verworfen. Erfolgreiche Strategien werden stattdessen über Populationsdynamiken heraus selektiert und führen somit auf **evolutionsstabile Strategien**[26]. In diesem Zusammenhang wird daher auch die Bezeichnung "quasirational" verwendet (vgl. Rieck, 1993, S. 195).[27]

Holler und Illing (2006, S. 54) weisen darauf hin, dass die verschiedenen Lösungskonzepte lediglich unterschiedliche Erwartungshaltungen hinsichtlich der Strategiewahl der Konkurrenten modellieren: Eine einheitliche, allgemein akzeptierte Theorie kann prinzipiell nicht existieren, allerdings helfen einige Lösungskonzepte je nach Situation besser als andere, reales Marktverhalten zu verstehen.

---

[23] Diese ursprünglich für Märkte mit Kapazitätsbeschränkungen postulierten Zyklen werden beispielsweise von Noel (2008) auch auf Märkte mit Produktdifferenzierung übertragen.

[24] Eine Definition des Begriffs der unvollständigen Information erfolgt in Kapitel 2.3.6.

[25] Dieses Konzept wird beispielsweise von Peeters und Strobel (2005) in einem Markt mit Wechselkosten untersucht.

[26] Engl. *evolutionarily stable strategy/ESS*, (Maynard Smith, 1982, S. 10).

[27] Vega-Redondo (1997) beispielsweise nutzt diesen Ansatz zur Bestimmung von Gleichgewichten in Oligopolmärkten.

2.2 Oligopolmärkte mit Wechselkosten

Den untersuchten *Commodity*-Märkten liegen grundsätzlich homogene Güter zugrunde. Wie nachfolgend gezeigt führen Wechselkosten[28] jedoch zu quasihomogenen Gütern, weshalb Wechselkosten zunächst im Kontext von Produktheterogenität und Quasihomogenität näher definiert werden. Das im vorangehenden Kapitel diskutierte Modell des dynamischen Bertrand-Preiswettbewerbs wird daraufhin um Wechselkosten erweitert und es werden Untersuchungen vorgestellt, welche den Einfluss von Wechselkosten auf die Marktdynamik in Oligopolmärkten beleuchten. Da sich diese Betrachtung in Gegenwart der Möglichkeit zur Preisdifferenzierung grundlegend ändert, liegt der Fokus jedoch auf Kapitel 2.2.3, in welchem das Modell außerdem um Preisdifferenzierung erweitert wird.

2.2.1 Definition und Abgrenzung von Wechselkosten

Wechselkosten lassen sich als eine Form der Produktdifferenzierung bzw. Produktheterogenität interpretieren (vgl. Farrell & Klemperer, 2007, S. 1985). Bei der Heterogenität von Produkten wird üblicherweise zwischen vertikaler und horizontaler Differenzierung unterschieden (vgl. Pindyck & Rubinfeld, 2013, S. 626; Tirole, 1999, S. 210; Woeckener, 2011, S. 15):

- Von einer **vertikalen Produktdifferenzierung** spricht man, wenn sich Produktvarianten durch von allen Nachfragern identisch bewertete Qualitätsunterschiede unterscheiden, worunter beispielsweise Leistungsfähigkeit, Funktionsumfang oder Haltbarkeit fallen.

- Unter der **horizontalen Produktdifferenzierung** werden Geschmacksunterschiede wie Design oder Image verstanden, welche von Nachfragern unterschiedlich bewertet werden.

Ferner umfasst die horizontale Produktdifferenzierung aber auch homogene Produkte, welche sich lediglich durch ihren Standort, Lieferzeiten oder Service unterscheiden (vgl. Pindyck & Rubinfeld, 2013, S. 626; Tirole, 1999, S. 611). Anschaulich lässt sich dies

---

[28] Innerhalb der Forschungsgruppe zu Kontraktmärkten am Lehrstuhl beschäftigen sich insbesondere Paulik (2016) und Kroth (2015) mit dem Einfluss von Wechselkosten. Die Darstellung zu dieser Thematik ähnelt daher in ihren Grundgedanken teilweise diesen bereits publizierten Untersuchungen.

anhand von Transportkosten erläutern: Entstehen einem Nachfrager Transportkosten, bezieht er diese in seine Kaufentscheidung ein und wählt nicht mehr nur nach dem günstigsten Produktpreis aus – obwohl das zu kaufende Produkt physisch identisch ist (vgl. Tirole, 1999, S. 614-617). In diesem Zusammenhang wird daher auch von "Quasihomogenität" (Selten, 1965, S. 302) gesprochen. Die Modellierung von Produktheterogenität in Form von Transportkosten geht zurück auf Hotelling (1929), der ein statisches Bertrand-Modell einer linearen Stadt untersucht. Dabei verkaufen zwei an den Enden der Stadt angesiedelte Anbieter den gleichmäßig auf die Stadt verteilten Nachfragern homogene Produkte, wobei den Nachfragern Transportkosten in Abhängigkeit der Entfernung zu den Anbietern entstehen (vgl. Tirole, 1999, S. 213). Gleichgewichtsbetrachtungen führen zu einem Preis von Grenzkosten plus Transport-kosten, sodass beide Anbieter Gewinne erwirtschaften können (vgl. Tirole, 1999, S. 614-619). Das Hotelling-Modell lässt sich auch im Sinne von Geschmacksunterschieden interpretieren, da jeder Nachfrager in Abhängigkeit der individuellen Transportkosten ein grundsätzlich homogenes Gut unterschiedlich bewertet. Daher wird diese Modellierung häufig als Ausgangspunkt von jeglichen Untersuchungen zur Produktdifferenzierung in der Literatur gewählt (vgl. Tirole, 1999, S. 612).

Wechselkosten führen – ebenso wie Netzwerkeffekte und Kompatibilität – ebenfalls zu einer Differenzierung der Güter (vgl. Farrell & Klemperer, 2007, S. 1985), da ein Nachfrager seine Kaufentscheidung nicht mehr allein nach dem Produktpreis fällt, sondern unter Berücksichtigung der anfallenden Wechselkosten bei identischem Preis den Kauf bei seinem bisherigen Anbieter vorzieht. Der entscheidende Unterschied ist jedoch, dass die Heterogenität nicht durch statische Unterschiede wie Entfernung oder Geschmack hervorgerufen wird, sondern dynamisch aus der Historie resultiert.

Die Erläuterung der Zusammenhänge erfordert eine Definition, was in der Literatur unter dem Begriff "Wechselkosten" verstanden wird. Nach Farrell und Klemperer (2007, S. 1977) lassen sich Wechselkosten im weitesten Sinne in Suchkosten, Lernkosten sowie tatsächliche Wechselkosten unterscheiden.

- **Suchkosten** entstehen für die Nachfrager bereits vor einer möglichen Transaktion bei der Kontaktaufnahme mit den Anbietern. Beispielsweise kann die aufwendige Ermittlung des Anbieters mit den niedrigsten Preisen, gesuchten Qualitäten oder – insbesondere bei langwierigen Verhandlungen – passenden

Konditionen in der Realität Suchkosten darstellen (vgl. Anderson & Renault, 1999, S. 719; Diamond, 1971).

- **Lernkosten** treten einmalig beim ersten Wechsel zu einem neuen Anbieter auf. Zwischen bisherigen Anbietern kann der Nachfrager daraufhin ohne erneuerte Lernkosten hin- und herwechseln. Neben dem Aufbau neuer Geschäftsbeziehungen und der einmaligen Etablierung und Schulung von neuen Prozessen und Produkten (vgl. Farrell & Klemperer, 2007, S. 1977) können auch Erfahrungswerte (vgl. Tirole, 1999, S. 651) und psychologische Gesichtspunkte[29] (vgl. Klemperer, 1995, S. 518) für reale Lernkosten eine Rolle spielen.

- **Wechselkosten** fallen bei jedem Anbieterwechsel an, unabhängig davon, ob bei diesem Anbieter bereits früher gekauft wurde. Zu transaktionalen Wechselkosten zählen die Umstellung von Prozessen, die Neukonfigurierung von IT-Infrastrukturen oder die Umrüstung von Produktionsmaschinen (vgl. Farrell & Klemperer, 2007, S. 1977; Lewis & Yildirim, 2005, S. 1233). Unter vertraglichen Wechselkosten versteht man beispielsweise Loyalitätsprogramme, welche nicht mit tatsächlichen Mehrkosten einhergehen und daher vielmehr eine Form von Mengenrabatt oder Bündelung darstellen (vgl. Farrell & Klemperer, 2007, S. 1977).

In der vorliegenden Untersuchung werden ausschließlich transaktionale Wechselkosten betrachtet[30]. Aufgrund vieler Gemeinsamkeiten lassen sich einige grundlegende Forschungsergebnisse aber auch auf Such- und Lernkosten übertragen (vgl. Farrell & Klemperer, 2007, S. 1978).

2.2.2 Eigenschaften und Wettbewerbsintensität von Wechselkostenmärkten

Klemperer (1987a, S. 377-387) legt dar, dass sich in einem Markt mit Wechselkosten die Kunden grundsätzlich in Bestands- und Neukunden unterscheiden lassen. Bestandskunden haben bereits in der Vorrunde vom selben Anbieter gekauft und müssen folglich keine Wechselkosten zahlen, während für Neukunden Wechselkosten anfallen. Bei seinen Bestandskunden hat ein Anbieter eine gewisse Marktmacht, weil die Kunden bei

---

[29] Brehm (1956) etwa zeigt, dass bekannte Produkte positiver bewertet werden.

[30] Die transaktionalen Wechselkosten können dabei sowohl anbieter- als auch nachfragerseitig auftreten; für die Analyse ist jedoch zweitrangig, wo die Kosten tatsächlich anfallen (vgl. Klemperer, 1995, S. 519).

einer Preiserhöhung aufgrund der Wechselkosten nicht sofort den Anbieter wechseln, was auch als *lock-in*-Effekt bezeichnet wird (vgl. Farrell & Klemperer, 2007, S. 1971). Da die Anzahl der Bestandskunden daher für die Gewinne von entscheidender Bedeutung ist, wird im zweiperiodigen Spiel ohne vorgegebene Marktanteile in der ersten Runde ein harter Preiskampf um die Marktanteile geführt, wie Klemperer (1995, S. 520-523) aufbauend auf seinen vorherigen Untersuchungen (1987a, S. 380-390) darlegt[31]. Dieses Verhalten wird anschaulich auch als *bargain-then-ripoff* (Farrell & Klemperer, 2007, S. 1972) bezeichnet. Klemperer (1995, S. 525-528) zeigt weiterhin, dass die Anbieter diese Abwägung zwischen der Eroberung von Marktanteilen und der Abschöpfung kurzfristiger Gewinne bei Bestandskunden bei einer unendlichen Rundenzahl in jeder Runde vornehmen müssen. Farrell und Klemperer (2007) formalisieren diesen Zielkonflikt bei der Preissetzung entlang von zwei Anreizen:

• Der *invest*-Anreiz (Farrell & Klemperer, 2007, S. 1997) beschreibt, dass sich mit einem niedrigen Preis Marktanteile dazugewinnen lassen, was zu höheren zukünftigen Gewinnen führt – allerdings reduziert sich dabei der Gewinn bei Bestandskunden der aktuellen Runde.

• Der *harvest*-Anreiz (Farrell & Klemperer, 2007, S. 1997) bezeichnet den Umstand, dass ein hoher Preis die Gewinne bei Bestandskunden in der aktuellen Runde optimiert – dies führt allerdings auch zum Verlust von Marktanteilen, was zukünftige Gewinne reduziert.

Unter der Voraussetzung einheitlicher Preise hängt der Kompromiss bei der Preissetzung wesentlich vom Marktanteil des Anbieters ab, da Anbieter mit einem großen Marktanteil einen Anreiz haben, mit einem hohen Preis Gewinne bei ihren Bestandskunden abzuschöpfen, während Anbieter mit einem kleinen Marktanteil mehr davon profitieren, mit einem niedrigen Preis ihre Marktanteile zu vergrößern (vgl. Farrell & Klemperer, 2007, S. 1974). Diese Kompromissfindung führt zu einer Stabilisierung des Wettbewerbs, da größere Unternehmen sich weniger aggressiv verhalten (vgl. Farrell & Klemperer, 2007, S. 1987), was als *fat-cat*-Effekt (Fudenberg & Tirole, 1984, S. 361) bezeichnet wird. Wenn Preise nicht differenziert werden können,

---

[31] Klemperer (1995) geht wie in der Literatur zu Wechselkosten üblich davon aus, dass die Anbieter die Preise jede Runde neu setzen können. Bei einer der ersten Arbeiten zu Wechselkosten von Von Weizsäcker (1984) hingegen wird einmalig ein für immer gültiger Preis gesetzt, was jedoch in vielen Märkten keine realitätsnahe Annahme darstellt.

liegt das Preisniveau in Wechselkostenmärkten daher höher als in Märkten ohne Wechselkosten, wie die theoretische Literatur nahelegt (vgl. Beggs & Klemperer, 1992, S. 651; Farrell, 1986, S. 73; Farrell & Klemperer, 2007, S. 1987; Klemperer, 1987b, S. 150, 1995, S. 516; Padilla, 1992, S. 393, 1995, S. 520)[32]. Einige empirische (vgl. Shi, Chiang & Rhee, 2006, S. 27; Stango, 2002, S. 475; Viard, 2007, S. 146; Waterson, 2003, S. 129)[33] und experimentelle Untersuchungen (vgl. Cason & Friedman, 2002, S. 29)[34] bestätigen das höhere Preisniveau in Wechselkostenmärkten, wenn keine Preisdifferenzierung möglich ist.

Zusammenfassend lässt sich feststellen, dass Wechselkosten durch den *lock-in*-Effekt zu einem Zielkonflikt aus *invest-* und *harvest*-Anreizen führen und in Wechselkostenmärkten daher *bargain-then-ripoff*-Strategien evident werden können. Ohne die Möglichkeit zur Preisdifferenzierung führt dies zum *fat-cat*-Effekt, weshalb in der Literatur mehrheitlich ein höheres Preisniveau bei Wechselkosten festgestellt wird. Die Wettbewerbsintensität ändert sich jedoch unter Preisdifferenzierung, weshalb der Einfluss der Preisdifferenzierung auf die Wettbewerbsintensität in Wechselkostenmärkten im folgenden Abschnitt gesondert betrachtet wird.

2.2.3 Einfluss von Preisdifferenzierung in Oligopolmärkten mit Wechselkosten

Die Preisfindung in B2B-Kontraktmärkten erfolgt in privaten, multilateralen Verhandlungen mit Einzelverträgen. Dies hat zwei wesentliche Implikationen:

- Es ist eine klare Zuordnung der Kunden als Neu- und Bestandskunden möglich.
- Von unterschiedlichen Kunden können unterschiedliche Preise gefordert werden.

Die Möglichkeit der Preisdifferenzierung in Verbindung mit einer klaren Zuordnung der Kunden hebt den in Kapitel 2.2.2 diskutierten Zielkonflikt zwischen *invest* und *harvest* bei der Preisbildung auf, da gleichzeitig Neukunden mit günstigen Preisen

---

[32] Unter speziellen Rahmenbedingungen können Wechselkosten auch zu niedrigeren Preisen führen, wie beispielsweise Dubé, Hitsch und Rossi (2009, S. 435) und Fabra und García (2015, S. 540) zeigen.
[33] Farrell und Klemperer (2007, S. 1980) geben einen sehr umfassenden Überblick über weitere empirische Untersuchungen.
[34] Darüber hinaus werden einige theoretische Gleichgewichtsvorhersagen von Peeters und Strobel (2005) und Orzen und Sefton (2008) experimentell verglichen.

angeworben und bei Bestandskunden mit hohen Preisen Gewinne abgeschöpft werden können. Die *bargain-then-ripoff*-Strategie[35] lässt sich somit ohne Kompromisse für jeden einzelnen Kunden anwenden.

Vor diesem Hintergrund erscheint die Möglichkeit, mithilfe von Preisdifferenzierung eine zielgerichtetere Preissetzung vornehmen und flexibler auf die Strategie der Konkurrenten reagieren zu können, für Anbieter durchweg positiv. Thisse und Vives (1988, S. 134) kommen daher zu der erwartungsgemäßen Schlussfolgerung, dass Anbieter vor die Wahl gestellt tendenziell eine Preisdifferenzierungsstrategie gegenüber einheitlicher Preissetzung vorziehen. Auch Corts (1998, S. 318-321) legt dar, dass Preisdiskriminierung eine dominante Strategie darstellt: Setzt man die Strategie der Konkurrenten als gegeben voraus, ist es für einen Anbieter sinnvoll, Preise zu differenzieren.

Theoretische Untersuchungen zum Einfluss von Wechselkosten und Preisdifferenzierung auf die Wettbewerbsintensität

Obgleich Preisdifferenzierung zunächst als Vorteil für die Anbieter erscheint, kommen theoretische Untersuchungen mehrheitlich zu der Schlussfolgerung, dass Preisdifferenzierung zu kompetitiverem Wettbewerb führt. Die Ergebnisse von Chen (1997) in seiner Analyse eines zweiperiodigen Duopols mit homogenen Gütern und Wechselkosten zeigen, dass die Möglichkeit zur Preisdifferenzierung das Preisniveau senkt. Taylor (2003) erweitert die Untersuchung auf einen mehrperiodigen Preiswettbewerb und eine beliebige Anzahl von Anbietern. Im Falle eines Duopols lassen sich hierbei vergleichsweise hohe Preise beobachten, während sich bei mehreren Anbietern vollständiger Wettbewerb einstellt und keiner der Anbieter Gewinne erwirtschaften kann. Auch Pazgal und Soberman (2008) kommen in einem zweiperiodigen Duopol zu der Schlussfolgerung, dass Preisdifferenzierung sich in Verbindung mit der Möglichkeit, Bestandskunden zusätzliche Vorteile anbieten zu können, negativ auf die Anbietergewinne auswirkt. Villas-Boas (1999) zeigt ebenfalls,

---

[35] Indem selektiv niedrige Angebote an Neukunden gemacht werden, kann Preisdifferenzierung auch zur Umsetzung von in vielen Rechtsprechungen illegalen Kampfpreisstrategien (engl. *predatory pricing*, Knieps, 2008, S. 171) zur Verdrängung von Marktteilnehmern eingesetzt werden, wobei die Grenze zu *bargain-then-ripoff*-Strategien fließend ist (vgl. Chen, 2005, S. 19). Da Marktein- und -austritte nicht im Fokus dieser Untersuchung stehen, wird von einer Unterscheidung an dieser Stelle abgesehen.

dass die Preise in einem Duopol mit horizontaler Produktdifferenzierung und überlappenden Nachfragergenerationen durch den Einsatz von Preisdifferenzierung sinken. Selbst für ein asymmetrisches Duopol bestätigen Gehrig, Shy und Stenbacka (2012), dass Preisdifferenzierung bei horizontal differenzierten Produkten die Wettbewerbsintensität erhöht und somit zu geringeren Preisen führt. Diese Resultate reihen sich in die Forschungsergebnisse zu Preisdifferenzierung in Oligopolen ein, welche aufzeigen, dass Preisdifferenzierung vornehmlich zu geringeren Gewinnen führt (vgl. z. B. Corts, 1998, S. 321; Holmes, 1989, S. 249; Thisse & Vives, 1988, S. 134).

In Situationen, in denen Preisdifferenzierung nur von einem Konkurrenten implementiert werden kann, lassen sich jedoch auch positive Effekte für Anbieter aufzeigen. Gehrig, Shy und Stenbacka (2011) untersuchen den Eintritt eines neuen Unternehmens in einen Markt mit einem etablierten Unternehmen, dessen Kunden durch Wechselkosten gebunden sind. Während das neue Unternehmen mangels Informationen zur Kaufhistorie keine Preisdifferenzierung einsetzen kann, erzielt das etablierte Unternehmen mit einer Preisdifferenzierungsstrategie höhere Gewinne. In Summe profitieren die Anbieter von der Möglichkeit der Preisdifferenzierung, da die Gewinne des neuen Unternehmens unabhängig von der Strategie des etablierten Unternehmens sind.

Insgesamt deuten die theoretischen Untersuchungen darauf hin, dass die Möglichkeit zur Preisdifferenzierung in Wechselkostenmärkten zu niedrigeren Preisen führt. Corts (1998) bringt den Sachverhalt bildhaft auf den Punkt:

> "Competitive price discrimination may intensify competition by giving firms more weapons with which to wage their war." (Corts, 1998, S. 321)

Für einen einzelnen Anbieter ist Preisdifferenzierung klar die dominante Strategie (vgl. Corts, 1998, S. 318). Wenn jedoch mehrere Anbieter ihr strategisches Arsenal gleichermaßen mit Preisdifferenzierung aufrüsten, verkehrt sich dieser Vorteil für alle ins Negative. Da ein einheitlicher Preis notwendigerweise zwischen den *bargain*- und *ripoff*-Preisen liegt, profitieren einige Kunden von niedrigeren Preisen während andere Kunden höhere Preise in Kauf nehmen müssen (vgl. Corts, 1998, S. 306). Obgleich sich somit die *bargain-then-ripoff*-Strategie unter Preisdifferenzierung für die Kunden deutlicher manifestiert, profitieren sie unterm Strich von den *bargains* - häufig unterhalb der Grenzkosten (vgl. Taylor, 2003, S. 238) - mehr als sie unter den *ripoffs* zu leiden haben.

Empirische Untersuchungen zum Einfluss von Wechselkosten und Preisdifferenzierung auf die Wettbewerbsintensität

Aufgrund der Tatsache, dass Wechselkosten in realen Märkten oft nicht direkt beobachtbar sind (vgl. Farrell & Klemperer, 2007, S. 1980), liegt der Forschungsschwerpunkt einiger empirischer Untersuchungen zunächst darauf, Wechselkosten überhaupt erst messbar zu machen. Shy (2002) etwa entwickelt einen generischen Ansatz zur Abschätzung von Wechselkosten und wendet diesen auf den israelischen Mobilfunkmarkt sowie den finnischen Bankenmarkt an. Chen und Hitt (2002) beschäftigen sich mit der Messbarkeit von Wechselkosten und Markentreue bei Online Service Providern, während Kim, Kliger und Vale (2003) Wechselkosten im Bankensektor kalkulieren.

Empirisch sind Wechselkostenmärkte aufgrund der problematischen Messbarkeit bislang wenig erforscht. Darüber hinaus fokussieren die vorhandenen empirischen Untersuchungen mehrheitlich auf den B2C-Sektor (vgl. Farrell & Klemperer, 2007, S. 1980), in welchem Preisdifferenzierung meist nicht ohne Weiteres möglich ist. Ein Beispiel eines Marktes mit Wechselkosten und Preisdifferenzierung untersuchen Asplund, Eriksson und Strand (2008), wobei sie darlegen, wie Rabattierungen für Neukunden im schwedischen Zeitungsmarkt dafür genutzt werden, Kunden der Konkurrenten durch Wilderei[36] abzuwerben. Außerdem stellen sie fest, dass Rabatte eine umso größere Rolle spielen, je kleiner der Marktanteil des Anbieters ist. Eine klare Kausalität zu Wechselkosten können die Autoren allerdings nicht nachweisen, da Zeitungen kein komplett homogenes Produkt darstellen und daher auch unterschiedliche Kundenpräferenzen eine Rolle spielen können (vgl. Asplund et al., 2008, S. 345).

---

[36] Engl. *poaching* (Asplund, Eriksson & Strand, 2008, S. 338).

Experimentelle Untersuchungen zum Einfluss von Wechselkosten und Preisdifferenzierung auf die Wettbewerbsintensität

In der experimentellen Literatur wird vom Großteil der Untersuchungen die Annahme gestützt, dass Preisdifferenzierung in Wechselkostenmärkten zu einer höheren Wettbewerbsintensität und damit niedrigeren Preisen führt. Eine der ersten experimentellen Untersuchungen zu Wechselkosten mit Preisdifferenzierung geht auf Schatzberg (1990) zurück, der einen zweiperiodigen Oligopolmarkt mit homogenen Produkten in Verbindung mit der Möglichkeit zur Preisdifferenzierung untersucht. In den *Treatments*[37] mit Wechselkosten zeigt sich, dass die Anbieter entsprechend der *bargain-then-ripoff*-Strategie[38] in der ersten Runde Preise unterhalb der Grenzkosten ansetzen, während diese Verhaltensmuster in den *Treatments* ohne Wechselkosten nicht auftreten. Hinsichtlich der Wettbewerbsintensität lassen sich keine Unterschiede feststellen, da die Gewinne der zweiten Runde die Verluste der ersten Runde in Summe ausgleichen. Mahmood (2011) analysiert einen zweiperiodigen Duopolmarkt mit vier Nachfragern und homogenen Produkten, welche räumlich differenziert sind. Preisdifferenzierung wird erst in der zweiten Runde ermöglicht, nachdem in der ersten Runde zunächst nur einheitliche Preise möglich sind. Die Ergebnisse stützen die theoretische Vorhersage, dass Preisdifferenzierung in der zweiten Runde in niedrigeren Preisen und Gewinnen als in der ersten Runde ohne Preisdifferenzierung resultiert. Darüber hinaus ist die Preisdifferenzierung weniger stark ausgeprägt, wenn sich die Kundenpräferenzen im Zeitverlauf verändern. Kundenheterogenität – modelliert durch Großkunden mit fünf gekauften Einheiten und Kleinkunden mit nur einer Einheit – hingegen führt zu aggressiverer Wilderei und geringeren Gewinnen. Brokesova, Deck und Peliova (2014) untersuchen, welche Auswirkungen die Stabilität von Kundenpräferenzen sowie die Möglichkeit zu langfristigen Verträgen in einem zweiperiodigen Duopolmarkt mit räumlich differenzierten Produkten und Preisdifferenzierung für Neu- und Bestandskunden haben. Im *Treatment* mit stabilen Kundenpräferenzen zeigt sich im Gegensatz zum *Treatment* mit wechselnden Kundenpräferenzen ausgeprägte Wilderei mit negativen Auswirkungen auf die Anbietergewinne, welche jedoch nicht signifikant sind und damit keine klare Aussage zur Wettbewerbsintensität zulassen.

---

[37] Unter *Treatments* versteht man Varianten eines Experiments, welche sich bei identischen Rahmenbedingungen lediglich in der untersuchten Variable unterscheiden, was eine Hypothesenüberprüfung *ceteris paribus* erlaubt (vgl. Normann, 2010, S. 4).
[38] Schatzberg (1990, S. 337) spricht von *low balling*.

Paulik (2016) analysiert dynamische Oligopolmärkte mit transaktionalen Wechsel-kosten, in welchen drei Anbietern zwei Nachfrager entgegenstehen. Die Möglichkeit zur Preisdifferenzierung wird von den Anbietern zur Umsetzung von *bargain-then-ripoff*-Strategien genutzt, hinsichtlich des Preisniveaus lässt sich jedoch in Summe kein signifikanter Unterschied zwischen Märkten mit und ohne Wechselkosten feststellen. Darüber hinaus wird nachgewiesen, dass die Möglichkeit zur schriftlichen Kommunikation gegenläufige Effekte hat: In den ersten Runden nutzen die Nachfrager die Kommunikation um Druck aufzubauen und die Preise zu senken. Im eingeschwungenen Zustand hingegen scheinen die Anbieter einen Vorteil aus der Möglichkeit zur Kommunikation zu ziehen, da die Durchschnittspreise nicht ganz auf Grenzkosten fallen.

Kommen mehrere kritische Faktoren zusammen, kann Preisdifferenzierung in Wechselkostenmärkten jedoch auch zu höheren Preisen führen. Kroth (2015) betrachtet den dynamischen Wettbewerb in Oligopolen mit Wechselkosten in Märkten aus drei Anbietern und zehn Nachfragern, wobei die Nachfrager durch einen Algorithmus simuliert werden. Die Forschungsfrage widmet sich dem Einfluss von Preis-differenzierung und Transparenz über abgeschlossene Transaktionen auf das Zustandekommen von stillschweigender Kollusion. Wenn Preisdifferenzierung und Transparenz zusammenkommen, zeigt sich, dass die Anbieter in Form einer stillschweigenden Revierbildung die jeweiligen Bestandskunden der Konkurrenten weniger aggressiv angehen. Gegenseitige Nachsichtigkeit[39] führt zu höheren Preisen, jedoch tritt der Effekt nur bei der Kombination von Preisdifferenzierung und Transparenz über abgeschlossene Transaktionen auf.

Zusammenfassend lässt sich aus theoretischer, empirischer und experimenteller Sicht feststellen, dass die Möglichkeit zur Preisdifferenzierung in Oligopolmärkten mit Wechselkosten das Preisniveau tendenziell senkt[40] und nur unter bestimmten

---

[39] Engl. *mutual forbearance* (Strickland, 1985, S. 153).
[40] Zu unterscheiden sind die hier dargestellten Ergebnisse der verhaltensbasierten Preisdifferenzierung (engl. *behavior-based price discrimination*, Fudenberg & Tirole, 2000, S. 634 oder *history-based price discrimination*, Gehrig, Shy & Stenbacka, 2012, S. 373, vgl. Fudenberg & Villas-Boas, 2006) in Wechselkostenmärkten von der klassischen Betrachtung von Preisdifferenzierung ersten, zweiten oder dritten Grades im Kontext eines Monopols, welche dem Monopolisten höhere Gewinne bringen (vgl. Pindyck & Rubinfeld, 2013, S. 542-555).

Rahmenbedingungen wie bei Kroth (2015) zu höheren Gewinnen für die Anbieter führt. Inwiefern die Preise höher als in Märkten ohne Wechselkosten liegen, ist in der Literatur noch kaum erforscht und daher noch nicht abschließend geklärt. Insbesondere die Erkenntnisse von Schatzberg (1990), Brokesova et al. (2014) und Paulik (2016) deuten jedoch darauf hin, dass hinsichtlich der Wettbewerbsintensität keine signifikanten Unterschiede existieren.

2.3 Kollusion in Oligopolmärkten

Je nach Forschungszweig und Perspektive finden sich verschiedenste Definitionen von Kollusion[41]; im weitesten Sinne lässt sich Kollusion nach Rees (1993) jedoch folgendermaßen umschreiben:

> "*The word collusion describes a type of conduct or form of behaviour whereby decision-takers agree to co-ordinate their actions.*" (Rees, 1993, S. 27)

Die grundlegende Problematik und Motivation für kollusives Verhalten lässt sich am anschaulichsten am Beispiel des Gefangenendilemmas aufzeigen. Darauf bezugnehmend werden die Stabilität von Kollusion und die Relevanz von Drohungen aus spieltheoretischer Perspektive näher beleuchtet. Kollusion ist jedoch nicht nur ein spieltheoretisch interessantes Phänomen, sondern außer für die Betriebswirtschaft auch für die Volkswirtschaft und Rechtswissenschaft von Relevanz. Weil sich in den verschiedenen Forschungszweigen teils unterschiedliche Begrifflichkeiten und Klassifizierungen etabliert haben (vgl. Kantzenbach & Kruse, 1989, S. 7), wird Kollusion zunächst allgemein klassifiziert und daraufhin erläutert, mit welchen Absprachetypen sich Kollusion konkret umsetzen lässt. Auf Basis eines kurzen Überblicks über kollusionsförderliche Faktoren werden die für die vorliegenden Oligopolmärkte relevantesten Faktoren Monitoring und Kommunikation herausgegriffen und der Stand der Forschung zu diesen Themen detailliert vorgestellt.

---

[41] In der theoretischen ökonomischen Literatur wird Kollusion wie am Ende dieses Kapitels beispielsweise über Preise definiert. Die legale Definition von Kollusion kann hiervon abweichen; beispielsweise kann je nach Rechtsprechung eine explizite Absprache notwendig sein um kartellrechtlich Konsequenzen einzuleiten (vgl. Haan, Schoonbeek & Winkel, 2009, S. 13).

2.3.1 Grundlagen zu Kollusion am Beispiel des Gefangengendilemmas

Die Problemstellung oligopolistischer Unternehmen – und damit die Motivation für Kollusion – lässt sich am einfachsten anhand des von Tucker (1950) formulierten Gefangenendilemmas verdeutlichen: Zwei eines gemeinsamen Verbrechens beschuldigte Gefangene sitzen in getrennten Gefängniszellen. Beide stehen vor der Wahl ein Geständnis abzulegen (Defektion) oder zu schweigen (Kooperation):

- Gesteht einer der Gefangenen, wird er als Kronzeuge freigelassen, während der andere zu 5 Jahren Haft verurteilt wird.
- Gestehen beide, wird ihnen das Geständnis wohlwollend angerechnet und sie erhalten eine mildere Strafe von jeweils 4 Jahren.
- Gesteht keiner, kommt es zu einem Indizienprozess, in welchem beide zu 2 Jahren Haft verurteilt werden.

Die Entscheidungsalternativen der Gefangenen lassen sich einfach in Form der Auszahlungsmatrix in Tabelle 1 darstellen.

Tabelle 1: Auszahlungsmatrix im Gefangenendilemma (Strafe in Jahren)

		Gefangener 2	
		Defektion	Kooperation
Gefangener 1	Defektion	4, 4	0, 5
	Kooperation	5, 0	2, 2

Aus der Perspektive des Gefangenen 1 ergeben sich folgende Entscheidungsalternativen:

- Gesteht Gefangener 2, erhält Gefangener 1 eine geringere Strafe, wenn er ebenfalls gesteht (4 statt 5 Jahre)
- Schweigt Gefangener 2, erhält Gefangener 1 eine geringere Strafe, wenn er gesteht (0 statt 2 Jahre)

Für den Gefangenen 1 ist es immer sinnvoll zu gestehen, egal wie Gefangener 2 sich entscheidet. Da Gefangener 2 dieselben Überlegungen anstellt, werden beide gestehen und für 4 Jahre inhaftiert. Obgleich beide individuell rational handeln, erreichen sie in diesem Nash-Gleichgewicht das gesamthaft schlechteste Ergebnis von in Summe 8 Jahren Haft. Es ist leicht zu erkennen, dass die kollektiv beste Lösung in einer

Kooperation bestehen würde, in der beide schweigen und in Summe nur zu 4 Jahren verurteilt würden (angelehnt an Tucker, 1950; Pindyck & Rubinfeld, 2013, S. 632).

Betrachtet man lediglich ein einmaliges Aufeinandertreffen, ist es für jeden Gefangenen rational zu defektieren. Wird hingegen ein unendlicher Zeithorizont betrachtet, müssen für die Entscheidung der aktuellen Runde auch die Auswirkungen auf die Folgerunden berücksichtigt werden. Mithilfe von Vergeltungsstrategien lässt sich die Zukunft effektiv mit der Gegenwart verknüpfen und damit trotz der nicht-kooperativen Spielsituation kooperatives Verhalten forcieren (vgl. Tirole, 1999, S. 539). Die einfachste Strategie besteht hierbei darin, zunächst zu kooperieren und eine einmalige Defektion des Konkurrenten ebenfalls mit Defektion für den Rest des Spiels zu vergelten (vgl. Magin, Schunk, Heil & Fürst, 2003, S. 129). Eine derartige Vergeltungsstrategie wird als *Trigger*-Strategie – wörtlich Auslöser-Strategie – bezeichnet, da bei einem Abweichen von einer Vereinbarung die Strafe ausgelöst wird (vgl. Holler & Illing, 2006, S. 138). Gemein ist allen *Trigger*-Strategien, dass zunächst kooperiert wird und eine Defektion mit einer Strafe festgelegter Dauer vergolten wird. Übersteigen die Vorteile langfristiger Kooperation den Wert kurzfristiger Defektion, halten sich rationale Akteure an die Kooperation (vgl. Magin et al., 2003, S. 129).

In Oligopolen stehen die Anbieter vor einem ähnlichen Dilemma: Im einperiodigen Bertrand-Preiswettbewerb (vgl. Kapitel 2.1.1) ist es für jeden Anbieter individuell rational, den Konkurrenten geringfügig zu unterbieten – auch wenn durch den resultierenden Preiskampf am Ende keiner der Anbieter Gewinne machen kann. Würden die Anbieter hingegen kollusiv agieren, könnten sie positive Gewinne erwirtschaften. Erweitert man die Betrachtung auf einen unendlichen Zeithorizont, müssen analog dem Gefangenendilemma für die Entscheidung der aktuellen Runde auch hier die diskontierten Gewinne der Folgerunden betrachtet werden. Wie in Kapitel 2.1.2 bereits angesprochen, lassen sich durch *Trigger*-Strategien in Form einer Androhung von Strafmaßnahmen zukünftige Gewinne mit der aktuellen Runde verknüpfen, was die Etablierung und Aufrechterhaltung von Kollusion erlaubt (vgl. Tirole, 1999, S. 537-557). Kollusion bezeichnet entsprechend der üblichen Definition in der ökonomischen Literatur dabei jedes Ergebnis oberhalb des Nash-Gleichgewichts. Unter perfekter Kollusion versteht man, wenn es den Unternehmen gelingt ihre gemeinsamen Gewinne zu maximieren, d. h. im Bertrand-Preiswettbewerb den

Monopolpreis zu fordern (vgl. Haan, Schoonbeek & Winkel, 2009, S. 13). Hinsichtlich der Problemstellung in Oligopolen konstatieren Magin et al. (2003, S. 131) zusammenfassend, dass Konkurrenzkampf aus Sicht der Unternehmen dazu führen kann, "dass es am Ende keinen Gewinner gibt, sondern nur Verlierer."

2.3.2 Stabilität von Kollusion und die Relevanz von Drohungen

Kantzenbach, Kottmann und Krüger (1996, S. 36-44) zeigen anschaulich die Wirkkette, welche einer stabilen Kollusion zugrunde liegt[42]. Ausgangspunkt der in Abbildung 1 dargestellten Wirkkette ist eine Absprache unter den Anbietern. Analog dem vorangehend geschilderten Gefangenendilemma besteht für jeden Anbieter grundsätzlich immer der Anreiz, die Absprache zu betrügen um kurzfristig durch Preissenkungen zusätzliche Gewinne einzustreichen. Eine wichtige Rolle kommt daher der Aufdeckung zu – erst wenn der Betrug erkannt wird, können Strafmaßnahmen eingeleitet werden.

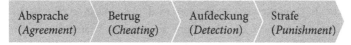

| Absprache | Betrug | Aufdeckung | Strafe |
| (*Agreement*) | (*Cheating*) | (*Detection*) | (*Punishment*) |

Abbildung 1: Wirkkette stabiler Kollusion (Quelle: Angelehnt an Kantzenbach et al., 1996, S. 37)

Wesentlich ist jedoch nicht die tatsächliche Abfolge dieser Schritte, sondern die präventive Abschreckungswirkung der Wirkkette, ohne dass die Strafmaßnahmen tatsächlich angewendet werden müssen. Sind die langfristigen Folgen von einem Betrug für alle klar ersichtlich, kann ein Verletzten der Absprache verhindert und stabile Kollusion etabliert werden. Der Androhung dieser Strafen kommt damit eine entscheidende Rolle zu, wobei für die Funktionsfähigkeit insbesondere deren Härte und Glaubwürdigkeit ausschlaggebend sind. Beide Faktoren werden daher nachfolgend näher beleuchtet (vgl. Rees, 1993, S. 28-37).

Die **Härte** der angedrohten Strafen muss eine ausreichende Abschreckung bieten, wobei die Diskontierung zukünftiger Gewinne entscheidend ist. Eine Drohung kann nur

---

[42] Salop (1986, S. 266) schlägt eine alternative Darstellung der Wirkkette stabiler Kollusion mit den Elementen *agreement, achievement* und *maintenance* vor.

greifen, wenn der diskontierte Barwert der zukünftigen, aus der Strafe resultierenden Verluste die kurzfristigen zusätzlichen Gewinne infolge von Betrug übersteigt (vgl. Kantzenbach et al., 1996, S. 32). Dominieren hingegen bei sehr ungeduldigen Unternehmen die kurzfristigen Gewinne, ist es für einen Anbieter rational zu betrügen. Die Härte lässt sich entlang von zwei Dimensionen variieren:

- Das **Ausmaß der Strafe** kann angepasst werden. In der Literatur werden insbesondere die Rückkehr zum Nash-Gleichgewicht[43] und die Minimax-Strafe[44] diskutiert. Bei der Rückkehr zum Nash-Gleichgewicht wird im Grunde lediglich das nicht-kollusive Nash-Gleichgewicht des einperiodigen Spiels wiederhergestellt. Bei der drastischeren[45] Minimax-Strafe wird diejenige Aktion gewählt, die unter Berücksichtigung der besten Antworten des zu Bestrafenden dessen Gewinn minimiert. Hierbei wird auch vom Sicherheitsniveau[46] des Bestraften gesprochen, weil man ihn nicht zu einem noch niedrigeren Gewinn zwingen kann (vgl. Rees, 1993, S. 31-33).

- Darüber hinaus kann die **Dauer der Strafe** angepasst werden. Die einfachste Form besteht darin, die Strafmaßnahme einfach für immer anzuwenden, was auch als *Grim*-Strategie bezeichnet wird (vgl. Magin et al., 2003, S. 129). Grundsätzlich reicht es jedoch, nur so lange zu strafen, bis unter Berücksichtigung der Diskontierung und dem Ausmaß der Strafe alle durch Betrug realisierten Gewinne egalisiert sind (vgl. Rees, 1993, S. 32).

Weiterhin muss die **Glaubwürdigkeit** einer Drohung gewährleistet sein, ansonsten kann sie die Konkurrenten nicht von Betrug abhalten. Eine dauerhafte Minimax-Strafe im Cournot-Mengenwettbewerb beispielsweise bringt das Problem mit sich, dass es nach Eintreten des Betrugs für die Strafenden nicht mehr rational ist, diese tatsächlich

---

[43] Engl. *Nash reversion* (Rees, 1993, S. 32).

[44] Engl. *minmax* (Osborne & Rubinstein, 1994, S. 143) oder *minimax punishment* (Rees, 1993, S. 32).

[45] In einigen Modellen laufen die Rückkehr zum Nash-Gleichgewicht sowie die Minimax-Strafe auf dieselbe Aktion hinaus – im einperiodigen Bertrand-Preiswettbewerb beispielsweise liegt das Nash-Gleichgewicht ohnehin bereits beim Wettbewerbspreis, bei dem die Anbieter keine Gewinne realisieren.

[46] Engl. *security level* (Rees, 1993, S. 32). Es sei angemerkt, dass komplexere Strafstrategien wie die nachfolgend erläuterten Drohungen von Abreu (1986, 1988) auch eine temporäre Unterschreitung des Sicherheitsniveaus erreichen können.

anzuwenden – die Gewinne sind im Nash-Gleichgewicht für alle höher. Damit eine Drohung glaubwürdig ist, muss sie zwei Eigenschaften aufweisen:

• Eine Strafe muss **Teilspielperfektheit**[47] aufweisen, d. h. unter Berücksichtigung eigener Nachteile infolge der zwangsläufigen Selbstbestrafung über alle Teilspiele hinweg rational sein. Wenn die beste Antwort nach Eintreten eines Betrugs für die strafenden Unternehmen nicht mehr darin besteht, die Strafe tatsächlich durchzusetzen[48], kann sie auch im Vorfeld keine abschreckende Wirkung entfalten (vgl. Kantzenbach et al., 1996, S. 32-36; Rees, 1993, S. 31-33). Unter Berücksichtigung der Teilspielperfektheit lässt sich auch eine Minimax-Strafe glaubwürdig androhen. Abreu (1986, 1988) beispielsweise beschreibt einen Strafkodex[49] (Heister, 1997, S. 100), welcher entlang eines vordefinierten Strafpfades[50] (Holler & Illing, 2006, S. 148) sehr harte Strafen von begrenzter Dauer mit der Aussicht auf die Rückkehr zu kollusiven Gewinnen verknüpft. Die Besonderheit dieser Strategie besteht darin, dass der Strafpfad bei Abweichungen vom abgesprochenen Verhalten immer wieder von vorne beginnt – auch in der Bestrafungsphase. Unternehmen, die nicht bestrafen, werden dadurch selbst bestraft und zögern die Wiederkehr der profitableren kollusiven Phase hinaus. Derartige Strategien sind daher auch unter dem Begriff Zuckerbrot und Peitsche[51] (Kantzenbach & Kruse, 1989, S. 33) bekannt.

• Das Kriterium der **Neuverhandlungsstabilität**[52] setzt an der Frage an, weshalb Unternehmen nach einem Betrug nicht einfach eine neue kollusive Absprache treffen, statt eine für alle destruktive Strafe anzuwenden. Gehen die Oligopolisten davon aus, dass auf einen Betrug eine Neuverhandlung statt einer Strafe folgt, verliert die Drohung jede Glaubwürdigkeit (vgl. Rees, 1993, S. 33). Farrell und Maskin (1989) geben zu bedenken, dass in dieser Hinsicht alle Strategien, bei denen der Strafpfad eine Selbstbestrafung vorsieht, unglaubwürdig sind. Van Damme (1989) schlägt hierfür Strategien vor, bei welchen die Rückkehr zum kollusiven Verhalten an Reue in Form von freiwilligem Verzicht des Bestraften

---

[47] Siehe Definition auf Seite 30.

[48] Auch ohne bindende Verträge unter den Anbietern können sich Unternehmen in Form von Selbstbindung/*precommitment* auf die Durchsetzung von Strafen festlegen (vgl. Kapitel 2.3.3).

[49] Engl. *penal code* (Abreu, 1988, S. 383).

[50] Auch Vergeltungspfad (Holler & Illing, 2006, S. 147), engl. *punishment path* (Abreu, 1988, S. 387).

[51] Engl. *stick and carrot* (Rees, 1993, S. 32).

[52] Engl. *renegotiation proofness* (Rees, 1993, S. 34).

gekoppelt ist. Da der Strafpfad für die Strafenden damit eine höhere Auszahlung bietet als die Ausgangsstrategie, gibt es keinen Anreiz neu zu verhandeln. Für einen tiefergehenden Überblick und die formelle Herleitung neuverhandlungs-stabiler Gleichgewichte wird auf die Literatur, insbesondere Farrell und Maskin (1989), Van Damme (1989) und Holler und Illing (2006, S. 155-159) verwiesen.

Basierend auf den bisherigen Ausführungen stellt sich hinsichtlich der Härte die Frage, inwiefern nachsichtigere Drohungen als die einfache *Grim-Trigger*-Strategie überhaupt erforderlich sind – schließlich führt die abschreckende Wirkung der Drohung dazu, dass die unnachsichtige Strafe nie tatsächlich zur Anwendung kommt (vgl. Tirole, 1999, S. 542). Erweitert man das reduzierte theoretische Modell um einige Aspekte realer Randbedingungen, zeigt sich jedoch schnell die fehlende Robustheit dieser Strategie. Kreps, Milgrom, Roberts und Wilson (1982) beispielsweise weisen im Kontext des Gefangenendilemmas nach, dass selbst ein geringes Maß an "Verrücktheit" (Tirole, 1999, S. 568), d. h. Unsicherheit über die Präferenzen von Konkurrenten, das Spielergebnis drastisch beeinflussen kann. Wie in Kapitel 2.3.6 vertieft, zeigen Green und Porter (1984), dass sich unter Unsicherheit Missverständnisse nicht immer vermeiden lassen. Unnachsichtige *Grim-Trigger*-Strategien sind in solchen Situationen nicht optimal, da sie Kollusion bei kleinsten Fehlern bereits für immer kollabieren lassen (vgl. Tirole, 1999, S. 553-575). Bemerkenswert sind in dieser Hinsicht die Ergebnisse eines computerbasierten Turniers in einer Studie von Axelrod (2009). Gegen eine Vielzahl an teilweise deutlich komplexeren Strategien (vgl. Axelrod, 2009; Fudenberg & Tirole, 1989) konnte sich eine einfache Strategie durchsetzen, welche als *Tit-for-Tat*[53] bekannt ist. In *Tit-for-Tat* ist eine abgeschwächte Version der Bestrafung implementiert, welche nach anfänglicher Kooperation einfach die Aktion des Konkurrenten aus der vorangegangenen Runde wiederholt.

Der Erfolg der Strategie basiert Axelrod (2009) zufolge auf einer Kombination von vier Eigenschaften (vgl. Axelrod, 2009, S. 18; Magin et al., 2003, S. 130):

- **Freundlichkeit** – Die Strategie beginnt kooperativ und bleibt kooperativ, solange der Konkurrent sich ebenfalls kooperativ zeigt.

---

[53] Sinngemäß etwa "Auge um Auge, Zahn um Zahn" (Tirole, 1999, S. 572) oder "wie du mir, so ich dir" (Magin, Schunk, Heil & Fürst, 2003, S. 129) – allerdings auch im Deutschen unübersetzt verwendet.

- **Provozierbarkeit** – Defektion wird mit Vergeltung bestraft, was eine anhaltend unkooperative Haltung des Konkurrenten verhindert.

- **Nachsicht** – Sobald sich der Gegner nach einer Defektion wieder kooperativ zeigt, wird ebenfalls mit Kooperation reagiert, womit Kooperation wiederhergestellt werden kann.

- **Verständlichkeit** – Die Strategie wird leicht verstanden, sodass das eigene Verhalten leicht daraufhin abgestimmt werden kann.

In der Realität kann es über die bislang genannten ökonomischen Mittel hinaus je nach Marktstruktur auch vielfältigere Droh- und Strafmöglichkeiten geben. Roux und Thöni (2015, S. 84) beispielsweise nennen gezielte Preisreduktionen an die Kunden eines Betrügers, soziale Sanktionen, Exklusivverträge mit Lieferanten oder vergleichende Werbekampagnen gegen den Betrüger. Für die Untersuchung grundlegender Wirkzusammenhänge zur Etablierung und Stabilität von Kollusion ist es jedoch zielführender, den Fokus nicht auf diese eher speziellen Möglichkeiten der Bestrafung zu legen.

Zusammenfassend bleibt festzustellen, dass für eine stabile Kollusion alle Elemente der Wirkkette von der Absprache über Betrug, Aufdeckung und Strafe berücksichtigt werden müssen und insbesondere der Härte und Glaubwürdigkeit der Drohungen eine entscheidende Rolle zufällt. Gerade abseits kontrollierbarer Laborbedingungen erscheint es für den Erfolg von Kollusion darüber hinaus sinnvoll, verständliche Strategien einzusetzen, welche durch eine gewisse Fehlertoleranz auch unter unsicheren Rahmenbedingungen funktionieren.

2.3.3 Klassifizierung von Kollusionsformen

Die in den bisherigen Abschnitten diskutierten Anreize und Wirkzusammenhänge finden sich in jeder Form der Kollusion wieder. Die Art und Weise, wie eine Absprache getroffen und forciert wird, kann sich hingegen stark unterscheiden, wie die an dieser Stelle vorgestellte Klassifizierung verdeutlicht.

Eine grundsätzliche Unterscheidung der Kollusion wird aus Sicht der Wertschöpfungskette getroffen. **Horizontale Kollusion** beschreibt eine Kooperation von

Konkurrenten auf derselben Wertschöpfungsstufe, während **vertikale Kollusion** Absprachen entlang der Wertschöpfungskette umfasst (vgl. Schütze, 2015, S. 303), wie beispielsweise die Buchpreisbindung (vgl. BuchPrG). Da vertikale Kollusion nur in bestimmten Situationen überhaupt relevant wird, konzentriert sich die vorliegende Untersuchung auf horizontale Kollusion.

Darüber hinaus kann Kollusion in verschiedenen Formen auftreten:

- Die **informelle Kollusion** beschreibt die Erwartungshaltung, dass sich Unternehmen an öffentlich zirkulierende Informationen halten. Dabei kann es sich beispielsweise um Industrietraditionen oder Ankündigungen von Branchenverbänden handeln (vgl. Lipczynski, Wilson & Goddard, 2005, S. 163).

- Unter **stillschweigender Kollusion**[54] (Pindyck & Rubinfeld, 2013, S. 526) versteht man wettbewerbsbeschränkendes Verhalten, ohne dass eine Absprache tatsächlich erfolgt (vgl. Kantzenbach & Kruse, 1989, S. 26). Die Abstimmung des Verhaltens kann hierbei entweder über generelle Zurückhaltung (vgl. Tirole, 1999, S. 451) bzw. Vermeidung aggressiver Strategien zur Wahrung des "Oligopolfrieden[s]" (Kantzenbach & Kruse, 1989, S. 14) oder über die Interpretation von Marktbewegungen, z. B. Preissignalisierung oder Preisführerschaft (vgl. Pindyck & Rubinfeld, 2013, S. 637-642) erfolgen.

- Die **explizite Kollusion** basiert auf einer ausdrücklichen Vereinbarung zwischen den Anbietern, egal ob mündlich oder schriftlich (vgl. Kantzenbach & Kruse, 1989, S. 26). Grund-legender Unterschied ist zunächst nur, dass damit das Koordinationsproblem beispielsweise zur Abstimmung eines gemeinsamen Preisniveaus einfacher gelöst werden kann. Ferner kann explizite Kollusion unterschiedlich stark formalisiert sein (vgl. Hirschey, 2009, S. 510):
  - Da Kommunikation und Absprachen in den meisten Rechtsprechungen illegal sind, können bei **verdeckter/informeller expliziter Kollusion**[55] keine exogen durchsetzbaren Verträge abgeschlossen werden (vgl. Fonseca & Normann, 2012, S. 1759). Aus demselben Grund sind auch Kompensationszahlungen[56] in dieser Konstellation meist nicht praktikabel (vgl. Jacquemin &

---

[54]   Auch implizite Kollusion (Kantzenbach & Kruse, 1989, S. 26), spontanes Parallelverhalten (Tirole, 1999, S. 451) oder engl. *tacit collusion* (Friedman, 1971, S. 11).

[55]   Engl. *covert/informal* (Hirschey, 2009, S. 510).

[56]   Engl. *side payments* (Jacquemin & Slade, 1989, S. 418).

Slade, 1989, S. 418). Wie in Kapitel 2.3.7 näher erläutert, kommen theoretische Gleichgewichtsbetrachtungen meist zu identischen Ergebnissen wie bei impliziter Kollusion ohne die Möglichkeit zu kommunizieren.

– Bei **offener/formeller expliziter Kollusion**[57] können bindende Verträge ausgehandelt werden, welche exogen durchsetzbar sind. Die spieltheoretische Betrachtung ändert sich hierdurch grundlegend, da es sich dann um ein kooperatives Spiel handelt (vgl. Pindyck & Rubinfeld, 2013, S. 659). Aufgrund der Tatsache, dass offene Absprachen in den meisten Rechtsprechungen illegal sind (vgl. Fonseca & Normann, 2012, S. 1759), ist die Relevanz dieser Kollusionsform für die hier im Fokus stehenden Märkte begrenzt.

Exogen bindende Verträge spielen zwar nur bei offener expliziter Kollusion eine Rolle, deren Wirkung kann jedoch teilweise auch indirekt durch Selbstbindung[58] erzielt werden. Die folgenden drei Beispiele veranschaulichen die kollusive Wirkung dieser Selbstbindungsklauseln:

- Bei einer **Meistbegünstigungsklausel**[59] (Kantzenbach & Kruse, 1989, S. 43) garantiert der Anbieter dem Kunden im Falle zukünftiger Preissenkungen rückwirkend denselben Preis, was spätere Preisreduzierung sehr kostspielig macht. Eine kollusive Absprache kann sich somit einfacher etablieren, da die Konkurrenten keinen Betrug in Form von Preissenkungen fürchten müssen (vgl. Day, Reibstein & Gunther, 1997, S. 302).

- Bei einer **Niedrigstpreisgarantie**[60] (Wied-Nebbeling, 2004, S. 221) garantiert ein Anbieter, den günstigsten Preis am Markt ebenfalls anzubieten. Damit verpflichtet sich der Anbieter, Betrug eines Konkurrenten automatisch mit einer analogen Preisreduzierung sofort zu bestrafen. Mit diesem Wissen reduziert sich der Anreiz des Konkurrenten eine Absprache zu betrügen und Kollusion kann sich einfacher etablieren (vgl. Jacquemin & Slade, 1989, S. 423).

---

[57] Engl. *overt/formal* (Hirschey, 2009, S. 510).

[58] Engl. *precommitment* (Jacquemin & Slade, 1989, S. 422).

[59] Auch Bestpreisklausel (Rittner, Dreher & Kulka, 2014, S. 398), engl. *most-favored customer clause/MFC* (Schnitzer, 1994, S. 186) oder *most-favoured-nation clause/MFN* (Salop, 1986, S. 273).

[60] Auch Bestpreisgarantie (Varian, 2011, S. 552), engl. *meet-the-competition clause/MCC* (Day, Reibstein & Gunther, 1997, S. 302) oder *meeting competition clause/MCC* (Salop, 1986, S. 279).

- Eine Variation davon ist die sogenannte **englische Klausel**[61] (Kapp, 2013, S. 103), mit der sich ein Anbieter bei langfristigeren Verträgen verpflichtet, günstigere Konditionen eines Konkurrenten entweder ebenfalls anzubieten oder den Kunden aus dem Vertragsverhältnis zu entlassen. Damit können Strafmaßnahmen glaubwürdig angedroht werden, was die Wahrscheinlichkeit erfolgreicher Kollusion erhöht (vgl. Jacquemin & Slade, 1989, S. 422).

Derartige Selbstbindungen erwecken oberflächlich betrachtet den Eindruck intensiven Wettbewerbs (vgl. Varian, 2011, S. 552), da sie für jeden einzelnen Nachfrager zunächst tatsächlich vorteilhaft sind und erst nachteilig wirken, wenn alle Nachfrager derartige Klauseln akzeptieren (vgl. Jacquemin & Slade, 1989, S. 422). Durch die kollusionsfördernde Bindung lässt sich jedoch nicht nur das Problem der Glaubwürdigkeit von Drohungen adressieren, darüber hinaus können Selbstbindungen zur Signalisierung bei stillschweigender Kollusion genutzt werden. Zudem vereinfacht sich die in Kapitel 2.3.6 näher beleuchtete Problematik intransparenter Informationsstrukturen, da die zur Aufdeckung notwendigen Informationen über Preisreduzierungen der Wettbewerber bereitwillig von den Nachfragern selbst bereitgestellt werden (vgl. Kantzenbach & Kruse, 1989, S. 43).

Explizite Kollusion kann durch verschiedene organisatorische Strukturen umgesetzt werden. Die bekannteste Form stellt das Kartell dar, weshalb die Begriffe "explizite Kollusion" und "Kartell" in der Literatur oftmals synonym verwendet werden (vgl. Bruneckienė, Pekarskienė, Guzavičius, Palekienė & Šovienė, 2015, S. 2; Kantzenbach & Kruse, 1989, S. 26)[62]. Teilweise wird der Begriff "Kartell" auf formelle explizite Kollusion auf Basis von Verträgen eingegrenzt, während informelle explizite Kollusion als "kartellartige Abmachung[en]" bezeichnet werden (vgl. Marbach, 1950, S. 14). Darüber hinaus lässt sich Kollusion jedoch auch in Form von Lobbyverbänden, Joint-Ventures, Semi-Kollusion[63] oder staatlich geförderter Kollusion realisieren (vgl. Bruneckienė et al., 2015, S. 3). In der stärksten organisatorischen Ausbaustufe werden gemeinsame

---

[61] Engl. *meet or release clause/MOR* (Schnitzer, 1994, S. 186).
[62] Neben Bruneckienė, Pekarskienė, Guzavičius, Palekienė und Šovienė (2015, S. 2-7) konsolidiert auch Eckel (1968, S. 45-58) unterschiedliche Definitionen des Kollusions- und Kartellbegriffs.
[63] Unter Semi-Kollusion wird auf bestimmte, legale Bereiche beschränkte Kollusion verstanden (vgl. Bruneckienė, Pekarskienė, Guzavičius, Palekienė & Šovienė, 2015, S. 3).

Strukturen geschaffen, welche als eigenes Organ auf dem Markt auftreten und als Syndikat bezeichnet werden (vgl. Mayer, 1959, S. 109-112).

In den untersuchten B2B-Kontraktmärkten wird von Seiten des Gesetzgebers versucht, wettbewerbsbeschränkende Maßnahmen soweit möglich zu unterbinden. Offener expliziter Kollusion kommt daher ebenso wie den damit verbundenen Organisationsstrukturen keine Bedeutung zu. Neben informeller und stillschweigender Kollusion kann jedoch auch verdeckte explizite Kollusion durchaus eine Rolle spielen, da sich Kommunikation zwischen Unternehmen kaum verhindern lässt, wie Adam Smith in der eingangs zitierten Passage weiter ausführt:

"People of the same trade seldom meet together, even for merriment and diversion, but the conversation ends in a conspiracy against the public, or in some contrivance to raise prices. It is impossible indeed to prevent such meetings, by any law which either could be executed, or would be consistent with liberty and justice." (Smith, 1776, S. 160)[64]

Der normative Filter der Gesetzgebung wird in der vorliegenden Arbeit bewusst vermieden, um die Wirkzusammenhänge verdeckter expliziter, horizontaler Kollusion abseits legaler Betrachtungen untersuchen zu können. Selbstbindungen können in den vorliegenden Industrien durchaus eine Rolle spielen; vor dem Hintergrund, dass noch viele allgemeine Fragen im Zusammenhang mit verdeckter, expliziter Kollusion offen sind, wird von diesen Sonderfällen im Folgenden abgesehen.

2.3.4 Typisierung kollusiver Absprachen

Implizite wie explizite Kollusion kann mit verschiedenen Mitteln realisiert werden. Bei ökonomischen Betrachtungen von Kollusion stehen meist Preisabsprachen im Vordergrund, da sie die naheliegendste Form kollusiven Verhaltens darstellen (vgl. Kantzenbach et al., 1996, S. 17). Eine direkte Absprache der Preise adressiert jedoch gewissermaßen nur die Symptome einer kompetitiven Marktstruktur; alternativ können die Preise auch indirekt durch die Beseitigung der Ursachen hoher Wettbewerbsintensität angehoben werden (vgl. Mayer, 1959, S. 109-112). Mit dem Ziel, die Preise indirekt zu beeinflussen, kann sich kollusives Verhalten auf alle

---

[64] Das Zitat ist vom Original sprachlich geringfügig an die moderne englische Schrift angepasst.

Aktionsparameter der Unternehmenspolitik beziehen. In der Literatur wird meist zwischen drei grundsätzlichen Typen kollusiven Verhaltens unterschieden (vgl. Kantzenbach & Kruse, 1989, S. 26-36; Lande & Marvel, 2000, S. 941-946):

- Unter einer direkten **Preisabsprache**[65] versteht man eine Vereinbarung unter den Anbietern zur Höhe der Preise. Im theoretischen Extremfall verhalten sich die Oligopolisten als Kollektiv und fordern den Monopolpreis (vgl. Kantzenbach et al., 1996, S. 17). Neben einer direkten Absprache von Fest- oder Mindestpreisen zählt auch die Vereinbarung von Richtlinien zur Kalkulation bzw. Preisbildung – beispielsweise durch einheitliche Gewinnaufschläge auf das gesamte Produktsortiment (vgl. Tirole, 1999, S. 529) – als Preisabsprache im weiteren Sinne (vgl. Mayer, 1959, S. 111). Bei Preisabsprachen ist der Anreiz für Betrug sehr hoch, da eine geringfügige Reduzierung des Preises einem Anbieter wesentlich höhere Gewinne beschert (vgl. Kapitel 2.1.1; Kantzenbach et al., 1996, S. 17; Kantzenbach & Kruse, 1989, S. 27-31). Weil die Ursachen hoher Wettbewerbsintensität durch eine reine Preiskollusion nicht beseitigt werden, ist die Stabilität eher gering und entsprechende Kooperationen neigen dazu auseinanderzufallen (vgl. Mayer, 1959, S. 111).

- Unter einer **Kapazitätsabsprache**[66] versteht man eine Vereinbarung der Anbieter, die Produktionskapazitäten kollektiv zu limitieren. Dies kann in Form einer Stilllegung vorhandener Kapazitäten genauso wie einer unterbleibenden, unter Wettbewerb zielführenden Ausweitung geschehen. Die künstliche Verknappung des Angebots hat steigende Preise und höhere Gewinne für die Anbieter zur Folge und ist damit eine indirekte Form der Preisbeeinflussung. Da Kapazitätsentscheidungen meist mit irreversiblen, hohen Investitionen verbunden sind und die Anbieter sich damit langfristig auf eine bestimmte Verhaltensweise festlegen, geht eine Verletzung der Absprache mit einem hohen Risiko einher, was diese Form der Kollusion vergleichsweise stabil macht. Dass sich eine Kapazitätsausweitung gegenüber den anderen Anbietern kaum verheimlichen lässt, verringert einerseits die Gefahr heimlicher Abspracheverletzungen, ermöglicht es den Anbietern andererseits aber

---

[65] Auch Preiskollusion (Kantzenbach & Kruse, 1989, S. 27), engl. *price fixing* (Lande & Marvel, 2000, S. 945).

[66] Auch Kapazitätskollusion (Kantzenbach, Kottmann & Krüger, 1996, S. 18), Beschränkung des Angebots oder Produktionskartell (Mayer, 1959, S. 110), engl. *output restriction* (Harris, 2001, S. 49).

KOLLUSION IN OLIGOPOLMÄRKTEN

auch, ihre Wettbewerbsstrategien zu signalisieren und begünstigt damit implizite Absprachen (vgl. Kantzenbach et al., 1996, S. 18; Kantzenbach & Kruse, 1989, S. 31-34).

- Unter einer **Marktaufteilung**[67] versteht man eine Vereinbarung der Anbieter über die Aufteilung des Marktes in Teilmärkte (vgl. Kantzenbach et al., 1996, S. 19). Die Aufteilung kann hierbei nicht nur nach Regionen, sondern ebenso nach Kundengruppen oder Produktspezialisierungen definiert sein (vgl. Mayer, 1959, S. 111). Auch eine zeitliche Aufteilung beispielsweise in Form einer Bieterrotation[68] fällt im weitesten Sinne unter diesen Typ der Kollusion. Innerhalb der Teilmärkte wird der Wettbewerb quasi ausgeschaltet, was es den Anbietern erlaubt, in ihren Teilmärkten als Monopolist agieren zu können. Diese Form der Kollusion ist umso einfacher, je höher die natürlichen Barrieren sind. Da eine heimliche Verletzung der Absprache kaum möglich ist und gerade bei regionaler Marktaufteilung Strafmaßnahmen gezielt und günstig einsetzbar sind, ist dieser Kollusionstyp vergleichsweise stabil (vgl. Kantzenbach et al., 1996, S. 19; Kantzenbach & Kruse, 1989, S. 34). Stabilitätsfördernd gegenüber einer Preisabsprache wirkt unter anderem der Umstand, dass ein für jeden Anbieter akzeptabler Marktanteil von vornherein festgelegt werden kann (vgl. Andersen & Rogers, 1999, S. 348). Die Grenze zwischen einer Marktaufteilung in Teilmärkte bei stark differenzierten Produkten und "echtem" Multimarkt-Kontakt ist dabei fließend, sodass auch Erkenntnisse aus dieser Forschungs-richtung teilweise übertragen werden können (vgl. Forschungsüberblick von Yu & Cannella, 2013).

Andere Aktionsparameter lassen sich einfach in Form dieser drei Typen interpretieren (vgl. Kantzenbach & Kruse, 1989, S. 27). Lande und Marvel (2000) definieren über diese klassischen Kollusionstypen hinaus weitere Möglichkeiten kollusiven Verhaltens:

- Kollusion zur **Benachteiligung von Konkurrenten**[69] rückt nicht die interne Dynamik einer Absprache, sondern die nicht an der Kollusion beteiligten

---

[67] Auch Marktschrankenkollusion (Kantzenbach, Kottmann & Krüger, 1996, S. 19), oder Marktspaltung (Mayer, 1959, S. 110), engl. *market division* (Lande & Marvel, 2000, S. 985) oder *market allocation* (Harris, 2001, S. 48).

[68] Engl. *bid rigging* (Lande & Marvel, 2000, S. 945) oder *bid rotation* (Aoyagi, 2003, S. 79).

[69] Engl. *collusion to disadvantage rivals* (Lande & Marvel, 2000, S. 947).

Unternehmen in den Fokus. Beispiele hierfür sind Boykotte, gemeinsame Kampfpreisstrategien, regulatorische Beeinflussung oder Strategien,
welche die Kosten von Wettbewerbern in die Höhe treiben (vgl. Lande & Marvel,
2000, S. 947).

• Kollusion zur **Manipulation der Wettbewerbsbedingungen**[70] fokussiert auf die
  Einführung von Restriktionen, welche die Randbedingungen des Wettbewerbs
  verändern. Darunter fallen unter anderem Vereinbarungen zur Erhöhung von
  nachfragerseitigen Suchkosten, beispielsweise in Form von limitierter Werbung
  (vgl. Lande & Marvel, 2000, S. 949-984).

Da die hier untersuchten Oligopolmärkte sich, wie in Kapitel 2.1.1 dargelegt, am besten
durch Bertrand-Preiswettbewerb beschreiben lassen, besteht keine Möglichkeit für
Kapazitätsabsprachen. Besondere Bedeutung kommt daher insbesondere Preisabsprachen und Marktaufteilungen zu, während die vorangehend genannten weiterführenden
Möglichkeiten kollusiven Verhaltens eine eher untergeordnete Rolle einnehmen.

2.3.5 Kollusion beeinflussende Faktoren

Kollusionsförderliche Faktoren stehen schon seit geraumer Zeit im Fokus der Literatur,
vor allem vor dem Hintergrund wettbewerbsrechtlicher Betrachtungen. Die wichtigsten
Faktoren werden an dieser Stelle kurz vorgestellt, um einen Überblick über alle
relevanten Einflussgrößen zu geben. Einerseits lässt sich auf dieser Basis steuern, wie
kollusionsförderlich die Rahmenbedingungen des experimentellen Modells angelegt
werden, andererseits lässt sich bestimmen, welche dieser Faktoren für die vorliegenden
Oligopolmärkte ausschlaggebend sind und daher explizit als Untersuchungsgegenstand
in der vorliegenden Arbeit berücksichtig werden sollten.

Welche Wirkung Faktoren auf das Zustandekommen und die Stabilität von Kollusion
haben, lässt sich anhand der Elemente der in Kapitel 2.3.2 beschriebenen Wirkkette
systematisch untersuchen:

• Eine **geringe Anzahl von Anbietern** trägt wesentlich zu stabiler Kollusion bei.
  Zunächst ist die koordinative Herausforderung eine Absprache zu treffen
  wesentlich geringer, je weniger Beteiligte eingebunden werden müssen. Bei nur

---

[70] Engl. *manipulating the rules of competition* (Lande & Marvel, 2000, S. 949).

wenigen Anbietern lassen sich Kapazitäten, Absatzwege und dergleichen leichter überblicken, was die Aufdeckung von Betrug wesentlich vereinfacht. Darüber hinaus können Strafen gezielter eingesetzt werden als in weiten Oligopolen (vgl. Kantzenbach & Kruse, 1989, S. 42). Auch hinsichtlich der Betrugsanreize ist eine geringe Anzahl an Anbietern förderlich, da die potentiellen kurzfristigen Gewinne umso höher sind, je kleiner der eigene Marktanteil ist (vgl. Hirschey, 2009, S. 511; Stigler, 1964, S. 51).

- Durch Transparenz über abgeschlossene Transaktionen – auch als **Monitoring** (Holcomb & Nelson, 1997, S. 79) bezeichnet – lassen sich Abweichungen von Absprachen kaum verheimlichen. Bleiben Preisreduzierungen unentdeckt, steigt im Umkehrschluss der Anreiz zu betrügen. Die Transparenz von Marktinstitutionen, in welchen Preise öffentlich gehandelt werden (z. B. Börsen), fördert Kollusion daher durch eine einfache Aufdeckung von Betrug (vgl. Kantzenbach & Kruse, 1989, S. 43).

- Bei einer **niedrigen Preiselastizität** der Nachfrage sind die Vorteile einer kollusiven Absprache wesentlich ausgeprägter, da ein Anheben der Preise nicht zu einem deutlichen Rückgang der Nachfrage führt. Im Umkehrschluss wird auch der Betrugsanreiz verringert, weil die Nachfrager bei einem reduzierten Preis keine wesentlich größeren Mengen abnehmen. Strafmaßnahmen sind bei einer niedrigeren Preiselastizität daher härter (vgl. Kantzenbach et al., 1996, S. 20-22).

- **Produktheterogenität** hat auf das Zustandekommen einer Absprache einen hemmenden Einfluss, da die Abstimmung über mehrere Parameter erfolgen muss und entsprechend komplex wird. Dass über den Marktpreis hinaus mehrere Dimensionen überwacht werden müssen, erschwert auch die Aufdeckung von Betrug. Andererseits erleichtert Produktheterogenität aber auch eine Segmentierung in Teilmärkte. Eine Marktaufteilung lässt sich dadurch sehr natürlich etablieren (vgl. Kantzenbach et al., 1996, S. 39-68). Darüber hinaus erlaubt eine hohe Differenzierung der Produkte kostengünstigere Strafmaßnahmen, da der Preiskampf ganz gezielt als Strafe eingesetzt werden kann ohne die Gewinne auf dem gesamten Markt zu gefährden (vgl. Kantzenbach & Kruse, 1989, S. 48).

- **Wechselkosten** erleichtern ebenso wie Produktheterogenität die Etablierung einer Marktaufteilung. Zudem machen es die zusätzlichen Wechselkosten teurer, kurzfristige Gewinne durch Betrug einzustreichen, was jedoch auch die anschließenden Strafen kostspieliger macht. Betrug aufzudecken kann möglicherweise einfacher sein, da hierzu höhere Preisreduzierungen erforderlich sind, welche schwieriger geheim gehalten werden können. Insgesamt ist die Wirkung von Wechselkosten speziell auf Kollusion allerdings noch kaum erforscht (vgl. Farrell & Klemperer, 2007, S. 1990), während die Auswirkungen von Wechselkosten auf die Wettbewerbsintensität allgemein, wie in Kapitel 2.2 dargelegt, bereits einige Aufmerksamkeit in der Forschung erhalten haben.

- **Asymmetrien** in der Anbieterstruktur führen prinzipiell zu einer geringeren Stabilität. Mit unterschiedlichen Grenzkosten beispielsweise ist sowohl die Festsetzung eines kollusiven Preisniveaus als auch die Aufteilung der kollusiven Gewinne nicht mehr trivial (vgl. Schmalensee, 1987, S. 366; Tirole, 1999, S. 530-532). Auch strukturelle Unterschiede verringern den Anreiz über Kollusion den Status Quo zu festigen. Darüber hinaus führen heterogene Planungshorizonte zu einer unterschiedlichen Bewertung von Strafen, was die Kollusionswahrscheinlichkeit senkt (vgl. Kantzenbach et al., 1996, S. 62-69).

- Naheliegend ist der Einfluss der **Diskontierung** auf die Kollusionswahrscheinlichkeit. Je stärker zukünftige Gewinne diskontiert werden, desto weniger wiegen zukünftige Strafen im Vergleich zu kurzfristigen zusätzlichen Gewinnen durch Betrug. Im Kontext realer Märkte wird die Diskontierung häufig in Form von Ungeduld oder marginaler Kapitalkosten interpretiert (vgl. Rees, 1993, S. 31; Tirole, 1999, S. 549).

- Eine hohe **Irreversibilität von Investitionen** erhöht einerseits den kurzfristigen Betrugsanreiz, da die Gewinnsteigerungen bei hohen Fixkosten bzw. niedrigen variablen Kosten umso größer sind. Gleichzeitig erfordern hohe, irreversible Investitionen aber auch einen langfristigen Planungshorizont, was einen andauernden Preiskampf sehr unattraktiv erscheinen lässt und daher sowohl den Anreiz eine kollusive Absprache zu treffen erhöht als auch Strafen infolge von Betrug verschärft (vgl. Kantzenbach & Kruse, 1989, S. 50-54).

- Eine **hohe Marktdynamik** – gleichermaßen schrumpfende, wachsende, volatile und zyklische Märkte – führt meist zu einer geringeren Kollusionsstabilität. Überkapazitäten infolge eines schrumpfenden Marktes lassen die kurzfristige Auslastung von vorhandenen Kapazitäten durch Betrug umso wichtiger erscheinen, wohingegen die langfristige Perspektive – und damit eine potentielle

Strafe – an Bedeutung verliert. In zukunftsorientierten Branchen mit schnellem technologischem Fortschritt hingegen liegen die langfristig zu erwartenden Gewinne so stark im Fokus, dass der Anreiz, die aktuellen Marktstrukturen durch Kollusion zu festigen, eher gering ausgeprägt ist (vgl. Kantzenbach & Kruse, 1989, S. 54-56). Da in wachsenden Märkten die Bedeutung zukünftiger Gewinne gegenüber kurzfristigen Vorteilen zunimmt (vgl. Kühn, 2001, S. 172), sinkt bei bestehender Kollusion jedoch der Anreiz zu betrügen, während die Wirkung von Strafen steigt. Darüber hinaus wird die Aufdeckung erschwert, weil Änderungen am Markt nicht automatisch auf Betrug zurückgeführt werden können (vgl. Green & Porter, 1984, S. 88). Eine hohe Marktdynamik geht oft einher mit einer gewissen Unsicherheit über zukünftige Entwicklungen, was die Abstimmung zusätzlich erschwert (vgl. Kantzenbach et al., 1996, S. 69-75).

- **Markteintrittsbarrieren** fördern Kollusion, da Preise angehoben werden können ohne den Eintritt von neuen Unternehmen fürchten zu müssen. Können neue Marktteilnehmer hingegen einfach in einen Markt eindringen, lässt sich das Preisniveau nicht dauerhaft anheben, was den Anreiz sich abzusprechen verringert (vgl. Kantzenbach & Kruse, 1989, S. 73).

- Die Wirkung von unverbindlicher **Kommunikation** lässt sich aus theoretischer Perspektive nicht oder nur sehr begrenzt modellieren (vgl. Fonseca & Normann, 2012, S. 1759). Aus praktischer Sicht jedoch ist mit Kommunikation die koordinative Aufgabe eine Absprache zu treffen einfacher, insbesondere wenn komplexere Drohstrategien zur Anwendung kommen. Mangelnde Informationstransparenz lässt sich durch den Austausch von Informationen in Teilen kompensieren, was die Aufdeckung verbessert (vgl. Whinston, 2006, S. 20-26).

- Bestehende **gemeinsame Organisationsstrukturen** wie Branchenverbände tragen ebenfalls zu einer einfachen Absprache bei, da Kommunikationswege bereits – völlig legal – etabliert sind. Darüber hinaus können dadurch auch soziale Normen und Bindungen verstärkt eine Rolle spielen, was die Unternehmen von Betrug abhalten kann (vgl. Kantzenbach & Kruse, 1989, S. 44). Multimarkt-Kontakt zeigt ebenso wie wechselseitige Lieferantenbeziehungen eine vergleichbare Wirkung (vgl. Kantzenbach et al., 1996, S. 55-58).

Tabelle 2 fasst die wesentliche Wirkung der einzelnen, obenstehend dargelegten Einflussfaktoren entlang der Wirkkette stabiler Kollusion übersichtlich zusammen[71].

Tabelle 2: Einflussfaktoren auf Kollusion entlang der Wirkkette [72]

	Absprache	Betrug	Aufdeckung	Strafe
Geringe Anzahl von Anbietern	↑	↑	↑	↑
Monitoring			↑	
Niedrige Preiselastizität	↑	↑		↑
Produktheterogenität	↓ ($↑^{73}$)		↓	↑
Wechselkosten	($↑^{73}$)	↑	↑	↓
Asymmetrien	↓			
Hohe Diskontierung				↓
Irreversibilität von Investitionen	↑	↓		↑
Hohe Marktdynamik[74]	↓	↓↑	↓	↓↑
Markteintrittsbarrieren	↑			
Kommunikation	($↑^{75}$)		($↑^{75}$)	
Gemeinsame Organisationsstrukturen	↑	↑		

↑ Faktor begünstigt Kollusion
↓ Faktor hemmt Kollusion
( ) Wirkung trifft nur unter bestimmten Rahmenbedingungen oder Annahmen zu

---

[71] Nicht eingetragen sind indirekte Wirkungen. Wissen die Anbieter beispielsweise, dass die Aufdeckung aufgrund von mangelhaftem Monitoring erschwert wird, steigt indirekt der Anreiz zu betrügen in der Hoffnung, heimlich Gewinne mitnehmen zu können. Da dies allen Unternehmen gleichermaßen bekannt ist, sinkt im gleichen Zuge auch die Wahrscheinlichkeit, dass eine kollusive Absprache überhaupt zustande kommt. Darüber hinaus lassen sich nicht alle Effekte klar auf einzelne Teile der Wirkkette beziehen, beispielsweise weil jeder Betrugsanreiz immer auch eine potentielle Strafe berücksichtigt.

[72] Die inhaltliche Basis der Darstellung findet sich inkl. Verweisen auf die entsprechende Literatur im vorangehenden Abschnitt und wird aus Gründen der Übersichtlichkeit nicht wiederholt.

[73] Im Falle einer Marktaufteilung kann der Einfluss auch begünstigend auf das Zustandekommen einer Absprache wirken.

[74] Eine hohe Marktdynamik kann je nach Marktstruktur konträre Einflüsse haben. Die Darstellung stellt daher lediglich die hauptsächlichen Einflüsse dar; für eine tiefergehende Diskussion siehe Kantzenbach und Kruse (1989, S. 54-56).

[75] Durch die Klammern wird der Widerspruch zwischen theoretischer Sicht und praktischer Perspektive angedeutet. Für eine vertiefte Diskussion siehe Kapitel 2.3.7.

Einige dieser Faktoren wie die Anzahl von Anbietern, die Heterogenität der Produkte oder Wechselkosten stellen ein mehr oder weniger unveränderliches Merkmal der untersuchten Märkte dar, weshalb sie aus der Perspektive des strategischen Managements nicht unbedingt von hoher praktischer Relevanz sind. Monitoring hingegen lässt sich beispielsweise über Branchenverbände aktiv beeinflussen, zumal die vorliegenden Märkte aufgrund der privaten Kontraktverhandlungen grundsätzlich von einer gewissen Intransparenz geprägt sind, was Monitoring als zielführenden Untersuchungsgegenstand erscheinen lässt. Darüber hinaus liegt der Schwerpunkt der vorliegenden Untersuchung, wie in Kapitel 2.3.3 angesprochen, auf expliziter Kollusion, womit der Einfluss von Kommunikation automatisch in den Fokus dieser Arbeit rückt.

2.3.6 Einfluss von Monitoring auf Kollusion und die Wettbewerbsintensität

Bislang wurde implizit davon ausgegangen, dass alle entscheidungsrelevanten Informationen[76] allen Spielern jederzeit verzögerungsfrei vorliegen. In der Realität von Oligopolmärkten wird diese Annahme jedoch aus zwei verschiedenen Aspekten häufig verletzt (vgl. Rieck, 1993, S. 101):

- Von (un-)vollständiger Informationen[77] spricht man, wenn (nicht) alle Eigenschaften der Konkurrenten bekannt sind (vgl. Tirole, 1999, S. 967). Diese Informationen umfassen beispielsweise Kostenstrukturen oder Nachfrage-funktionen und sind *ex ante* bekannt (vgl. Schmidt, 2012, S. 64). Sind Informationen nur einem Spieler bekannt, spricht man von privater Information (vgl. Rieck, 1993, S. 102). Bei unvollständiger Information wird insbesondere das Bayessche Gleichgewichtskonzept relevant (vgl. Tirole, 1999, S. 967-993).

- Von (un-)vollkommener oder (im-)perfekter Information[78] spricht man, wenn (nicht) alle Handlungen der Konkurrenten beobachtbar sind (vgl. Rieck, 1993, S. 95). Da die Beobachtbarkeit des vergangenen Spielgeschehens im Vordergrund steht, wird hierbei auch von Monitoring (Holcomb & Nelson, 1997) gesprochen. Dabei handelt es sich beispielsweise um vergangene Preise oder Absätze, welche *ex post* bekannt werden (vgl. Schmidt, 2012, S. 64).

---

[76] Im Fokus dieses Kapitels stehen ausschließlich harte, verifizierbare Informationen. In Kapitel 2.3.7 werden darüber hinaus auch weiche, nicht verifizierbare Informationen über geplantes zukünftiges Verhalten behandelt.

[77] Engl. *(in-)complete* (Tirole, 1988, S. 432).

[78] Engl. *(im-)perfect* (Tirole, 1988, S. 432).

Kollusion betreffend ist in Kontraktmärkten insbesondere Monitoring von Interesse[79], da die Aufdeckung von Betrug an die Verfügbarkeit entsprechender Informationen gekoppelt ist. Im Folgenden wird daher der Stand der Forschung zu Monitoring näher beleuchtet. Monitoring kann in mehrerlei Hinsicht eingeschränkt sein:

- Informationen können lediglich **teilweise** bekannt sein. Im Cournot-Wettbewerb von Green und Porter (1984) beispielsweise sind lediglich die resultierenden Preise, nicht aber die Produktionsmengen bekannt.

- Monitoring-Informationen können erst **verzögert**[80] bekannt werden. Die Wirkzusammenhänge bei verzögerter Aufdeckung werden beispielsweise bei Tirole (1999, S. 528-530) am Beispiel von Märkten mit wenigen Nachfragern oder bei Großaufträgen beschrieben.

- Die Informationstransparenz kann **unsicher** sein. Die genaue Ausgestaltung kann hierbei variieren; Overgaard und Møllgaard (2008, S. 9) beschreiben ein Modell, in welchem Informationen einer gewissen Wahrscheinlichkeit zufolge aufgedeckt werden, während bei Holcomb und Nelson (1997, S. 85) die immer verfügbare Information zu einer bestimmten Wahrscheinlichkeit falsch ist. Aoyagi und Fréchette (2009) untersuchen den Einfluss von unscharfen Informationen, wobei den Monitoring-Informationen Rauschen beigemischt wird.

Wie bereits in Kapitel 2.3.5 angesprochen, verbessert Monitoring die Aufdeckung und führt damit zu stabilerer Kollusion und höheren Preisen. Stigler (1964, S. 46) argumentiert dementsprechend, dass die Transparenz über Preise heimliche Preisreduzierungen[81] verhindert, da Abweichungen vom vereinbarten Preisniveau sofort zu Preisanpassungen der Konkurrenten führen. Potters (2009, S. 83) ergänzt, dass Monitoring nicht nur heimlichen Betrug ausschließt, sondern auch verhindert, dass Kollusion infolge falsch-positiver Befunde zusammenbricht[82].

---

[79] Eine Darstellung zu Monitoring findet sich in ähnlicher Schwerpunktsetzung bei Kroth (2015, S. 34-45).

[80] Engl. *detection lag* (Tirole, 1999, S. 528).

[81] Engl. *secret price cutting* (Stigler, 1964, S. 46).

[82] Falsch-positive Befunde treten beispielsweise auf, wenn Anbieter aus Mangel an Informationen fälschlicherweise davon ausgehen, einen Betrug aufgedeckt zu haben, auch wenn sich tatsächlich alle Anbieter an die Absprache halten.

Im Hinblick auf die Wettbewerbsintensität finden sich jedoch auch Gründe, die für ein niedrigeres Preisniveau bei vollkommenem Monitoring sprechen. Wie Potters (2009) darlegt, wird aus theoretischer Perspektive häufig darauf verwiesen, dass in der Modellierung des perfekten Wettbewerbs von perfekter Information ausgegangen wird. Folglich lässt sich argumentieren, dass jeder Versuch diesem Ideal näher zu kommen die Effizienz des Marktes steigert (vgl. Potters, 2009, S. 82). Darüber hinaus bietet die Transparenz den Anbietern die Möglichkeit, das Verhalten von erfolgreichen Wettbewerbern zu imitieren (vgl. Vega-Redondo, 1997, S. 378). Da erfolgreiche Strategien typischerweise über niedrige Preise auf hohe Absatzmengen abzielen, führt dieses Verhalten im Regelfall zu einem niedrigeren Preisniveau (vgl. Potters, 2009, S. 98). Verbraucheragenturen heben die Bedeutung von Preisvergleichen für Konsumenten hervor und sehen Transparenz daher als essentielle Voraussetzung für intensiven Wettbewerb (vgl. Overgaard & Møllgaard, 2008, S. 2).

Allein auf Basis möglicher Wirkzusammenhänge lässt sich nicht eindeutig feststellen, ob Monitoring die Wettbewerbsintensität in Summe steigert oder senkt, weshalb der Einfluss von Monitoring in diversen theoretischen, empirischen und experimentellen Untersuchungen erforscht wird.

Theoretische Untersuchungen zum Einfluss von Monitoring
Aus theoretischer Sicht ist es nicht trivial, diese Wirkmechanismen gesamtheitlich abzubilden, weshalb der Fokus meist auf einzelnen Effekten liegt. Wie Potters (2009, S. 82) zusammenfassend angibt, lässt sich daher aus theoretischer Sicht nicht abschließend klären, welche der Effekte in Summe überwiegen.

Von einigen theoretischen Untersuchungen wird die kollusionsförderliche Wirkung von Monitoring bestätigt. Overgaard und Møllgaard (2008, S. 9) legen mathematisch dar, dass eine verzögerte Aufdeckung bei fixierter Transparenz auf Nachfragerseite den Anreiz zu betrügen verstärkt, da die Strafmaßnahmen erst später greifen und Gewinne unter dem Schirm der Kollusion länger unentdeckt abgeschöpft werden können. Die Oligopolisten müssen daher geduldiger sein, damit Kollusion funktionieren kann bzw. bei gegebener Diskontierung ist es unwahrscheinlicher, dass Kollusion die profitabelste Strategie darstellt. Verzögerte Aufdeckung führt damit zu einem niedrigeren Preisniveau. Zu ähnlichen Ergebnissen kommen Colombo und Labrecciosa (2006) in einer Untersuchung von Strafmöglichkeiten bei verzögerter Aufdeckung. Overgaard und Møllgaard (2008, S. 9) modellieren darüber hinaus den Effekt von unsicherer Transparenz über Monitoring-Informationen. Betrug wird hierbei in jeder Runde mit einer gewissen Wahrscheinlichkeit aufgedeckt, ansonsten bleibt er unbemerkt. Analog zu verzögerter Aufdeckung zeigt sich auch hier, dass unsichere Aufdeckung die kollusive Strategie weniger attraktiv macht und das Preisniveau damit senkt. Overgaard und Møllgaard (2008, S. 10) widmen sich auch dem Einfluss von Nachfragertransparenz unter perfekter Information auf Anbieterseite. Die Annahme, dass eine höhere Transparenz für die Nachfrager im statischen Wettbewerb zu geringeren Anbieter-gewinnen führt, erhöht im Umkehrschluss den Anreiz für die Anbieter zu kolludieren, da die Differenz zu kollusiven Gewinnen größer ist. Kollusion ist unter höherer Transparenz darüber hinaus stabiler, weil Strafmaßnahmen härter ausfallen. Andererseits erhöht sich aber der Anreiz zu betrügen, weil mehr Nachfrager von einer Preisreduzierung erfahren und auf diese eingehen können. Overgaard und Møllgaard (2008, S. 11-14) schließen mit der Feststellung, dass sich aus rein theoretischer Perspektive nicht eindeutig sagen lässt, welcher dieser Effekte dominiert.

In der Literatur finden sich jedoch auch Untersuchungen, welche die These stützen, dass Monitoring-Informationen zu niedrigeren Preisen führen. Schultz (2005) untersucht den Einfluss der Informationsstruktur auf Nachfragerseite in einem Duopolmarkt mit differenzierten Produkten. Schultz (2005) kommt im Gegensatz zu Overgaard und Møllgaard (2008) zu der Schlussfolgerung, dass die Stabilität von Kollusion mit zunehmender Informationstransparenz für die Nachfrager in Summe abnimmt, wobei der Effekt umso schwächer ausgeprägt ist, je homogener die Produkte am Markt sind. Aufschlussreich sind auch die Untersuchungen von Vega-Redondo (1997), der die klassischen Erklärungsmuster der nichtkooperativen Spieltheorie verlässt und Duopol-märkte im Cournot-Wettbewerb aufbauend auf Schaffer (1989) mit Hilfe der evolutionären Spieltheorie untersucht. Das Verhalten der Anbieter wird hierbei von Mutation und Imitation determiniert, wobei die Anbieter nicht nach dem Prinzip der Maximierung absoluter Gewinne agieren, sondern auf relative Gewinne abzielen. Dabei werden die unternehmensspezifisch publizierten Absatzmengen und Gewinne von den Anbietern dafür genutzt erfolgreiches Verhalten zu imitieren. Wie sich leicht einsehen lässt, erzielt der Anbieter mit der höchsten Absatzmenge die höchsten Gewinne, was durch Imitation schnell zu steigenden Absatzmengen und einer daraus resultierenden

Abwärtsspirale beim Preis führt. Langfristig wird sogar das Cournot-Nash-Gleichgewicht unterschritten und es stellt sich der Wettbewerbspreis ein.

Eine weitere Perspektive eröffnen Green und Porter (1984) in ihrer wegweisenden Untersuchung eines Cournot-Oligopolmarktes mit homogenen Produkten, in welchem die Anbieter unter der Unsicherheit von Nachfrageschwankungen nur die resultierenden Preise, nicht aber die Produktionsmengen beobachten können. Für die Anbieter lässt sich daher nicht nachvollziehen, ob niedrige Marktpreise die Folge geringer Nachfrage oder einer Überproduktion durch Betrug sind. Unter diesen Voraussetzungen kann eine rationale *Trigger*-Strategie für die Anbieter darin bestehen, bei einer Unterschreitung eines abgesprochenen Preisniveaus automatisch für eine gewisse Zeit auf das Cournot-Nash-Gleichgewicht zurückzufallen. Gelegentliche Preiskämpfe sind damit Teil einer stabilen Kollusion.

Empirische Untersuchungen zum Einfluss von Monitoring
Empirische Untersuchungen fokussieren notgedrungen auf den öffentlich verfügbaren Teil der Informationsstruktur, da informelle Informationsflüsse kaum erfasst werden können. Insgesamt kommen die wenigen bekannten empirischen Untersuchungen zu dem Ergebnis, dass Monitoring Kollusion stärkt und das Preisniveau in Summe anhebt.

Einen konkreten Fall in der dänischen Zementindustrie analysieren Albæk, Møllgaard und Overgaard (1997). Um den Wettbewerb zu fördern, entschloss sich die dänische Kartellbehörde, firmenspezifische Transaktionspreise zu publizieren. Innerhalb eines Jahres nach der erstmaligen Veröffentlichung stiegen die Marktpreise allerdings entgegen der ursprünglichen Intention um etwa 15-20 Prozent. Albæk et al. (1997) führen diesen Effekt unter Berücksichtigung anderer potentieller Faktoren wie Konjunktur und Kapazitätsbeschränkungen auf die künstliche Markttransparenz zurück. Overgaard und Møllgaard (2008, S. 14-18) nennen einige weitere Beispiele, welche eine Verringerung der Wettbewerbsintensität und damit höhere Preise infolge transparenterer Informationsstrukturen nahelegen. Nach der Publizierung firmenspezifischer Vertragsdaten stiegen etwa die Preise im amerikanischen Schienengüterverkehr. Durch die im Zuge der Etablierung der Airline Tariff Publishing Company erreichte Preistransparenz gelang es den amerikanischen Fluggesellschaften, sogenannte *junk fares* (Overgaard & Møllgaard, 2008, S. 15) zu vermeiden und dadurch höhere Gewinne zu erzielen.

Bei empirischen Feldstudien zu Kollusion stellt sich allgemein die Frage, inwiefern die Ergebnisse dadurch verzerrt werden, dass ausschließlich Fallbeispiele im Fokus der Wettbewerbsbehörden untersucht werden können. Damit beschränkt sich die Stichprobe lediglich auf Industrien, welche erstens bei der Etablierung von Kollusion erfolgreich waren, zweitens entdeckt wurden und bei denen es drittens zu einer Strafverfolgung kam (vgl. Fonseca & Normann, 2012, S. 1760). Darüber hinaus ist es selbst dann kaum möglich, die genauen kollusiven Verhaltensmuster im Nachhinein nachzuvollziehen und einer hypothetischen Preisentwicklung ohne Kollusion gegenüberzustellen (vgl. Davis & Holt, 2008, S. 170). Stigler (1964) bringt die Kritik an der empirischen Forschung in Bezug auf heimliche Preisreduzierungen folgendermaßen auf den Punkt:

> "*This literature is biased: conspiracies that are successful in avoiding an amount of price-cutting which leads to collapse of the agreement are less likely to be reported or detected.*" (Stigler, 1964, S. 46)

Experimentelle Untersuchungen zum Einfluss von Monitoring
Da sich Informationsflüsse in Laborexperimenten deutlich einfacher steuern lassen (vgl. Holcomb & Nelson, 1997, S. 83) als in empirischen Untersuchungen realer Märkte, gibt es hierzu in der Literatur bereits umfangreiche Erkenntnisse. In Summe kommt die experimentelle Literatur jedoch zu keinem Konsens hinsichtlich des Einflusses von Monitoring auf die Wettbewerbsintensität.

Ein Teil der Untersuchungen deutet darauf hin, dass Monitoring zu höheren Preisen führt. Im Zentrum einer Reihe von Experimenten von Fouraker und Siegel (1963) steht unter anderem der Einfluss von Information auf die Wettbewerbsintensität in Duopol- und Triopolmärkten sowohl im Cournot- als auch Bertrandwettbewerb. Fouraker und Siegel (1963) untersuchen dabei *Treatments* mit perfekter Information gegenüber *Treatments* mit einer Kombination aus unvollständiger und unvollkommener Information, in denen sowohl Informationen über die Auszahlungsmatrizen als auch Monitoring-Informationen zurückgehalten werden. Insbesondere in den untersuchten

Duopolmärkten mit Bertrand-Preiswettbewerb zeigt sich, dass das durchschnittliche Preisniveau mit zunehmender Information steigt[83]. In Triopolen und im Cournotwettbewerb ist der Zusammenhang zwischen Monitoring und Wettbewerbsintensität ebenfalls zu beobachten, wenngleich der Effekt nicht ganz so stark ausgeprägt ist (vgl. insb. Fouraker & Siegel, 1963, 142-166, 184-199). Holcomb und Nelson (1997) widmen sich dem Effekt von unsicherem Monitoring auf die Stabilität von Kollusion in Duopolmärkten mit einem vereinfachten Cournot-Mengenwettbewerb, in welchem die Preissetzung durch die Auswahl von Optionen in einer Auszahlungsmatrix erfolgt. Auf eine kollusionsförderliche Anfangsphase mit vollkommenem Monitoring und der Möglichkeit zu schriftlicher Kommunikation folgt ein Abschnitt, in dem die offengelegte Information über die Entscheidung der Konkurrenten explizit nur in der Hälfte der Fälle korrekt ist. Für die letzte Phase im Experiment wird wieder vollkommene Monitoring-Information zur Verfügung gestellt. In 95% der Märkte erhöht sich die Ausbringungsmenge in der Phase mit unvollkommenem Monitoring. In der Schlussphase hingegen fallen unter vollkommenem Monitoring alle Märkte, die in der Anfangsphase Kollusion etablieren konnten, wieder auf kollusives Verhalten zurück. Holcomb und Nelson (1997) schlussfolgern daraus, dass Monitoring Kollusion fördert und zu deutlich höheren Preisen führt. Aoyagi und Fréchette (2009) untersuchen die Auswirkung von unsicherem Monitoring in einem auf die Form des klassischen Gefangenendilemmas reduzierten Cournot-Markt. Die *Treatments* unterscheiden sich hierbei in der Menge an Rauschen, welche den öffentlich publizierten Monitoring-Informationen über die Handlungen des Kontrahenten in der letzten Runde beigemischt werden. Die Ergebnisse zeigen, dass das Preisniveau mit zunehmendem Rauschen sinkt und bestätigen daher die Annahme, dass besseres Monitoring zu höheren Preisen führt. Angewendet werden hierbei hauptsächlich einfache *Trigger*-Strategien, welche oberhalb eines gewissen Grenzwertes der veröffentlichten Information kollusives Verhalten zeigen und ansonsten auf die Strafaktion zurückgreifen. Die Ergebnisse entsprechen damit in einigen Punkten den grundsätzlichen, von Green und Porter (1984) theoretisch diskutierten Ergebnissen. Für Duopolmärkte im Bertrand-Preiswettbewerb bestätigen

---

[83] Genau genommen untersuchen Fouraker und Siegel (1963) nicht die durchschnittlichen Preise, sondern die Variabilität der Preise. Ihre Schlussfolgerung, dass die Tendenz zu Bertrand-Wettbewerbspreisen mit zunehmender Information abnimmt, lässt sich jedoch auch im Sinne einer geringeren Wettbewerbsintensität auslegen.

Feinberg und Snyder (2002) die theoretische Vorhersage von Stigler (1964), dass unter Nachfrageunsicherheit fehlendes Monitoring die Stabilität von Kollusion substantiell einschränkt. Die Autoren zeigen sich über das Ausmaß des Effekts überrascht, insbesondere angesichts der grundsätzlich kollusionsförderlichen Rahmenbedingungen des Marktmodells (vgl. Feinberg & Snyder, 2002, S. 4-5). Davis und Holt (1998) untersuchen bilaterale Triopolmärkte im Bertrand-Preiswettbewerb mit geringen Suchkosten. Zunächst wird das Grundmodell eines *Posted-Offer*-Marktes[84] um die Möglichkeit zu verbaler Kommunikation der Anbieter – und damit expliziter Kollusion – zwischen den Runden erweitert, was zu monopolähnlichen Durchschnittspreisen führt. In einem weiteren *Treatment* wird die Möglichkeit zu geheimen Preisnachlässen geschaffen, was die Kollusion weitestgehend zusammenbrechen lässt und zu deutlich niedrigeren Preisen fast auf Wettbewerbsniveau führt. Ferner wird in einem letzten *Treatment* Monitoring in Form eines öffentlichen Berichts über die aggregierten Absatzmengen eingeführt, wobei sich Kollusion teilweise etablieren kann und sich daher ein Preisniveau zwischen Wettbewerbs- und Monopolpreis einstellt. In Summe stützen die Ergebnisse klar die Annahme, dass Monitoring Kollusion fördert und zu höheren Preisen führt. Wie bereits in Kapitel 2.2.3 vorgestellt, ist auch bei Kroth (2015) die Transparenz über abgeschlossene Transaktionen im Rahmen von Triopolmärkten mit Wechselkosten und Preisdifferenzierung im Bertrand-Preiswettbewerb Untersuchungsgegenstand. Gegenübergestellt wird hier ein *Treatment* mit vollkommenem Monitoring – Kroth (2015, S. 88) spricht von "Ex-post-Information" – und ein Treatment, in welchem lediglich die Absatzmenge des gesamten Marktes berichtet wurde. Die Ergebnisse stützen wiederum die These, dass Monitoring implizite Kollusion fördert und das Preisniveau anhebt. Zur Etablierung der multilateralen Verhandlungen untersuchen Thomas und Wilson (2002, 2005) verschiedene Varianten der Marktinstitution, welche sich aufgrund identischen Modelldesigns übergreifend vergleichen lassen. Werden alle Anbieter über das jeweils beste aktuelle Angebot glaubhaft informiert, steigen die Preise (vgl. Thomas & Wilson, 2005, S. 1030).

Obgleich viele Untersuchungen die Hypothesen von Stigler (1964) bestätigen, liefern einige andere Untersuchungen auch Belege für die theoretische Vorhersage von Vega-

---

[84]   Für eine ausführliche Diskussion von Marktinstitutionen wird auf die Literatur verwiesen; Holt (1995, S. 360-377) beispielsweise gibt einen umfassenden Überblick. Die diese Untersuchung betreffenden Marktinstitutionen werden in Kapitel 4.1.2 näher beleuchtet.

Redondo (1997), dass Monitoring-Information zu Imitationsverhalten und damit zu niedrigeren Preisen führt. Huck, Normann und Oechssler (1999) untersuchen den Einfluss der Informationsstruktur auf Cournotmärkte mit vier Anbietern. Zusammenfassend kommen sie zu dem Ergebnis, dass vollständige Information das Preisniveau steigert und vollkommene Information zu niedrigeren Preisen führt. Huck et al. (1999) schlussfolgern, dass vollständige Information Beste-Antwort-Strategien nach Nash fördert, während Monitoring Imitationsverhalten begünstigt. Mit dem Einfluss von Monitoring auf das Imitationsverhalten beschäftigen sich Huck, Normann und Oechssler (2000) daraufhin eingehender in einem Experiment zu Bertrand- und Cournot-Märkten in einem Oligopol mit vier Anbietern und differenzierten Produkten. Einem *Treatment* mit aggregierten Informationen über die Aktionen der vergangenen Runde wird ein *Treatment* mit den firmenspezifischen Mengen- bzw. Preisentscheidungen sowie den resultierenden Gewinnen gegenübergestellt. Huck et al. (2000) beobachten keine kollusionsförderliche Wirkung der zusätzlichen Information und stellen darüber hinaus fest, dass die Preise im Cournot-Mengenwettbewerb mit zunehmender Information sinken. Für den Bertrand-Preiswettbewerb zeigt sich zwar dieselbe Tendenz, allerdings sind die Ergebnisse nicht signifikant. Altavilla, Luini und Sbriglia (2003) kommen zu ähnlichen Ergebnissen für Duopole im Cournot- und Bertrand-Wettbewerb mit und ohne Produktdifferenzierung. Im Vergleich zum *Treatment* ohne Monitoring steigt im *Treatment* mit aggregierten Informationen zu der durchschnittlichen Profitabilität am Markt zumindest im Cournot-Wettbewerb der Anteil kollusiver Spielstrategien, was zu höheren Preisen führt. Werden jedoch zusätzlich anbieterspezifische Informationen zu deren individuellen Entscheidungen und den resultierenden Gewinnen veröffentlicht, dominieren Imitation und bewusst schädigendes Verhalten[85], was zu den niedrigsten Preisniveaus aller *Treatments* sowohl im Cournot- als auch im Bertrand-Preiswettbewerb führt. Offerman, Potters und Sonnemans (2002) widmen sich ebenfalls dem Einfluss von Monitoring auf das Anbieterverhalten in Triopolmärkten im Cournot-Wettbewerb. Im *Treatment* mit Information zu aggregierten Absatzmengen stellt sich vorwiegend das Cournot-Nash-Gleichgewicht ein, während im *Treatment* mit unternehmensspezifischen Absatzmengen auch kollusive Ergebnisse zu beobachten sind. Werden darüber hinaus noch unternehmensspezifische Gewinne berichtet, verliert das Cournot-Nash-Gleichgewicht

---

[85] Engl. *spiteful behavior* (Altavilla, Luini & Sbriglia, 2003, S. 8).

an Relevanz und Märkte tendieren entweder zum kollusivem Ergebnis oder zum Wettbewerbsniveau, falls Imitationsstrategien angewendet werden.

Bosch-Domènech und Vriend (2003) untersuchen ebenfalls den Zusammenhang zwischen Monitoring und Imitationsverhalten, fokussieren allerdings nicht auf die Quantität, sondern die Qualität der zur Verfügung gestellten Informationen. Die Ergebnisse zeigen, dass selbst bei komplexerer Information kein deutlicher Trend zu verstärktem Imitationsverhalten erkennbar ist und das Preisniveau daher nicht allzu sensibel auf die Art der Informationsaufbereitung reagiert. In Duopolmärkten mit Bertrand-Preiswettbewerb und Produktdifferenzierung in Form von *Posted-Offer*-Märkten untersuchen Benson und Feinberg (1988) unter anderem, ob Monitoring-Informationen über die Preise des Wettbewerbers entsprechend der theoretischen Vorhersage tatsächlich äquivalent zu Information über resultierende Marktanteile sind, welche indirekte Schlüsse auf die Preise des Konkurrenten erlauben. Die Ergebnisse deuten darauf hin, dass stillschweigende Kollusion häufiger auftritt und höhere Preise erzielt werden, wenn direkteres Monitoring durch Informationen über die Preise verfügbar ist.

Weder aus theoretischer, noch experimenteller Sicht lässt sich ein eindeutiges Ergebnis zum Einfluss von Monitoring auf die Wettbewerbsintensität festhalten, da je nach Untersuchung der Effekt auf Kollusion oder Imitationsverhalten dominiert. Die empirische Literatur hingegen kommt mehrheitlich zu dem Ergebnis, dass Monitoring kollusives Verhalten fördert, auch wenn die Repräsentativität der Ergebnisse angesichts der klar auf Kollusion fokussierten Stichprobe fraglich ist. Bei experimentellen Untersuchungen kann die Frage aufgeworfen werden, inwiefern die Forschungsfrage das Modelldesign beeinflusst und durch den Experimentatoreffekt[86] das jeweils im

---

[86] Zizzo (2010, S. 75) definiert den *experimenter demand effect* wie folgt: "*Experimenter demand effects refer to changes in behavior by experimental subjects due to cues about what constitutes appropriate behavior.*" Beeinflussende Faktoren können neben unabsichtlichen Hinweisen zur Erwartungshaltung auch Detailentscheidungen im Modelldesign sein, welche die Probanden auf ein bestimmtes Verhalten konditionieren. Eng verwandte Effekte sind in der Psychologie auch als Pygmalion-Effekt, Versuchsleiterartefakte oder nach dem berühmten Experiment von Rosenthal und Jacobson (1968) auch als Rosenthal-Effekt bekannt (vgl. Bornewasser, 2009, S. 80).

Fokus stehende Verhalten induziert wird[87]. Auffällig ist, dass in Untersuchungen allgemein zu Kollusion (z. B. Davis & Holt, 1998; Fouraker & Siegel, 1963) Monitoring kollusives Verhalten begünstigt und damit zu einem höheren Preisniveau führt, während in Untersuchungen mit Imitation im Mittelpunkt (z. B. Altavilla et al., 2003; Huck et al., 2000) Imitationsverhalten durch Monitoring ermöglicht wird und sich daher niedrigere Preise ergeben.

2.3.7 Einfluss von Kommunikation auf Kollusion und die Wettbewerbsintensität

Für das in Kapitel 2.3.1 vorgestellte Gefangenendilemma wirft Sally (1995) eine interessante Frage auf: Sollte der Polizist die Gefangenen gemeinsam in eine Zelle sperren oder in getrennte Zellen führen? Intuitiv mag die Antwort zunächst klar auf getrennte Zellen fallen, um eine Absprache zu unterbinden, aus spieltheoretischer Sicht jedoch ist die Frage vollkommen irrelevant: Unverbindliche Versprechungen und Drohungen im Voraus ändern nichts an der Tatsache, dass die einzige rationale Aktion des Gefangenen im Verhörzimmer darin besteht zu gestehen (vgl. Sally, 1995, S. 58-60).

Eine ähnliche Dissonanz zwischen Theorie und Realität findet sich in Oligopolmärkten. Ein zentrales Prinzip vieler Kartellgesetzgebungen besteht darin, Kommunikation zwischen Anbietern zu unterbinden. In einigen Rechtsprechungen stellt Kommuni-kation zwischen Anbietern *per se* bereits eine Verletzung des Kartellrechts dar – ohne dass überhaupt Hinweise auf eine kollusive Absprache vorliegen. In klarem Gegensatz dazu steht die Behandlung in der traditionellen ökonomischen Theorie, wonach Kommunikation nichts an den grundlegenden Gleichgewichten und Anreizen ändert, solange keine bindenden Verträge ausgehandelt werden können (vgl. Fonseca & Normann, 2012, S. 1759). Rees (1993) bringt den Zusammenhang zwischen Kommunikation und Kollusion auf den Punkt:

---

[87] Bei Arbeiten zum Imitationsverhalten wird die Aufmerksamkeit teilweise wie bei Altavilla et al. (2003, S. 1) bewusst auf die Profitabilität der Konkurrenten gelenkt, womit rivalisierendes statt gewinnmaximierendes Verhalten nahegelegt wird, was wiederum Imitationsverhalten begünstigt. Bei Untersuchungen mit Kollusion im Vordergrund wird hingegen mitunter sehr konkret auf die Möglichkeit kollusiven Verhaltens hingewiesen. Davis und Holt (1998, S. 741) beispielsweise geben an, "*sellers were read a message that allowed conspiracy*", woraufhin die Anbieter Zeit erhalten, sich in Abwesenheit der Nachfrager von Angesicht zu Angesicht abzusprechen. Es soll nicht angedeutet werden, dass diese Entscheidungen im Modelldesign grundsätzlich problematisch sind, jedoch müssen sie bei der Interpretation der Ergebnisse kritisch berücksichtigt werden.

"The observation of communication is neither necessary nor sufficient for existence of collusion." (Rees, 1993, S. 28)

Die Rolle von Kommunikation im Kontext ökonomischer Fragestellungen wird insbesondere zurückgehend auf Crawford und Sobel (1982) sowie Farrell (1987, 1988) untersucht. Farrell (1987, S. 34) definiert Kommunikation als sogenannten **Cheap Talk**[88], wenn sie folgendermaßen charakterisiert ist:

1. **Kostenlos**[89], d. h. Kommunikation kostet nichts und hat damit keine direkte Auswirkung auf die Auszahlungsmatrix.

2. **Unverbindlich**[90], d. h. eine verbindliche Festlegung auf bestimmte Strategien kann damit nicht erfolgen.

3. **Nicht überprüfbar**[91], d. h. echte kann von falscher Information nicht zuverlässig unterschieden werden.

Ist Kommunikation kostenlos, unverbindlich und nicht überprüfbar, ist für die spieltheoretische Bewertung essentiell, inwiefern die Nachrichten glaubwürdig sind. Aufbauend auf die Arbeiten von Farrell (1987, 1988) und Aumann (1990) formalisieren Farrell und Rabin (1996) die Frage der Glaubwürdigkeit entlang von zwei Kriterien:

- Eine Nachricht ist **selbstmeldend**[92], wenn der Sender nur dann ein Interesse daran hat, dass die Nachricht geglaubt wird, wenn die Information wahr ist (vgl. Baliga & Morris, 2002, S. 450).

- Eine Nachricht ist **selbstverpflichtend**[93], wenn sie, falls sie geglaubt wird, für den Sender den Anreiz schafft sich daran zu halten (vgl. Farrell & Rabin, 1996, S. 111).

---

[88] Der englische Fachbegriff *cheap talk* (Farrell, 1987, S. 34) wird auch im Deutschen meist nicht übersetzt verwendet (vgl. Rieck, 1993, S. 222; Ullrich, 2004, S. 164), seltener auch als leeres Gerede bezeichnet (vgl. Sieg, 2000, S. 108). In der vorliegenden Arbeit wird ausschließlich *Cheap Talk* behandelt, insofern ist mit "Kommunikation" ohne nähere Angabe immer unverbindliche Kommunikation gemeint.

[89] Engl. *costless* (Farrell, 1987, S. 34).

[90] Engl. *nonbinding* (Farrell, 1987, S. 34).

[91] Engl. *nonverifiable* (Farrell, 1987, S. 34).

[92] Engl. *self-signaling* (Farrell & Rabin, 1996, S. 111).

[93] Engl. *self-committing* (Farrell & Rabin, 1996, S. 111).

Eine Nachricht, die sowohl selbstmeldend, als auch selbstverpflichtend ist, erscheint glaubwürdig. In rein kooperativen Situationen wie beispielsweise der Vereinbarung zu einem gemeinsamen Essen ist Kommunikation sowohl selbstmeldend (der Sender hat einen Vorteil, wenn das Essen entsprechend der Einladung zustande kommt, während eine falsche Einladung auszusprechen für ihn ausschließlich Nachteile hätte) als auch selbstverpflichtend (wenn der Empfänger der Einladung glaubt, ist es für den Sender auch tatsächlich vorteilhaft zum Essen zu erscheinen). *Cheap Talk* ist in diesem Falle glaubwürdig und es ist für den Sender rational, die Wahrheit zu sagen und für den Empfänger, der Nachricht zu glauben. In Situationen mit divergierenden Interessen wie beispielsweise im einperiodigen Gefangenendilemma sind diese Kriterien nicht erfüllt: Das Versprechen zu kooperieren ist weder selbstmeldend (der Sender hat immer ein Interesse daran Kooperation zu signalisieren, unabhängig davon ob er sich daran zu halten gedenkt) noch selbstverpflichtend (wenn das Kooperationsversprechen geglaubt wird, hätte der Sender trotzdem den Anreiz sich nicht daran zu halten und zu defektieren). Da *Cheap Talk* in dieser Situation unglaubwürdig ist und dies Sender und Empfänger gleichermaßen bewusst ist, kann die Kommunikation keine Information übermitteln (vgl. Farrell & Rabin, 1996, S. 110-113). In diesem Zusammenhang spricht man daher auch von einem Blabla-Gleichgewicht[94] (Sieg, 2000, S. 109), in welchem jeglicher Kommunikation keine Bedeutung beigemessen wird. Dieses Gleichgewicht existiert immer unter der Annahme, dass es zwischen Kommunikation und Information keine Korrelation gibt (vgl. Farrell & Rabin, 1996, S. 108). Im Kontext der hier im Fokus stehenden Oligopolmärkte mit Bertrand-Preiswettbewerb stellt sich insbesondere die Frage, wie glaubwürdig Drohungen zu Absprachen sind. Unter der Annahme, dass die Anbieter auf *Trigger*-Strategien zurückgreifen, ist *Cheap Talk* hierbei zwar selbstverpflichtend – die beste Reaktion auf eine *Trigger*-Strategie ist eine *Trigger*-Strategie – jedoch nicht selbstmeldend, da ein Anbieter seine Konkurrenten immer glauben lassen möchte er wolle kooperieren, auch wenn er zu betrügen gedenkt. Farrell und Rabin (1996, S. 114) schließen mit der Feststellung, dass in diesem Falle zwar keine Glaubwürdigkeit gewährleistet werden kann, andererseits aber auch nicht ausgeschlossen werden kann, dass *Cheap Talk* einen Einfluss auf das Ergebnis hat.

Whinston (2006, S. 20) legt dar, dass kolludierende Oligopolisten neben dem in den vorangegangenen Kapiteln thematisierten Anreizproblem außerdem vor einem

---

[94]   Engl. *babbling equilibrium* (Farrell & Rabin, 1996, S. 108).

Koordinationsproblem und – in Märkten mit unvollständiger Information – einem Offenlegungsproblem[95] stehen, welche beide den Effekt von *Cheap Talk* thematisieren:

- Nach dem Folk-Theorem existieren, wie in Kapitel 2.1.2 erläutert, viele teilspielperfekte Nash-Gleichgewichte. Das **Koordinationsproblem** adressiert die Frage, wie genau sich die Oligopolisten dabei auf einen gemeinsamen Preispunkt verständigen. Zwar mögen die zuerst von Schelling (1960) diskutierten Fokalpunkte, d. h. von den Akteuren als natürlich oder heraus- ragend empfundene Lösungen, die Koordination bei stillschweigender Kollusion erleichtern. Abseits von reduzierten Modellbedingungen scheint allerdings wenig wahrscheinlich, dass überhaupt ein klarer Fokalpunkt existiert[96] und selbst wenn ist fraglich, ob ein vorhandener Fokalpunkt für die Anbieter zufällig optimal ist (vgl. Farrell & Rabin, 1996, S. 112). Darüber hinaus stellt sich die Frage, wie komplexere Drohstrategien ohne Kommunikation vermittelt werden können. Auch wenn *Cheap Talk* in Oligopolmärkten nicht selbstmeldend und damit nicht im engeren Sinne glaubwürdig ist, liegt es dennoch nahe, dass Kommunikation zumindest die Möglichkeit schafft, sich unter den vielen möglichen teilspielperfekten Nash-Gleichgewichten auf einen Preis zu einigen und entsprechende *Trigger*-Strategien zu kommunizieren (vgl. Haan et al., 2009, S. 13-15). In diesem Zusammenhang wird daher auch von der Auflösung der strategischen Unsicherheit[97] gesprochen. Brown Kruse und Schenk (2000, S. 76) ergänzen in Hinblick auf die in der Realität schwierig zu haltende Annahme perfekter Rationalität, dass mit der Möglichkeit zur Kommunikation lediglich ein Akteur auf eine für alle optimale Lösung zu kommen und die anderen davon zu überzeugen braucht. *Cheap Talk* kann jedoch auch einen kollusionshinderlichen Effekt aufweisen. McCutcheon (1997) legt dar, dass durch fehlende Koordinationsmöglichkeiten das in Kapitel 2.3.2 angesprochene Kriterium der Neuverhandlungsstabilität für Drohungen umgangen werden kann. Straf- maßnahmen können ohne die Möglichkeit zu Neuverhandlungen einfacher glaubwürdig angedroht werden und damit zu stabiler Kollusion führen.

---

[95] Engl. *information revelation problem* (Whinston, 2006, S. 24).
[96] Der Monopolpreis kann beispielsweise einen natürlichen Fokalpunkt darstellen. Bereits unter der Annahme unvollständiger Information ist dieser jedoch bereits nicht mehr für alle Anbieter offensichtlich.
[97] Engl. *strategic uncertainty* (Kühn, 2001, S. 181).

• Das **Offenlegungsproblem** bezeichnet die Frage, welchen Anreiz die Oligopolisten haben, bei unvollständiger Information ihre privaten Informationen mit den anderen Anbietern wahrheitsgemäß zu teilen. Sind beispielsweise Grenzkosten eine private Information, hat ein Unternehmen gegebenenfalls den Anreiz, über Falschinformationen größere Marktanteile oder höhere Gewinne im Rahmen der kollusiven Absprache für sich zu beanspruchen (vgl. Whinston, 2006, S. 24). Whinston (2006, S. 24-26) gibt einen kurzen Überblick über den Stand der Forschung, wobei in der von ihm zitierten Literatur keine klare Aussage zum Einfluss von *Cheap Talk* hinsichtlich des Offenlegungsproblems auf die Wettbewerbsintensität festzustellen ist. Verwandt mit dem Offenlegungsproblem sind auch die Untersuchungen von Awaya und Krishna (2014, 2016) zum Einfluss von *Cheap Talk* bei unvollkommener Information. Die Ergebnisse basierend auf Stiglers (1964) Modell geheimer Preisreduzierungen zeigen, dass bei eingeschränktem Monitoring Kommunikation zu einer verbesserten Aufdeckung und damit höheren Preisen führt. Analog zur Schwerpunktsetzung in der vorliegenden Untersuchung sieht Whinston (2006, S. 26) jedoch im Koordinationsproblem die deutlich wichtigere Fragestellung, weshalb die Literatur zum Offenlegungsproblem an dieser Stelle nicht weiter vertieft wird.

Johnson (1993) zieht ein kritisches Fazit unter die theoretischen Bemühungen, die Rolle von *Cheap Talk* zu beschreiben:

"Game theorists simply lack the conceptual resources to account for the binding forces of cheap talk. While they recognize that it seems to coordinate expectations effectively, they are at a loss to explain how it does so." (Johnson, 1993, S. 81)

Abseits der Modellierung mit klassischen spieltheoretischen Ansätzen werden in der Literatur daher auch weiterführende Konzepte diskutiert. Begreift man die Glaubwürdigkeit von *Cheap Talk* weniger als formelle Analyse der Anreize entlang der von Farrell und Rabin (1996) formulierten Kriterien, sondern als Ergebnis einer Interpretation, rückt Vertrauen unweigerlich in den Vordergrund. Vertrauen wird hierbei insbesondere als Resultat nondiskrepanten Verhaltens, d. h. der Einheit von Wort und Tat[98] charakterisiert (vgl. Ullrich, 2004, S. 162-164). Verwandt mit Vertrauen

---

[98] Engl. *walk the talk* (Ullrich, 2004, S. 163).

ist gewissermaßen auch der von Kreps und Wilson (1982a) formalisierte Begriff der Reputation, die ebenfalls ein Produkt der Erfahrungen aus der Vergangenheit ist (vgl. Tirole, 1999, S. 564-575). Darüber hinaus lässt sich selbst unabhängig von einem potentiellen Vertrauensverlust argumentieren, dass Kommunikation in einem sozialen Kontext immer auch eine gewisse Selbstbindung erzeugt (vgl. Rieck, 1993, S. 223). Charness und Dufwenberg (2006) sprechen hierbei auch von Schuldaversion[99]. Dass Lügen nicht erkannt werden ist eine spieltheoretische Annahme, welche in der Realität nicht unbedingt standhält. Den Ergebnissen von Gilovich, Savitsky und Medvec (1998) zufolge überschätzen reale Personen sogar oft die Aufdeckungswahrscheinlichkeit, was zu verlässlicherem Verhalten animiert. Den positiven Einfluss von Kommunikation auf die Gruppenidentität heben Waichman, Requate und Siang (2014, S. 2) ebenfalls als kollusionsförderlichen Faktor hervor. Die moralaktivierende Funktion von Kommunikation aus Sicht der Diskursethik wird von Bohnet (1997) im ökonomischen Kontext ausführlich diskutiert.

Theoretische und empirische Untersuchungen zum Einfluss von Kommunikation
Da sich der Einfluss von unverbindlicher Kommunikation auf die Marktdynamik in Oligopolmärkten theoretisch kaum modellieren lässt, erübrigt sich eine gesonderte Vorstellung theoretischer Arbeiten zum Einfluss von *Cheap Talk* auf die Wettbewerbsintensität. Empirische Feldstudien zu Kollusion sind, wie bereits im vorangegangenen Kapitel dargelegt, im Hinblick auf die Stichprobe grundsätzlich problematisch. Bei der Untersuchung von *Cheap Talk* stellt sich darüber hinaus die Herausforderung, dass die Kommunikation zwischen den Oligopolisten im Nachhinein nur schwer rekonstruierbar ist, zumal die kollusiven Anbieter einen hohen Anreiz haben, Informationen vorzuenthalten oder falsch darzustellen (vgl. Fonseca & Normann, 2012, S. 1760). Auch anhand von empirischen Feldstudien lässt sich der Einfluss von Kommunikation auf die Wettbewerbsintensität daher kaum bestimmen.

Experimentelle Untersuchungen zum Einfluss von Kommunikation
Im Gegensatz dazu sind die Kommunikationskanäle inklusive der Kommunikations-inhalte im Labor einfach und effektiv kontrollierbar, weshalb der experimentellen Forschung zu *Cheap Talk* eine hohe Bedeutung zukommt (vgl. Fonseca & Normann, 2012, S. 1760). In der Mehrheit der Experimente zeigt sich hierbei ein

---

[99] Engl. *guilt aversion* (Charness & Dufwenberg, 2006, S. 1579).

kollusionsförderlicher Effekt von Kommunikation, was die Wettbewerbsintensität verringert und zu einem insgesamt höheren Preisniveau führt.

An dieser Stelle werden nur einige der relevantesten Ergebnisse herausgegriffen; Holt (1995, S. 409-411), Sally (1995), Crawford (1998), Kühn (2001) und Balliet (2010) geben einen umfassenden Überblick über den experimentellen Stand der Forschung. In einer Metaanalyse über 37 Untersuchungen zu Kommunikation im Gefangenendilemma berichtet Sally (1995) von einem sehr deutlichen kooperationsförderlichen Einfluss von Kommunikation. Die Kooperationswahrscheinlichkeit steigt mit der Möglichkeit vor jeder Runde erneut zu kommunizieren durchschnittlich um etwa 40% (vgl. Sally, 1995, S. 78). Die Ergebnisse von Balliet (2010) in einer Metaanalyse über 45 Arbeiten unterstützen die kooperationsförderliche Wirkung von Kommunikation in sozialen Dilemmas. Darüber hinaus zeigt die Untersuchung, dass der Effekt sowohl bei persönlichen Diskussionen von Angesicht zu Angesicht[100] als auch bei schriftlicher Kommunikation auftritt, wobei die Wirkung erwartungsgemäß bei persönlichen Diskussionen ausgeprägter ist.

Frohlich und Oppenheimer (1998) zeigen für verschiedene Varianten des Gefangenendilemmas, dass Kommunikation sowohl von Angesicht zu Angesicht als auch schriftlich die Kooperationsbereitschaft signifikant steigert. Die Ergebnisse deuten darauf hin, dass das Kommunikationsmedium je nach Art des Dilemmas unterschiedlich wirken kann. Camera, Casari und Bigoni (2011) zeigen ebenfalls im Gefangengendilemma, dass lediglich freie schriftliche Kommunikation gegenüber keiner oder durch einzelne Nachrichten strukturierte Kommunikation die Kooperationswahrscheinlichkeit signifikant erhöht. Die Möglichkeit zu Neuver-handlungen zeigt dabei keinen nennenswerten Effekt auf die Wahrscheinlichkeit, dass sich Kollusion etabliert. Der Einfluss von Kommunikation und Regulierung auf Cournot-Mengenwettbewerb im Duopol wird von Daughety und Forsythe (1987) untersucht. Die Ergebnisse zeigen, dass *Cheap Talk* in Form von unverbindlicher, schriftlicher Kommunikation das Koordinationsproblem auch im Cournot-Wettbewerb lösen kann. Auch ohne bindende Verträge werden knapp 90% der Absprachen eingehalten (vgl. Daughety & Forsythe, 1987, S. 432). Waichman et al. (2014) untersuchen ebenfalls den Einfluss von schriftlicher Kommunikation in

---

[100] Engl. *face-to-face* (Balliet, 2010, S. 39).

Cournotmärkten, wobei sie einen gewissen kollusionsförderlichen Effekt in Duopolen, aber keinen signifikanten Effekt in Triopolen nachweisen können. *Cheap Talk* in Oligopolmärkten im Bertrand-Preiswettbewerb steht im Fokus der Untersuchungen von Fonseca und Normann (2012). Die Ergebnisse zeigen eine deutlich reduzierte Wettbewerbsintensität und damit höhere Preise wenn unverbindliche Kommunikation möglich ist. Zumindest teilweise bleibt dieser Effekt auch erhalten, wenn die Möglichkeit zu kommunizieren wieder unterbunden wird. Darüber hinaus zeigen die Ergebnisse, dass der Einfluss von Kommunikation auf Oligopole mittlerer Konzentration am größten ist – im Vergleich zu Oligopolen mit zwei, sechs oder acht Unternehmen ist die Wirkung bei vier Oligopolisten am stärksten ausgeprägt. Cooper und Kühn (2014) weisen für ein Duopol im zweiperiodigen Bertrand-Preiswettbewerb ebenfalls den kollusionsfördernden Effekt von Kommunikation nach. Bemerkenswert an den Ergebnissen ist insbesondere die Erkenntnis, dass entgegen der Theorie die Möglichkeit für Neuverhandlungen die Kollusion stabilisiert, da die Möglichkeit zu erneuerter Kommunikation im Betrugsfall vorwiegend für verbale Bestrafung genutzt wird. Andersson und Wengström (2007) weisen in Bertrandduopolen ein höheres Preisniveau und stabilere Kollusion nach, wenn Kommunikation nicht kostenlos ist. Der Effekt ist dabei umso ausgeprägter, je teurer die schriftliche, unverbindliche Kommunikation ist.

Einen entscheidenden Einfluss auf die Wirkung von *Cheap Talk* scheint die Wahl der Marktinstitution[101] zu haben. Isaac und Plott (1981) berichten über ein Experiment mit einem Oligopolmarkt aus vier Anbietern und vier Nachfragern in Form von *Double Auctions*. Kollusive Absprachen werden durch mündliche, unverbindliche Kommunikation ermöglicht. Isaac und Plott (1981) beobachten dabei zwar zahlreiche Versuche Kollusion zu etablieren, was jedoch gegenüber dem Kontroll-*Treatment* durch häufigen Betrug nur zu einem begrenzten Effekt auf die Gewinne führt. Isaac, Ramey und Williams (1984) zeigen, dass die Marktinstitution einen wesentlichen Einfluss auf die Wirkung von *Cheap Talk* besitzt. Während mündliche, unverbindliche Kommunikation in *Posted-Offer*-Märkten zu deutlich höheren Preisen führt, wird die Wirkung von *Cheap Talk* in *Double Auctions* durch den hohen Anreiz für Betrug

---

[101] Siehe Kapitel 4.1.2 für eine Vorstellung verschiedener Marktinstitutionen inkl. *Double Auction*, *Sealed-Bid-Auction*, *Posted Offer* und multilateraler Verhandlungen.

untergraben. Für *Sealed-Bid-Auctions* kommen Isaac und Walker (1985) zu der Schluss-folgerung, dass stabile Kollusion durch mündliche, unverbindliche Absprachen in einem Großteil der Märkte erreicht wird. Bei Holt und Davis (1990) stehen *Posted-Offer-*Triopole im Fokus, wobei unverbindliche Kommunikation lediglich in stark reduzierter Form ermöglicht wird um Presseankündigungen zu simulieren. Nach einer Phase ohne die Möglichkeit von Kommunikation kündigt ein Anbieter einen Preis an, worauf die Konkurrenten anzeigen können, ob sie einverstanden sind oder den Preis für zu hoch oder zu niedrig halten. Die Preisankündigung führt erwartungsgemäß zu einem kurzzeitigen Preissprung, wobei die Preise infolge von geringfügigen Preis-reduzierungen jedoch sofort wieder fallen. Nach einigen "frustrierten" (Holt & Davis, 1990, S. 310) Versuchen mithilfe der Preisankündigungen Kollusion zu etablieren, verlieren die Ankündigungen jede Glaubwürdigkeit und werden ignoriert. Zusammenfassend kommt die experimentelle Literatur mehrheitlich zu der Schlussfolgerung, dass unverbindliche Kommunikation Kollusion begünstigt und damit zu höheren Preisen führt. Gewisse Rahmenbedingungen wie beispielsweise eine größere Anzahl Anbieter, reduzierte Kommunikationsmöglichkeiten oder bestimmte Marktinstitutionen scheinen hingegen den kollusionsförderlichen Einfluss von *Cheap Talk* einzuschränken.

Gerade aufgrund der theoretischen Schwierigkeiten, die Wirkweise von Kommuni-kation zu beschreiben, erscheint es naheliegend, die Inhalte der Kommunikation genauer zu betrachten. Am einfachsten gelingt dies, wenn lediglich strukturierte Kommunikation möglich ist. Waichman et al. (2014, S. 12-15) beispielsweise analysieren, wie häufig welche Produktionsvorschläge gemacht werden und wie oft zugestimmt oder abgelehnt wird. Der Nachteil einer derartigen Auswertung ist, dass lediglich die vorab genau spezifizierten und induzierten Verhaltensweisen untersucht werden können, was nur bedingt eine Aussage darüber erlaubt, welche Kommunikationsinhalte in der Realität tatsächlich eine Rolle spielen. In einigen Arbeiten werden aus diesem Grund auszugsweise Passagen aus der freien Kommunikation zitiert, welche als anekdotische Anhaltspunkte für das beobachtete Verhalten herangezogen werden. Isaac und Plott (1981, S. 18) nennen beispielhafte Äußerungen, welche einen Wandel von eher allgemeiner Kommunikation zu Anfang des Experiments hin zu konkreteren Preisdiskussionen in späteren Runden andeuten. Frohlich und Oppenheimer (1998, S. 400-402) beschreiben anhand einiger Beispiele unter anderem die Emotionalität der Kommunikation in verschiedenen *Treatments*. Fonseca und Normann (2012, S. 1767-1769) argumentieren zwar ebenfalls rein qualitativ, gehen jedoch sehr viel spezifischer auf die für Kollusion relevanten Aspekte ein. Anhand der Kommunikationsinhalte legen sie dar, dass Preisabsprachen in ihrem Experiment deutlich häufiger als Marktaufteilungen in Form von Bieterrotationen vorkommen. In den wenigen beobachteten Fällen von Bieterrotation halten sich die Oligopolisten ausnahmslos an die kollusive Absprache, was auf eine hohe Stabilität dieses Absprachetyps hindeutet. Beispielhaft zeigen Fonseca und Normann (2012), wie Kommunikation nach Betrug zur Konfliktmediation genutzt wird, um über Kompensationsmaßnahmen zu verhandeln und einen Preiskrieg zu verhindern. Angesichts der essentiellen Rolle von Drohungen in der Wirkkette stabiler Kollusion ist bemerkenswert, dass Drohungen nur sehr selten zu beobachten sind. Isaac und Walker (1985, S. 149-152) nehmen eine subjektive Kategorisierung der mündlichen Verhandlungen unter den Anbietern in aktives, blockiertes und nicht-existentes kollusives Verhalten vor[102]. Unter aktivem Verhalten wird hierbei der Versuch einer kollusiven Absprache verstanden; unter blockiertem Verhalten eine Absprache, welche von mindestens einem Anbieter offen abgelehnt wird und unter nicht-existentem kollusiven Verhalten, wenn keine kollusiven Kommunikationsinhalte zu erkennen sind. Die statistisch nicht abgesicherten Ergebnisse deuten auf höhere Preise bei aktivem Verhalten hin. Cooper und Kühn (2014, S. 261-275) analysieren das kollusive Verhalten systematisch mit Hilfe einer Inhaltsanalyse. Das Codierschema besteht anfänglich aus etwa 70 verschiedenen Kategorien (vgl. Cooper & Kühn, 2014, S. 7-10), wobei aufgrund mangelnder Relevanz letzten Endes nur 22 Kategorien (vgl. Cooper & Kühn, 2014, S. 262) tatsächlich analysiert werden. Unterschieden werden insbesondere Vorschläge, Zustimmung und Ablehnung von Absprachen, implizite und explizite Drohungen, allgemeine Appelle zu vertrauenswürdigem Verhalten und gemeinsamen Vorteilen sowie positives Feedback nach erfolgreicher Kooperation bzw. Beschwerden und Entschuldigungen infolge von Betrug. Als statistisch signifikant in einer Regression auf die Wahrscheinlichkeit von Betrug stellen sich dabei mit impliziten und expliziten Drohungen und Zusicherungen vertrauenswürdigen Verhaltens[103] lediglich drei der 22 analysierten Kategorien heraus. Explizite Drohungen werden zwar je nach *Treatment* in

---

[102] Isaac und Walker (1985, S. 149) sprechen von *active, blocked* und *null*.

[103] Genauer sprechen Cooper und Kühn (2014, S. 262) von *Implicit threat to punish cheating in Period 2, Explicit threat to punish cheating with Low in Period 2* sowie *Promises of trustworthy behavior*.

nur 2-14% der Fälle ausgesprochen, reduzieren die Wahrscheinlichkeit von Betrug aber deutlich. Implizite Drohungen, d. h. Drohungen ohne konkrete Strafmaßnahme sind in 6-7% der Experimente beobachtbar, haben aber ebenso wie die in 9-11% der Märkte vorhandenen Zusicherungen vertrauenswürdigen Verhaltens einen geringeren Effekt. Darüber hinaus analysieren Cooper und Kühn (2014) auch, ob der jeweilige Effekt durch das Senden oder Empfangen entsprechender Nachrichten erzielt wird. Kimbrough, Smith und Wilson (2008, S. 1023) vermeiden die aufwändige manuelle Codierung durch eine automatisierte Zählung von Schlagwörtern. Über die Häufigkeit des Wortes "we" ziehen sie Rückschlüsse auf das Gruppengefühl in verschiedenen Situationen. Insgesamt erscheinen die Ansätze, Kommunikationsinhalte zu analysieren, sehr vielversprechend, um mehr über den Zusammenhang zwischen Kommunikation und Kollusion zu erfahren. Um über anekdotische Anhaltspunkte hinaus statistisch belastbare Aussagen zu erhalten, ist eine strukturierte Inhaltsanalyse hierfür unumgänglich.

Zusammenfassend ergibt sich ein gemischtes Bild. Aus theoretischer Perspektive ist es schwierig, den Effekt von unverbindlicher Kommunikation auf Kollusion überhaupt zu modellieren, solang die als *Cheap Talk* geäußerten Drohungen nicht selbstmeldend und selbstverpflichtend sind und damit zumindest formal die Kriterien der Glaubwürdigkeit nicht erfüllen. Geeignete und belastbare empirische Daten aus Feldstudien sind kaum erfassbar. In einem Großteil der experimentellen Studien zu *Cheap Talk* lässt sich jedoch ein kollusionsförderlicher Effekt von Kommunikation nachweisen, welcher sich konsistent über verschiedene Marktformen hinweg beobachten lässt. Kommunikationsinhalte und deren Wirkweise im Hinblick auf Kollusion sind hingegen noch kaum erforscht. Wie Sell und Wilson (1990)[104] zugeben, sind sie "*far from capturing the essence of communication*" – eine Feststellung, die auch den heutigen Stand der Forschung immer noch treffend widerspiegelt.

2.4 Zusammenfassung und Forschungslücke

Das Marktverhalten in dem in Kapitel 1 beschriebenen Marktumfeld lässt sich aus der Literatur heraus nicht hinreichend vorhersagen. Insbesondere sind dem Verfasser keine Untersuchungen bekannt, welche die Wirkmechanismen bei der Entstehung und

---

[104] Zitiert nach Ledyard (1995, S. 157).

Stabilität von expliziter Kollusion sowie den Einfluss von Monitoring im Kontext von Kontraktmärkten untersuchen, welche durch Wechselkosten und Preisdifferenzierung geprägt sind. Aus den in den letzten Abschnitten diskutierten[105] einzelnen Effekten lässt sich dennoch eine Vorstellung davon gewinnen, welche Marktdynamik zu erwarten ist und welche Verhaltensweisen eine relevante Rolle spielen könnten. Im Zuge einer kurzen Zusammenfassung wird im Hinblick auf die hier im Fokus stehenden Oligopolmärkte auch auf die resultierenden Forschungslücken hingewiesen.

Die existierenden Arbeiten zu Märkten mit Wechselkosten und Preisdifferenzierung deuten darauf hin, dass die Preise sich ohne die Möglichkeit zu expliziter Kollusion in etwa auf Wettbewerbsniveau bewegen. Verfolgen die Anbieter keine kollusiven Strategien, können häufig *bargain-then-ripoff*-Strategien beobachtet werden, bei denen die Anbieter zunächst durch niedrige Preise Neukunden anlocken (*invest*-Phase), um dann bei Bestandskunden durch hohe Preise Gewinne zu realisieren (*harvest*-Phase). Insbesondere in frühen Marktphasen wird häufig Wilderei in Form von Preisen unterhalb der Grenzkosten angewendet. In den hier untersuchten Oligopolmärkten ist daher grundsätzlich von einem sehr kompetitiven Marktumfeld auszugehen (vgl. Kapitel 2.2.2 und 2.2.3).

Die Literatur lässt keinen klaren Schluss bezüglich der Frage zu, inwiefern Vorhandensein und Verzögerungsfreiheit von Monitoring die Wettbewerbsintensität erhöht oder senkt. Kollusion wird durch bessere Aufdeckung zwar grundsätzlich gefördert, allerdings kann die Monitoring-Information auch zu Imitationsverhalten führen. An dieser Stelle besteht eindeutig noch Forschungsbedarf, welcher Effekt unter den Rahmenbedingungen der hier untersuchten Oligopolmärkte stärker zum Tragen kommt (vgl. Kapitel 2.3.6).

Der Einfluss von *Cheap Talk* insbesondere hinsichtlich der hier untersuchten Marktstrukturen lässt sich aus theoretischer Sicht kaum modellieren und auch aus empirischer Sicht nicht untersuchen. Da unverbindliche Kommunikation in der experimentellen Literatur über viele Spiele und Marktinstitutionen hinweg einen kollusionsförderlichen Einfluss zeigt, liegt jedoch nahe, dass *Cheap Talk* auch hier zu einer Anhebung des Preisniveaus beiträgt. Aufgrund der Beobachtung, dass gerade bei

---

[105] Verweise auf die Literatur werden aus Gründen der Übersichtlichkeit nicht wiederholt.

den mit multilateralen Kontraktverhandlungen verwandten *Double Auctions* der Effekt auszubleiben scheint, erscheint es in jedem Falle notwendig, *Cheap Talk* in den vorliegenden Oligopolmärkten näher zu untersuchen (vgl. Kapitel 2.3.7).

Angesichts der vielen offenen Fragen im Hinblick auf die Wirkmechanismen von unverbindlicher Kommunikation bei der Entstehung und Stabilisierung von Kollusion erscheint es unabhängig vom konkreten Marktumfeld überraschend, dass den Kommunikationsinhalten noch kaum Beachtung geschenkt wurde (vgl. Kapitel 2.3.7). Aus Sicht des Verfassers bietet eine Inhaltsanalyse das größte Potential, um die Evolution von Kollusion abseits theoretischer Modellierungen besser zu verstehen: Über welche Inhalte kommunizieren die Akteure tatsächlich? Wie muss eine Absprache getroffen werden, dass sie funktioniert? Wie dominierend ist die Rolle von Drohungen tatsächlich und welchen Einfluss haben diese? Ist der Absprachetyp für den Erfolg von Kollusion relevant? Welche historischen Faktoren beeinflussen die aktuellen Strategien?

3 Ableitung der Hypothesen

Mit dem Ziel offene Forschungslücken zu schließen, werden die Hypothesen zur Forschungsfrage aufbauend auf der im vorangegangenen Kapitel diskutierten Literatur abgeleitet. Die einzelnen Hypothesen folgen dabei vier zentralen Thesen, welche mit den in der Einleitung definierten Zielen korrespondieren. Die Untersuchung der Evolution von Kollusion im Rahmen dieser Thesen erfordert jedoch zunächst eine Definition, was erfolgreiche Kollusion kennzeichnet. Im Folgenden wird daher kurz auf den Erfolg von Kollusion eingegangen, bevor die Hypothesen abgeleitet werden.

3.1 Definition des Erfolgs von Kollusion

Wie in Kapitel 2.3.1 dargelegt, wird Kollusion in der ökonomischen Literatur formal meist über alle Preise oberhalb des Nash-Gleichgewichts definiert. Im Kontext der Unschärfen einer experimentellen Untersuchung und des fehlenden eindeutigen Nash-Gleichgewichts in den vorliegenden Oligopolmärkten mit Wechselkosten und Preisdifferenzierung im dynamischen Wettbewerb erscheint diese Definition allerdings kaum zielführend. In der überwältigenden Mehrheit der Untersuchungen wird daher auf eine explizite Definition verzichtet und, wie in Kapitel 2 diskutiert, stattdessen auf die Wettbewerbsintensität bzw. das Preisniveau als indirekten Indikator zurückgegriffen, um kollusives Verhalten zu messen. Tatsächlich liegt es vor dem Hintergrund des Prinzips der Gewinnmaximierung nahe, dass sich der Erfolg von Strategien letzten Endes im Preis widerspiegeln muss. Aus dieser Logik heraus und aufgrund der unzweideutigen Allgemeingültigkeit von Preisen wird der ökonomische Erfolg von Kollusion auch in dieser Untersuchung anhand des Preisniveaus gemessen.

Die ökonomische Bewertung durch den Preis ist bei der Untersuchung der Evolution von Kollusion jedoch als alleiniger Indikator für Erfolg unzureichend. Erstens kann die Marktdynamik – und damit die Wettbewerbsintensität – in der Realität das Resultat einer Vielzahl von Effekten sein, weshalb sich höhere Preise kausal nicht immer eindeutig mit explizit kollusiven Strategien in Verbindung bringen lassen[106]. Zweitens ist der ökonomische Erfolg gerade im Kontext unvollständiger Information auch das Ergebnis der Erwartungshaltung der Probanden. Sind alle Elemente der Wirkkette stabiler Kollusion vorhanden und die Anbieter halten sich strikt an die getroffenen Absprachen, erscheint es auch bei einem relativ niedrigen vereinbarten Preisniveau angemessen, von funktionierenden kollusiven Strukturen zu sprechen. Drittens kann die Evolution von Kollusion anhand des Preises nur dann beobachtet werden, wenn diese bereits zu ökonomischen Auswirkungen führt. Die interessante Phase der Etablierung von Kollusion kann jedoch auch schrittweise Annäherungen, Vertrauensaufbau und stufenweise Absprachen beinhalten, welche über Preise allein nicht messbar wären. In der experimentellen Literatur werden über die Preise hinaus verschiedene Konzepte zur Messung von Kollusion herangezogen:

- Fonseca und Normann (2012, S. 1766-1768) messen Kollusion über die Erzielung des Monopolpreises. Aufgrund des sehr kollusiven Marktmodells wird der Monopolpreis häufig erreicht, sodass sich darüber Aussagen zu Kollusion treffen lassen. Auch hier wird prinzipiell auf den Preis zurückgegriffen, wobei lediglich perfekte Kollusion messbar wird.

- Isaac et al. (1984, S. 198) definieren den Index der Monopoleffektivität[107] relativ zu den Preisen als $M = (\pi - \pi_c)/(\pi_m - \pi_c)$ mit dem Gesamtgewinn der Anbieter π, dem Gesamtgewinn der Anbieter im Wettbewerbsgleichgewicht π_c sowie dem Monopolgewinn der Anbieter π_m. Für einen untersuchungsübergreifenden Vergleich bietet dieser Index gegebenenfalls Vorteile, davon abgesehen wird aber auch hier grundsätzlich auf den Preis als Indikator zurückgegriffen.

- Cooper und Kühn (2014, S. 263) messen nicht den Erfolg, sondern den Misserfolg von Kollusion, d. h. Betrug. Bei der eingeschränkten Preissetzung in Form einer Wahl zwischen drei Preisen ist Betrug über die beiden niedrigeren Beträge unterhalb des Monopolpreises definiert, wenn eine Absprache zum Monopolpreis getroffen wurde. Im Rahmen des stark eingeschränkten Verhaltensspielraums lässt sich damit die kausale Verbindung zwischen Preissetzung

---

[106] Beispielsweise können Sympathien und Loyalitäten sowie vertrauensvolle Handelsbeziehungen zwischen Nachfragern und Anbietern auch ohne Kollusion zu höheren Preisen führen. Für die im Rahmen der deskriptiven Analyse erhobenen Chatprotokolle dieses Experiments zu dieser Thematik wird auf Anhang A3.3 verwiesen.

[107] Engl. *index of monopoly effectiveness* (Isaac, Ramey & Williams, 1984, S. 198).

und Betrug – und im Umkehrschluss zum Erfolg von Kollusion – herstellen, je nachdem, ob der Monopolpreis tatsächlich gewählt wurde oder nicht.

- Andersson und Wengström (2007, S. 328) fokussieren ebenfalls auf Betrug, wobei die Anbieter in der Wahl der Preise nicht durch eine Auszahlungsmatrix eingeschränkt sind. Da Kommunikation auf unverbindliche Preisabsprachen in Form von standardisierten Nachrichten restringiert ist, lässt sich der Betrug einer formalisierten Preisabsprache leicht über die Preissetzung feststellen.

Die Ansätze von Fonseca und Normann (2012) und Isaac und Walker (1988) sind für diese Untersuchung ungeeignet, weil letztlich auf Preise zurückgegriffen und das grundlegende Problem daher nicht gelöst wird. Die Ansätze von Cooper und Kühn (2014) und Andersson und Wengström (2007) hingegen stellen eine sinnvolle Ausgangsbasis dar, da sie auf das Funktionieren kollusiver Strukturen abzielen. Aufgrund der nicht eingeschränkten Preissetzung und Kommunikation sind in der vorliegenden Untersuchung jedoch wesentlich komplexere und vielschichtigere Absprachen möglich, was eine formalisierte Auswertung verhindert. Der Erfolg oder Misserfolg einer Absprache lässt sich in diesem Kontext nur basierend auf den genauen, abgesprochenen Konditionen im Zuge einer Inhaltsanalyse bewerten (vgl. Kapitel 4.3). Abweichend von den vorgestellten Ansätzen erscheint es intuitiver, hierbei statt Betrug bzw. Misserfolg umgekehrt den Erfolg einer Absprache zu bestimmen.

Zusammenfassend lässt sich festhalten, dass der Erfolg von Kollusion in dieser Untersuchung über zwei sich ergänzende Ansätze definiert wird:

1. Um den **funktionalen Erfolg** kollusiven Verhalten so direkt wie möglich beobachten zu können, wird der **Abspracheerfolg** im Rahmen einer Inhaltsanalyse determiniert. Ausgangspunkt für den Abspracheerfolg ist die Frage, ob eine Absprache eingehalten wurde – unabhängig davon, welche ökonomischen Auswirkungen diese auf die Anbietergewinne hat.

2. Der **ökonomische Erfolg** von Strategien lässt sich letzten Endes nur am resultierenden Preisniveau ablesen, weshalb die **Wettbewerbsintensität** in Form der **Preise**[108] als allgemeingültiger, unzweideutiger Indikator herangezogen wird.

---

[108] In der vorliegenden Untersuchung werden Angebote und Gebote nicht näher untersucht. Preise sind daher immer mit Transaktionspreisen gleichzusetzen.

3.2 Hypothesenableitung

Entlang der Thesen werden basierend auf der Literatur die einzelnen Hypothesen abgeleitet[109].

3.2.1 Hypothesen zum Einfluss von Monitoring

Die Hypothesen zum Einfluss von Monitoring auf Kollusion basieren auf dem folgenden, übergreifenden Grundgedanken:

These I: *Neben dem Informationsgehalt ist insbesondere die verzögerungsfreie Verfügbarkeit entscheidend für die kollusionsförderliche Wirkung von Monitoring.*

Vom aktuellen Stand der Forschung (vgl. Kapitel 2.3.6) lässt sich weder aus theoretischer, noch experimenteller Sicht eine klare Prognose ableiten, welchen Einfluss Monitoring auf die Wettbewerbsintensität hat. Zwar verbessert Monitoring die Aufdeckung und fördert damit Kollusion, ermöglicht allerdings auch Imitationsverhalten sowie Transparenz auf Nachfragerseite und kann damit zu intensiverem Wettbewerb führen. Untersuchungen zu Monitoring in ähnlichen Triopolmärkten im Bertrand-Preiswettbewerb wie die Arbeiten von Fouraker und Siegel (1963) oder Davis und Holt (1998), das Experiment von Kroth (2015) zu Wechselkosten sowie die Experimente von Thomas und Wilson (2005) zur Angebotstransparenz in multilateralen Verhandlungen kommen zu dem Ergebnis, dass Monitoring in Summe zu höheren Preisen führt. Folglich erscheint es naheliegend davon auszugehen, dass Monitoring entsprechend der Vorhersage von Stigler (1964) auch im vorliegenden Marktumfeld zu höheren Preisen führt. Falls dennoch der Imitationseffekt entsprechend der Ergebnisse von Vega-Redondo (1997), Huck et al. (2000) und Altavilla et al. (2003) überwiegen sollte, lässt sich der Einfluss von Monitoring auf Kollusion auch direkt über den funktionalen Erfolg von Absprachen erfassen.

---

[109] Die zentralen Bezüge aus der Literatur werden zur besseren Verständlichkeit noch einmal kurz aufgegriffen sowie auf die relevanten Kapitel verwiesen.

Hypothese I-1: *Absprachen sind wahrscheinlicher erfolgreich bzw. Preise sind höher, wenn Monitoring-Informationen verfügbar sind.*

Wie in Kapitel 2.3.6 dargelegt, kann die Wirkung von Monitoring nicht nur durch mangelnden Informationsgehalt, sondern auch verzögerte Verfügbarkeit eingeschränkt sein. Overgaard und Møllgaard (2008, S. 9) sowie Colombo und Labrecciosa (2006, S. 200) legen in ihren theoretischen Modellen dar, dass der Anreiz zu betrügen bei verzögerter Aufdeckung verstärkt wird, da Strafmaßnahmen erst später greifen und ein Betrüger länger unentdeckt Gewinne abschöpfen kann. Eine gewisse Ungeduld[110] bei den Anbietern kann bei verzögerten Monitoring-Informationen die Etablierung einer kollusiven Absprache verhindern, was sich ebenfalls in einem niedrigeren durchschnittlichen Preisniveau widerspiegelt. Es ist daher anzunehmen, dass sich auch die Verzögerungsfreiheit von Monitoring positiv auf den Erfolg von Absprachen und die Preise auswirkt.

Hypothese I-2: *Absprachen sind wahrscheinlicher erfolgreich bzw. Preise sind höher, wenn Monitoring-Informationen verzögerungsfrei verfügbar sind.*

3.2.2 Hypothesen zum Einfluss von Kommunikation

Die einzelnen Hypothesen zum Einfluss von Kommunikation leiten sich aus der folgenden These ab:

These II: *Konkrete, abgestimmte Aktionen sind entscheidend für die kollusionsförderliche Wirkung von Kommunikation.*

Aus theoretischer Sicht wird, wie in Kapitel 2.3.7 diskutiert, für die Kommunikation zwischen den Anbietern kein Einfluss prognostiziert. Prinzipiell kann immer postuliert werden, dass zwischen Kommunikation und Information keine Korrelation existiert und Kommunikation daher bedeutungslos ist (vgl. Farrell & Rabin, 1996, S. 108). Wie Farrell und Rabin (1996, S. 114) darlegen ist *Cheap Talk* jedoch auch abgesehen von dieser Annahme im Bertrand-Preiswettbewerb nicht glaubwürdig, da die Kommunikation zwar selbstverpflichtend, jedoch nicht selbstmeldend ist. In der Mehrheit der

---

[110] Mathematisch lässt sich Ungeduld in Form von Diskontierung ausdrücken (siehe Kapitel 2.1.2).

experimentellen Untersuchungen kann jedoch ein kollusionsförderlicher Effekt von *Cheap Talk* – und damit ein höheres Preisniveau – nachgewiesen werden, weshalb dieses Ergebnis auch für das vorliegende Marktumfeld bestätigt werden soll.

> **Hypothese II-1:** *Absprachen sind wahrscheinlicher erfolgreich bzw. Preise sind umso höher, je mehr die Anbieter miteinander kommunizieren.*

Im Fokus dieser Arbeit steht jedoch nicht allein die Frage ob *Cheap Talk* eine Wirkung zeigt, sondern vielmehr eine tiefergehende Untersuchung auf welche Art und Weise diese Wirkung zustande kommt. Hinsichtlich der Kommunikationsinhalte existieren noch kaum Untersuchungen, auf welche direkt aufgebaut werden könnte. Aus einigen anekdotischen Beispielen aus der experimentellen Literatur (vgl. Ende Kapitel 2.3.7) sowie aus allgemeinen Erkenntnissen zu kollusivem Verhalten lassen sich dennoch einige Ansatzpunkte in der Literatur für die Analyse der Kommunikationsinhalte finden.

Gewissermaßen als Vorstufe einer Absprache können prinzipielle Aufforderungen, Appelle und allgemeine Kooperationsabsichten gewertet werden. Es ist naheliegend, dass diese Kommunikation von den Anbietern eingesetzt wird, um einen aus ihrer Sicht positiven Effekt zu erzielen. Da hierbei allerdings keine konkrete Aktion vereinbart wird, erscheint es wahrscheinlicher, dass kein signifikanter Effekt zu beobachten sein wird. Für allgemeine Appelle an kooperatives Verhalten können Cooper und Kühn (2014, S. 265-268) dementsprechend keinen kollusionsförderlichen Effekt nachweisen, lediglich die Zusicherung vertrauenswürdigen Verhaltens scheint einen signifikanten Effekt zu zeigen.

> **Hypothese II-2:** *Preise sind nicht höher, wenn die Anbieter über Prinzipielles (ohne Absprache) kommunizieren.*[111]

---

[111] Aus logischen Gründen können nicht alle Hypothesen hinsichtlich des ökonomischen Erfolgs/Preises sowie des funktionalen Erfolgs/Abspracheerfolgs analysiert werden. Beispielsweise kann ohne eine Absprache definitionsgemäß kein Abspracheerfolg gemessen werden. Statistisch lässt sich Hypothese II-2 nur für eine zu definierende Preisspanne belegen, es sei denn der Einfluss stellt sich ohnehin als signifikant negativ heraus.

Da eine – wenn auch unverbindliche – Absprache zumindest potentiell zu erfolgreicher Kollusion führen kann, ist es naheliegend anzunehmen, dass die Preise im Durchschnitt höher liegen, wenn die Anbieter sich absprechen. Die Hypothese greift das von Isaac und Walker (1985, S. 149-152) anhand einzelner experimenteller Märkte indikativ gezeigte Ergebnis auf, dass aktives kollusives Verhalten zu einer niedrigeren Wettbewerbsintensität und damit höheren Preisen führt.

Hypothese II-3: *Preise sind höher, wenn die Anbieter eine Absprache treffen.*

In der Theorie ist eine Absprache binär – entweder eine Absprache existiert oder nicht. In der Realität können Absprachen jedoch aus zweierlei Gründen Unzulänglichkeiten aufweisen. Erstens kann, wie von Cooper und Kühn (2014, S. 265) vorgeschlagen, eine Unterscheidung getroffen werden, inwiefern eine Absprache lediglich ein Vorschlag oder vollständig abgestimmt ist. Darüber hinaus kann die bei Cooper und Kühn (2014, S. 7) auf Drohungen bezogene Unterscheidung hinsichtlich der Konkretheit auch auf Absprachen bezogen werden. Es kann daher die Hypothese aufgestellt werden, dass eine Absprache nur dann effektiv ist, wenn sie sowohl mit allen Beteiligten abgestimmt ist als auch die genauen Modalitäten konkret festgelegt sind und sie somit als vollständig bezeichnet werden kann[112].

Hypothese II-4: *Absprachen sind wahrscheinlicher erfolgreich bzw. Preise sind höher, wenn eine Absprache sowohl abgestimmt als auch konkret ist.*

Die Androhung von Strafen ist aus spieltheoretischer Sicht ein essentieller Bestandteil der Wirkkette stabiler Kollusion. Auch in der von Cooper und Kühn (2014) durchgeführten Inhaltsanalyse werden Drohungen als einem der wenigen statistisch signifikanten Elemente ein deutlicher Einfluss auf die Reduktion der Betrugs-wahrscheinlichkeit bescheinigt. Diese Hypothese soll hinsichtlich Abspracheerfolg und Preis auch in diesem Marktumfeld verifiziert werden.

---

[112] Konsequenterweise beziehen sich alle nachfolgenden Hypothesen lediglich auf effektive Absprachen basierend auf dem Ergebnis dieser Hypothesenüberprüfung. Wird Hypothese II-4 verworfen, werden alle weiteren Hypothesen auch in Bezug auf unvollständige oder unkonkrete Absprachen analysiert. Insofern sich Hypothese II-4 als richtig erweist, beziehen sich die nachfolgenden Hypothesen auf vollständige Absprachen.

Hypothese II-5: *Absprachen sind wahrscheinlicher erfolgreich bzw. Preise sind höher, wenn Drohungen ausgesprochen werden.*

Anschaulich lassen sich die Hypothesen zu Kommunikation und Kommunikationsinhalten, wie in Abbildung 2 dargestellt, anhand eines Stufenmodells interpretieren, wobei Konkretheit und Abstimmung nach oben hin zunehmen. These II besagt, dass konkrete, abgestimmte Aktionen in Form von Absprachen und Drohungen entscheidend für die kollusionsförderliche Wirkung von Kommunikation sind und daher erst ab der Stufe vollständiger Absprachen Wirkung erzielt wird.

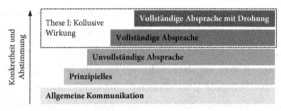

Abbildung 2: Stufenmodell der Kommunikationsinhalte nach Konkretheit und Abstimmung

3.2.3 Hypothesen zum Einfluss der Absprachetypen

Durch den Einsatz einer Inhaltsanalyse lassen sich die spezifischen Eigenschaften von Absprachetypen systematisch untersuchen. Die individuellen Unterschiede von Preisabsprachen und Marktaufteilungen hinsichtlich des funktionalen (Absprache-erfolg) und ökonomischen Kollusionserfolgs (Wettbewerbsintensität bzw. Preise) herauszuarbeiten steht im Fokus der nachfolgenden Hypothesen:

These III: *Preisabsprachen und Marktaufteilungen wirken unterschiedlich auf den funktionalen und ökonomischen Kollusionserfolg.*

Andersen und Rogers (1999, S. 348) legen dar, dass Marktaufteilungen effektiver sind, da Preisabsprachen nicht allen Anbietern einen akzeptablen Marktanteil garantieren können. Fonseca und Normann (2012, S. 1768) stützen diese Annahme mit der Beobachtung, dass sich Marktaufteilungen in Form von Bieterrotationen in experimentellen Märkten als sehr stabil erweisen. Basierend auf diesen indikativen

Ergebnissen ist anzunehmen, dass Marktaufteilungen eher eingehalten werden und damit funktional erfolgreicher sind.

Hypothese III-1: *Absprachen durch Marktaufteilungen sind wahrscheinlicher erfolgreich als durch Preisabsprachen.*

Der Vorteil von Preisabsprachen gegenüber Marktaufteilungen könnte entlang der Argumentation[113] von Brown Kruse und Schenk (2000, S. 76) darin liegen, dass lediglich einer der Anbieter die optimale Lösung herauszufinden braucht. Bei einer Marktaufteilung hingegen erscheint nicht unbedingt wahrscheinlich, dass alle Anbieter gleichzeitig auf den optimalen Preis kommen. Daher liegt die Vermutung nahe, dass Preisabsprachen tendenziell zu höheren Preisen führen und damit hinsichtlich der Wettbewerbsintensität ökonomisch erfolgreicher sind.

Hypothese III-2: *Preise sind bei Preisabsprachen höher als bei Marktaufteilungen.*

Beinhaltet eine kollusive Vereinbarung sowohl eine Preisabsprache, als auch eine Marktaufteilung, lassen sich die Vorteile beider Absprachetypen voraussichtlich verbinden.

Hypothese III-3: *Kombinierte Preisabsprachen und Marktaufteilungen sind wahrscheinlicher erfolgreich als Preisabsprachen und führen zu höheren Preisen als Marktaufteilungen.*

Darüber hinaus lassen sich in bestimmten Konstellationen Unterschiede in Hinblick auf die Effizienz der Absprachetypen feststellen, welche jedoch meist nur für die jeweiligen Rahmenbedingungen gelten und in diesem Marktumfeld einfach analytisch hergeleitet werden können[114].

---

[113] Brown Kruse und Schenk (2000) beziehen sich auf den kollusionsförderlichen Effekt von *Cheap Talk*, die Argumentation lässt sich allerdings auch auf Preisabsprachen übertragen.

[114] Bei Fonseca und Normann (2012, S. 1768) beispielsweise führt eine Preisobergrenze zu Ineffizienzen bei Bieterrotationen. Der Anbieter, der in der aktuellen Runde den Zuschlag bekommen soll, muss zwangsläufig einen Preis unterhalb des Monopolpreises fordern, da die übrigen Anbieter keinen

3.2.4 Hypothesen zum Einfluss der Historie

Eng verknüpft mit der Evolution von Kollusion ist die Frage, welche Faktoren die Wahrscheinlichkeit einer erfolgreichen Absprache aus der Historie heraus beeinflussen, wobei explizit Aspekte gemeint sind, welche nicht direkt auszahlungsrelevant sind[115]. Levenstein (1996, S. 130) etwa konstatiert grundsätzlich, dass Erfahrung einer Industrie mit kollusiven Absprachen die Wahrscheinlichkeit erhöht, dass Kollusion erneuert etabliert werden kann. Der Grundgedanke folgt dabei der These, dass die historische Entwicklung für das zukünftige Verhalten eine wichtige Rolle spielt:

These IV: *Die Historie der Marktdynamik ist für die Etablierung von Kollusion relevant.*

Es liegt nahe, dass eine bereits etablierte, bislang erfolgreiche Kollusion wahrscheinlich wiederum erfolgreich sein wird. Wie Farrell und Rabin (1996, S. 114) darlegen, ist es für einen Anbieter im vorliegenden Marktumfeld immer rational, vorzugeben kooperieren zu wollen, auch wenn er gedenkt die Absprache zu betrügen. Es kann daher davon ausgegangen werden, dass zumindest bei einem gewissen Anteil der neu getroffenen Absprachen aus dieser Logik heraus nur vorgeblich kooperiert wird. Vor dem Hintergrund unvollständiger Information ist außerdem davon auszugehen, dass die Anbieter nicht schon bei der ersten Absprache den Monopolpreis korrekt einzuschätzen wissen und daher zunächst nicht das volle kollusive Potential abschöpfen. Beide Effekte führen voraussichtlich zu einem höheren Preisniveau für etablierte Kollusion.

Hypothese IV-1: *Absprachen sind wahrscheinlicher erfolgreich bzw. Preise sind höher, wenn Kollusion bereits etabliert ist.*

Pindyck und Rubinfeld (2013, S. 635) sehen ebenso wie Ullrich (2004, S. 162-164) den Aufbau von Vertrauen als Grundvoraussetzung für die Etablierung von kooperativem Verhalten. Wie Ullrich (2004) näher ausführt ist für eine solide Vertrauensbasis

---

höheren Preis als den Monopolpreis verlangen können. Für Effizienzbetrachtungen im hier untersuchten Marktumfeld wird auf Kapitel 5.1.1 und 5.1.2 verwiesen.

[115] Beispielsweise spielt bei Wechselkosten die Verhandlungshistorie eine wichtige Rolle, da für Bestandskunden keine Wechselkosten anfallen. Wechselkosten stellen somit auszahlungsrelevante Faktoren der Historie dar, welche jedoch an dieser Stelle explizit nicht betrachtet werden sollen.

insbesondere nondiskrepantes Verhalten, d. h. die Einheit von Wort und Tat, erforderlich (vgl. Kapitel 2.3.7). Die Wahrscheinlichkeit einer erfolgreichen Absprache hängt folglich damit zusammen, ob in der Vergangenheit bereits ein Vertrauensbruch stattgefunden hat.

Hypothese IV-2: *Absprachen sind weniger wahrscheinlich erfolgreich, wenn es in der Historie einen Vertrauensbruch gab.*

In Gesprächen mit Praktikern wird außerdem immer wieder die Frage aufgeworfen, inwiefern ein Preiskampf bessere oder schlechtere Voraussetzungen für zukünftige Kollusion in einem Oligopolmarkt schafft. Geht man entlang der klassischen Spieltheorie von rationalen Akteuren aus, die alle strategischen Interaktionen vorausdenken, könnte aus einem Preiskampf in einem etablierten Markt im einfachsten Falle geschlossen werden, dass auch zukünftig dauerhaft der Wettbewerbspreis gefordert werden wird. Maskin und Tirole (1988b, 574–577, S. 587-589) hingegen zeigen im Kontext der von Edgeworth (1925) postulierten Preiszyklen, dass es für Anbieter entlang des perfekten Markovschen Gleichgewichts auch rational sein kann, bei Preisen auf dem Wettbewerbsniveau mit einer gewissen Wahrscheinlichkeit wieder einen höheren Preis zu fordern. Unter unvollkommenem Monitoring und Nachfrageschocks legen Green und Porter (1984) dar, dass Preiskämpfe Teil einer kollusiven Strategie sein können. Levenstein (1996, S. 107-118) ergänzt, dass Preiskämpfe auch als Verhandlungsinstrument um Marktanteile dienen können. Eine weitere Erklärung für einen möglichen kollusionsförderlichen Effekt eines Preiskampfes ergibt sich, wenn man die Marktdynamik als Ergebnis eines Erkenntnisprozesses begreift. Da reale Personen im Gegensatz zu den rationalen Akteuren der Theorie nicht unbedingt in der Lage sind, sämtliche Strategien *ex ante* durchzuspielen, ist gerade in Experimenten oftmals ein Konvergenzprozess zu beobachten, wie Daten aus zahlreichen Untersuchungen angefangen mit den ersten Experimenten von Chamberlin (1948, S. 101) belegen. Es ist daher vorstellbar, dass die Anbieter zunächst entsprechend der theoretischen Vorhersage von Vega-Redondo (1997) auf simples Imitationsverhalten zurückgreifen. Da die erfolgreichen Anbieter meist diejenigen mit den niedrigsten Preisen sind, ist bei Imitationsverhalten von einem raschen Preisverfall auszugehen. Spätestens wenn dauerhaft keiner der Anbieter mehr Gewinne macht kann davon ausgegangen werden, dass der "Ernst der Lage" für alle offensichtlich ist. Dadurch steigt der Anreiz, alternativen Strategien nachzugehen – zumal die Opportunitätskosten für das Ausprobieren vergleichsweise gering sind, da die Anbieter ohnehin keine Gewinne zu verlieren haben. Altavilla et al. (2003, S. 1) bestätigen diese Annahme durch die Beobachtung, dass der Großteil der Probanden mit neuen Strategien experimentiert, sobald Ihre Gewinne unterdurchschnittlich ausfallen. Durch die Erzeugung von Handlungsdruck kann ein Preiskampf somit die Wahrscheinlichkeit einer erfolgreichen Absprache sogar erhöhen.

> **Hypothese IV-3:** *Absprachen sind wahrscheinlicher erfolgreich, wenn es in der Historie einen Preiskampf gab.*

3.3 Zusammenfassung der Hypothesen

Die Ableitung der Hypothesen in den letzten Abschnitten verdeutlicht, dass im Mittelpunkt dieser Untersuchung ein genaueres Verständnis für die Evolution von Kollusion entlang der vier übergreifenden Thesen steht. Die einzelnen Hypothesen sind in Tabelle 3 zusammengefasst.

Tabelle 3: Hypothesenübersicht

Bereich	Hypothese	Erfolgsmessung	
Monito-ring	**These I:** *Neben dem Informationsgehalt ist insbesondere die verzögerungsfreie Verfügbarkeit entscheidend für die kollusionsförderliche Wirkung von Monitoring.*		
	Hypothese I-1: *Absprachen sind wahrscheinlicher erfolgreich bzw. Preise sind höher, wenn Monitoring-Informationen verfügbar sind.*	Preis	Abspr.-erfolg
	Hypothese I-2: *Absprachen sind wahrscheinlicher erfolgreich bzw. Preise sind höher, wenn Monitoring-Informationen verzögerungsfrei verfügbar sind.*	Preis	Abspr.-erfolg
Kommuni-kation	**These II:** *Konkrete, abgestimmte Aktionen sind entscheidend für die kollusionsförderliche Wirkung von Kommunikation.*		
	Hypothese II-1: *Absprachen sind wahrscheinlicher erfolgreich bzw. Preise sind umso höher, je mehr die Anbieter miteinander kommunizieren.*	Preis	Abspr.-erfolg

Bereich	Hypothese	Erfolgsmessung	
Kommuni-kation	**Hypothese II-2:** *Preise sind nicht höher, wenn die Anbieter über Prinzipielles (ohne Absprache) kommunizieren.*	Preis	n/a[116]
	Hypothese II-3: *Preise sind höher, wenn die Anbieter eine Absprache treffen.*	Preis	n/a[116]
	Hypothese II-4: *Absprachen sind wahrscheinlicher erfolgreich bzw. Preise sind höher, wenn eine Absprache sowohl abgestimmt als auch konkret ist.*	Preis	Abspr.-erfolg
	Hypothese II-5: *Absprachen sind wahrscheinlicher erfolgreich bzw. Preise sind höher, wenn Drohungen ausgesprochen werden.*	Preis	Abspr.-erfolg
Absprache-typen	**These III:** *Preisabsprachen und Marktaufteilungen wirken unterschiedlich auf den funktionalen und ökonomischen Kollusionserfolg.*		
	Hypothese III-1: *Absprachen durch Marktaufteilungen sind wahrscheinlicher erfolgreich als durch Preisabsprachen.*	n/a[117]	Abspr.-erfolg
	Hypothese III-2: *Preise sind bei Preisabsprachen höher als bei Marktaufteilungen.*	Preis	n/a[117]
	Hypothese III-3: *Kombinierte Preisabsprachen und Marktaufteilungen sind wahrscheinlicher erfolgreich als Preisabsprachen und führen zu höheren Preisen als Marktaufteilungen.*	Preis	Abspr.-erfolg
Historie	**These IV:** *Die Historie der Marktdynamik ist für die Etablierung von Kollusion relevant.*		
	Hypothese IV-1: *Absprachen sind wahrscheinlicher erfolgreich bzw. Preise sind höher, wenn Kollusion bereits etabliert ist.*	Preis	Abspr.-erfolg
	Hypothese IV-2: *Absprachen sind weniger wahrscheinlich erfolgreich, wenn es in der Historie einen Vertrauensbruch gab.*	n/a[118]	Abspr.-erfolg
	Hypothese IV-3: *Absprachen sind wahrscheinlicher erfolgreich, wenn es in der Historie einen Preiskampf gab.*	n/a[118]	Abspr.-erfolg

n/a = Aus logischen Gründen keine Untersuchung möglich

[116] Ohne eine Absprache kann definitionsgemäß auch kein Abspracheerfolg gemessen werden.
[117] Die Charakteristika der Absprachetypen beziehen sich jeweils nur auf den funktionalen bzw. ökonomischen Erfolg.
[118] Da dies insb. auf Märkte im Preiskampf zutrifft, würde eine selbsterfüllende Prophezeiung gezeigt.

4 Konzeption, Durchführung und Operationalisierung des Experiments

Nach der Ableitung der Hypothesen stellt sich die Frage, mit welcher Methodik sich diese am besten überprüfen lassen. Im Wesentlichen können ökonomische Fragestellungen theoretisch, empirisch oder experimentell untersucht werden, wobei die Unterschiede insbesondere in der internen und externen Validität liegen[119] (vgl. Huber, Meyer & Lenzen, 2014, S. 39-42; Kühl, 2009, S. 552).

- **Theoretische Untersuchungen** erlauben eine elegante, mathematisch konsistente Modellierung des Marktverhaltens. Während interne Validität automatisch gegeben ist, stellt sich die Frage nach externer Validität – angefangen bei der Annahme zum menschlichen Verhalten[120]. Unabhängig von potentiellen Vorteilen lässt sich schnell einsehen, dass eine theoretische Modellierung für diese Untersuchung nicht in Frage kommt, da sich weder für die hier im Fokus stehenden Kontraktmärkte im Speziellen, noch für Kommunikation im Allgemeinen zufriedenstellende theoretische Modellierungen als Grundlage finden lassen (vgl. Kapitel 2.2 und 2.3).

- **Empirische Untersuchungen im Feld** haben, wie Friedman und Cassar (2004b, S. 19) feststellen, automatisch externe Validität – zumindest bezogen auf die ganz spezifischen untersuchten Märkte. Eine weiterreichende Allgemeingültigkeit ist hingegen eher schwierig zu etablieren, zumal die interne Validität aufgrund vieler, oftmals unbeobachteter, Störgrößen niedrig ist (vgl. Kühl, 2009, S. 552).

---

[119] Kühl (2009, S. 552) definiert die interne Validität als das "Ausschließen aller möglichen Störvariablen", während Huber, Meyer und Lenzen (2014, S. 39) die interne Validität als gesichert annehmen, "wenn die Variation der abhängigen Variable einzig und allein auf die Manipulation der unabhängigen Variable zurückgeführt werden kann." Kühl (2009, S. 552) definiert die externe Validität als die "Realitätsnähe eines Experiments", während Huber, Meyer und Lenzen (2014, S. 40) die externe Validität einer Untersuchung als gesichert annehmen, "wenn ihre Ergebnisse über die besonderen Bedingungen der Untersuchungssituation und über die untersuchten Personen hinausgehend verallgemeinerbar sind."

[120] Vgl. Kapitel 2.1.3 für verschiedene Perspektiven und Lösungsansätze insbesondere hinsichtlich Rationalität.

Bezogen auf die Forschungsfrage ist eine empirische Untersuchung im Feld allein deshalb nicht geeignet, weil eine Analyse der Kommunikationsinhalte von verdeckter, expliziter Kollusion naturgemäß kaum möglich ist.

• Eine **experimentelle Untersuchung im Labor** stellt für den Fokus dieser Untersuchung einen sinnvollen Mittelweg aus hoher interner Validität verbunden mit annehmbarer externer Validität dar. Störgrößen lassen sich durch eine entsprechende Konzeption und sorgfältige Durchführung minimieren, während durch den Einsatz menschlicher Probanden eine deutlich höhere externe Validität als bei theoretischen Modellen sichergestellt ist. Bei der Festlegung eines Kompromisses im Spannungsfeld zwischen interner und externer Validität gilt es bei experimentellen Modellen zu berücksichtigen, ob diese zur Verifizierung von Theorien, als Sensitivitätstests, zum Suchen von Regelmäßigkeiten, als Entscheidungsgrundlage für Richtlinien und Gesetze oder aus rein pädagogischen Gründen eingesetzt werden sollen (vgl. Friedman & Cassar, 2004b, S. 20; Holt, 1995, S. 352-355; Roth, 1995, S. 21-23). Die vorliegende Forschungsfrage ist, wie in der Einleitung beschrieben, von realen Märkten motiviert und enthält in Ermangelung einer umfassenden theoretischen Vorhersage neben der Verifizierung von theoretischen Aspekten (insb. These I) zwangsläufig auch explorative Elemente auf der Suche nach empirischen Regelmäßigkeiten (insb. Thesen II, III, IV). Das Modell muss daher abstrakt genug sein, um in Bezug zur existierenden Literatur gesetzt werden zu können, aber auch realitätsnah genug, um eine hohe externe Validität für die im Fokus stehenden Oligopolmärkte sicherzustellen.

Unter diesen Gesichtspunkten wird durch die Konzeption des Marktmodells im Folgenden der Rahmen geschaffen, in welchem die Hypothesen experimentell untersucht werden können. Zur transparenten Dokumentation einer hohen internen Validität wird außerdem näher auf die operative Durchführung des Experiments eingegangen. Darauf folgt die Operationalisierung der Kommunikationsinhalte, welche als Vorbereitung für die Auswertung essentiell ist.

4.1 Konzeption des Marktmodells

Zur Modellierung von B2B-Kontraktmärkten wird ein Marktmodell entwickelt[121], welches die wesentlichen Eigenschaften dieser Märkte auf den experimentellen Rahmen überträgt. Detailliert wird im Folgenden auf die Modellanforderungen, die Charakteristika des Modells, die Parametrisierung, die Informationsstruktur und das Anreizsystem eingegangen.

4.1.1 Definition der Modellanforderungen

Ein Modell stellt ein vereinfachtes Abbild der Realität dar, welches sich modelltheoretisch nach Stachowiak (1973, S. 131-133) entlang von drei Merkmalen charakterisieren lässt[122]:

- Das **Abbildungsmerkmal** beschreibt, dass Modelle stets eine Abbildung des Originals darstellen, wobei die Attribute des Modells den Attributen des Originals zugeordnet sind.

- Das **Verkürzungsmerkmal** weist darauf hin, dass Modelle stets nicht alle, sondern lediglich die aus Sicht des Modellerschaffers relevanten Attribute enthalten.

- Das **pragmatische Merkmal** sagt aus, dass ein Modell immer zu einem bestimmten Zweck erschaffen wird und dem Original daher nicht eindeutig zugeordnet ist.

Bezogen auf die vorliegende Fragestellung besteht die Herausforderung bei der Entwicklung eines Marktmodells darin, im Spannungsfeld zwischen Realitätsbezug (Abbildungsmerkmal) auf der einen Seite und Reichweite (Verkürzungsmerkmal) auf der anderen Seite einen sinnvollen Kompromiss hinsichtlich des Abstraktionsgrades zu finden – je höher der Realitätsbezug, desto geringer die mögliche Reichweite und *vice versa*. Neben einer höheren Reichweite, d. h. einer weitreichenderen Gültigkeit für

---

[121] Publiziert wurde das am Lehrstuhl gemeinsam entwickelte Marktmodell zuerst von Paulik (2016), weshalb Kapitel 4.1 in den Grundgedanken dessen Arbeit zwangsläufig in einigen Punkten ähnelt.

[122] Die Merkmale sind verkürzt bezogen auf die hier relevanten Aspekte dargestellt; für eine vollständige Definition wird auf Stachowiak (1973, S. 131-133) verwiesen. Als weitere Kriterien können nach Lindstädt (1997, S. 2) beispielsweise auch Modelltiefe und Operationalität herangezogen werden. Modellanforderungen allgemein werden ausführlicher beispielsweise bei Kornmeier (2007, S. 95-98) diskutiert.

unterschiedliche Situationen und Randbedingungen (vgl. Kornmeier, 2007, S. 96), bringt ein höherer Abstraktionsgrad die Vorteile mit sich, wahrscheinlicher eine klare Erkenntnis bezüglich der Forschungsfrage zu verschaffen und praktisch im Experiment einfacher und verständlicher umsetzbar zu sein. Darüber hinaus ist wichtig, dass das Modell nicht losgelöst von der Literatur entwickelt wird, sondern auf bestehende Erkenntnisse aufbaut und im Einklang mit existierenden Theorien steht, was als theoretische Plausibilität bezeichnet wird (vgl. Kornmeier, 2007, S. 97).

Um dem Abbildungsmerkmal zu genügen, können die im Fokus stehenden B2B-Kontraktmärkte grundsätzlich auf die in Kapitel 1.2 dargelegten fundamentalen Charakteristika reduziert werden:

- Zweiseitige Oligopole
- Produkthomogenität
- Wechselkosten
- Multilaterale Kontraktverhandlungen
- Preisdifferenzierung
- Eingeschränktes Monitoring

Im Sinne des Verkürzungsmerkmals wird hierbei explizit von Faktoren abstrahiert, welche für die Untersuchung der grundlegenden Wirkzusammenhänge nicht erforderlich sind und aufgrund der Überlagerung mit anderen Effekten eine klare Erkenntnis hinsichtlich der Forschungsfrage verhindern würden. Aspekte realer Märkte wie beispielsweise die Berücksichtigung von begrenzten Produktionskapazitäten, Nachfrageschocks, Asymmetrien in Kosten- und Nachfragefunktionen, Kundenpräferenzen, Produktqualität, Fixkosten und dergleichen werden daher nicht berücksichtigt. Erkenntnisse zum Einfluss dieser Faktoren auf das Marktmodell bedürfen separater Untersuchungen.

Um die vorliegende Forschungsfrage in den Mittelpunkt zu rücken wird das Grundmodell entlang des pragmatischen Merkmals um die Möglichkeit zu expliziten Absprachen erweitert:

- Unverbindliche Kommunikationsmöglichkeit zwischen Anbietern als Basis verdeckter, expliziter Kollusion

Die Berücksichtigung der genannten Modellanforderungen stellt einerseits einen hohen Realitätsbezug zu den vorliegenden B2B-Kontraktmärkten sicher, gewährleistet andererseits aber auch eine hinreichende Reichweite bzw. Allgemeingültigkeit für viele Branchen und Industrien. Darüber hinaus gelten allgemein für eine experimentelle Untersuchung einige spezielle Anforderungen hinsichtlich Verständlichkeit, Anreizsystem und dergleichen, welche an dieser Stelle nicht weiter vertieft, sondern in den folgenden Kapiteln selektiv angesprochen werden.

4.1.2 Charakteristika des Marktmodells

Die Wahl des Modells und dessen allgemeiner Charakteristika werden basierend auf den im letzten Abschnitt definierten Anforderungen in diesem Kapitel konkretisiert. Neben der Marktinstitution und der Oligopolstruktur wird insbesondere auch die zeitliche Struktur des Experiments festgelegt[123].

Zur Simulation der im Fokus stehenden Kontraktmärkte wird auf die vom Institut für Unternehmensführung etablierte[124] **Marktinstitution** einer **multilateralen Kontraktverhandlung** zurückgegriffen. Da diese Marktinstitution in der Literatur noch nicht ausführlich diskutiert wurde, wird an dieser Stelle eine kurze Einordnung zur Abgrenzung von verwandten Marktinstitutionen[125] vorgenommen:

- In einem *Posted-Offer*-Markt legen die Anbieter zunächst simultan Angebote fest. In einem zweiten Schritt können die Nachfrager entscheiden, welches der Angebote sie annehmen wollen. Sind die Angebote nicht öffentlich, sondern nur für die Nachfrager einsehbar, spricht man auch von einem *Sealed-Offer*-Markt (vgl. Plott & Smith, 2008, S. 1489). Außer dem Bertrand-Preiswettbewerb (vgl. Holt, 1995, S. 361) lässt sich auch das Gefangenendilemma experimentell im Sinne eines *Posted-Offer*-Marktes interpretieren (vgl. Plott, 1982, S. 1498).

---

[123] Die Quantifizierung der Parameter erfolgt weitestgehend im darauffolgenden Kapitel 4.1.3. Lediglich wesentliche Parameter wie die Anzahl von Anbietern und Nachfragern werden aufgrund ihrer Relevanz für weitere Entscheidungen bereits an dieser Stelle festgelegt.

[124] Publiziert wurde diese Marktinstitution zuerst im Rahmen der Untersuchung von Paulik (2016).

[125] Eine umfassende Übersicht von etablierten Marktinstitutionen findet sich beispielsweise bei Holt (1995, S. 360-377). Da sich unter einem Überbegriff oft viele leicht unterschiedliche Modellierungen finden sind die Grenzen zwischen den Marktinstitutionen oft fließend. Plott (1982, S. 1489) bemerkt hinsichtlich der schwierigen Abgrenzung, dass Marktinstitutionen grundsätzlich eher als Kontinuum denn als feste Klassen betrachtet werden sollten.

- Bei der von Smith (1962) etablierten **Double Auction**[126] können Anbieter und Nachfrager simultan Angebote bzw. Gebote abgeben, welche zentral veröffentlicht werden. Diese können jederzeit geändert werden, wobei in vielen Fällen nur Verbesserungen zugelassen sind, d. h. Angebote können nur reduziert, Gebote nur erhöht werden. Transaktionen kommen zustande, wenn ein Akteur die Konditionen eines anderen akzeptiert (vgl. Holt, 1995, S. 368-372).

- Bereits die ersten ökonomischen Experimente von Chamberlin (1948) wurden im **Privathandel**[127] (Lemke, 2014, S. 25) durchgeführt. Hierbei werden individuelle Verträge bilateral zwischen Anbietern und Nachfragern in privaten Verhandlungen abgeschlossen (vgl. Plott, 1982, S. 1496). Charakterisiert sind diese Märkte durch ihre sequentielle Struktur, da erst nach erfolglosem Abbruch einer Verhandlung eine neue Verhandlung mit einem anderen Partner begonnen werden kann (vgl. Neeman & Vulkan, 2010, S. 1). Die Verhandlungen selbst können unterschiedlich stark formalisiert sein; während bei Chamberlin (1948, S. 96) Verträge im persönlichen Gespräch geschlossen werden, implementieren Menkhaus, Phillips und Bastian (2003, S. 1323) den Privathandel als bilaterale *Double Auction* zwischen einem Anbieter und einem Nachfrager. Wird ein bilateraler *Double Auction*-Mechanismus von privater Kommunikation begleitet, spricht man von einer **Kontraktverhandlung** (vgl. Paulik, 2016, S. 13).

- **Multilaterale Verhandlungen** (auch multi-bilaterale Verhandlungen)[128] gehen auf Thomas und Wilson (2000) zurück[129] und basieren ebenfalls auf bilateralen,

---

[126] In der deutschen Literatur meist nicht übersetzt; teilweise als doppelte Auktion (Leininger, 1996, S. 30), Doppelauktion (Normann, 2010, S. 4) oder zweiseitige Auktion (Berninghaus, Ehrhart & Güth, 2010, S. 226) bezeichnet.

[127] Eine einheitliche Bezeichnung hat sich für die Marktinstitution bislang nicht durchsetzen können. Privathandel wird auch als dezentraler Tausch (Leininger, 1996, S. 25) bezeichnet; in der englischen Literatur als *Private Negotiations* (Menkhaus, Phillips, Johnston & Yakunina, 2003, S. 89), *Negotiated-Price*-Märkte (Hong & Plott, 1982, S. 3), *Decentralized Negotiations* (Holt, 1995, S. 373) oder *Decentralized Bargaining* (Kirchsteiger, Niederle & Potters, 2005, S. 1828; Neeman & Vulkan, 2010, S. 1).

[128] Engl. *multilateral negotiations* (Thomas & Wilson, 2000, S. 14) oder *multi-bilateral negotiations* (Kersten, Pontrandolfo, Vahidov & Gimon, 2013, S. 399). Wichtig zu unterscheiden ist diese Marktinstitution von *multilateral bargaining*, in denen mehrere Personen gemeinsam über die Aufteilung eines "Kuchens" verhandeln (Krishna & Serrano, 1996).

[129] Die Marktinstitution der multilateralen Verhandlungen steht erst seit vergleichsweise kurzer Zeit im Fokus der Forschung. Außer Thomas und Wilson (2000, 2002, 2005, 2014) haben sich insbesondere Wilson und Zillante (2010), Kersten, Pontrandolfo, Vahidov und Gimon (2013),

privaten Verhandlungen zwischen Anbietern und Nachfragern. Entscheidender Unterschied zum Privathandel ist, dass ein Nachfrager simultan[130] mit mehreren Anbietern verhandelt. Um die Analogie zu Einkaufsprozessen über Ausschreibungen noch stärker in den Vordergrund zu stellen wird in manchen Fällen von den Anbietern zu Beginn zunächst formal ein privates Startangebot gefordert (vgl. Thomas & Wilson, 2002, S. 142)[131]. Wird die Marktinstitution darüber hinaus durch einen bilateralen *Double Auction*-Mechanismus begleitet von privater Kommunikation formalisiert, lässt sie sich spezifischer als **multilaterale Kontraktverhandlung** bezeichnen.

Reale Kontraktverhandlungen sind hinsichtlich des Kommunikationsmediums durch Verhandlungen von Angesicht zu Angesicht charakterisiert. Im Kontext eines Experiments gehen die entsprechend der Medienreichhaltigkeitstheorie[132] (vgl. Duckek, 2010, S. 54) reichhaltigeren Verhandlungen von Angesicht zu Angesicht mit einem deutlichen Kontrollverlust einher. Beispielsweise lassen sich Einflüsse wie non-verbale Kommunikation und Sympathien kaum erfassen[133]. Stehen wie in der vorliegenden Untersuchung die Kommunikationsinhalte im Vordergrund, ist es essentiell, diese zuverlässig beobachten und aufzeichnen zu können. Wie in Kapitel 2.3.7 dargelegt, weisen Balliet (2010), Frohlich und Oppenheimer (1998) sowie Camera et al. (2011) in Bezug auf die Kommunikation zwischen Anbietern nach, dass freie schriftliche Kommunikation eine analoge Wirkung zeigt, wenngleich die Effekte bei persönlichen Verhandlungen von Angesicht zu Angesicht ausgeprägter sind. Bei schriftlicher

---

Pham, Zaitsev, Steiner und Teich (2013), Kersten, Wachowicz und Kersten (2013) und Kersten, Wachowicz und Kersten (2016) mit dieser Marktinstitution auseinandergesetzt. Osborne und Rubinstein (1990) beschäftigen sich in ihrem ausführlichen Überblick über den Privathandel bereits früher mit einer Vorstufe multilateraler Verhandlungen, in welcher ein Anbieter zwei Nachfragern simultan ein öffentliches Angebot macht (vgl. Osborne & Rubinstein, 1990, S. 180-182).

[130] Tatsächlich kann ein Nachfrager in der von Thomas und Wilson implementierten Version immer nur mit einem Anbieter gleichzeitig kommunizieren, die anderen Angebote bleiben währenddessen jedoch bestehen.

[131] Thomas weist in persönlicher Korrespondenz mit dem Autor im Mai 2016 darauf hin, dass die formale Umsetzung im Experiment seiner Ansicht nach nicht ausschlaggebend für multilaterale Verhandlungen ist. Wichtiger sei vielmehr, ob im Hinblick auf das große Ganze ("*the bigger picture*") die reale Marktinstitution durch multilaterale Verhandlungen charakterisiert werden kann.

[132] Engl. *media richness* (Daft & Lengel, 1986, S. 554).

[133] Friedman und Cassar (2004a, S. 67) weisen beispielsweise darauf hin, dass bei Verhandlungen von Angesicht zu Angesicht Geschlechterdifferenzen nicht mehr vernachlässigt werden können.

Kommunikation gilt bei der Interpretation der Ergebnisse daher zu berücksichtigen, dass die Ergebnisse tendenziell zu konservativ ausfallen. Eine weitere Abstraktion in Form von strukturierter, auf vorgefertigten Bausteinen basierender Kommunikation hingegen erscheint nicht sinnvoll, da eingeschränkte Kommunikation der oben genannten Literatur zufolge die Wirkung oftmals zunichtemacht. Die Kommunikationskanäle werden in diesem Experiment daher der Empfehlung von Crawford (1998, S. 293) folgend mittels schriftlicher Kommunikation am Computer in Chats umgesetzt, womit die Kommunikationsinhalte einerseits einfach und zuverlässig messbar sind, andererseits aber dennoch der "*behavioral freedom [...] unleashed*" wird, wie es Camerer, Nave und Smith (2015, S. 3) ausdrücken.

Die privaten, unverbindlichen Chats zwischen Anbietern und Nachfragern werden von einem bilateralen *Double Auction*-Mechanismus begleitet, wodurch der eigentliche Transaktionsabschluss erfolgt. Anbieter wie Nachfrager können daher jederzeit verbindliche Angebote und Gebote unterbreiten und annehmen. Zur Untersuchung von expliziter Kollusion ist außerdem, wie in Kapitel 4.1.1 gefordert, Kommunikation der Anbieter untereinander vorgesehen. Um "Hinterzimmergespräche" zu modellieren, wird ein zentraler, privater Chat zwischen den Anbietern implementiert, welcher von den Nachfragern nicht eingesehen werden kann[134]. Die gemeinsame Kommunikation unter den Anbietern ist grundsätzlich unverbindlich; bei verdeckter, expliziter Kollusion sind insbesondere verbindliche Verträge oder Kompensationszahlungen nicht möglich. Im Kontext der Oligopolstruktur werden die Kommunikationskanäle und Transaktionsmöglichkeiten nachfolgend in Abbildung 3 veranschaulicht.

Die Wahl der **Oligopolstruktur** auf Anbieterseite beeinflusst, wie in Kapitel 2.3.5 dargelegt, zwangsläufig, wie einfach es für die Anbieter ist, Kollusion zu etablieren. Aus einer Reihe von experimentellen Arbeiten wird deutlich (vgl. Fonseca & Normann, 2012; Fouraker & Siegel, 1963, 1963; Huck, Normann & Oechssler, 2004; Waichman et al., 2014), dass insbesondere der Übergang vom Duopol zum Triopol die Wettbewerbsintensität stark beeinflusst. Vor dem Hintergrund, dass die Etablierung von Kollusion in Duopolen deutlich einfacher ist, sind Duopole nicht unbedingt

---

[134] Von einer Kommunikationsmöglichkeit der Nachfrager untereinander wird wie in der Literatur üblich (vgl. die in Kapitel 2.3.7 zitierten Untersuchungen) abgesehen, um überlagerte Effekte von Kollusion auf Anbieter- und Nachfragerseite zu vermeiden.

repräsentativ – zumal die meisten realen Oligopole mehr als zwei Anbieter aufweisen (vgl. Hay & Kelley, 1974, S. 29-38). Auf Anbieterseite wird daher auf ein Triopol zurückgegriffen. Die Nachfragerstruktur ist für die Untersuchung von Anbieterkollusion nicht direkt ausschlaggebend. In der Literatur werden daher von einem einzigen Nachfrager wie bei Thomas und Wilson (2002, S. 140) bis hin zu mehreren hundert Nachfragern wie bei Fonseca und Normann (2012, S. 1761) je nach Forschungsfrage unterschiedliche Ansätze verfolgt. Die Anzahl der Nachfrager ist eng verknüpft mit der Entscheidung ob auf reale Probanden oder analog der Umsetzung bei Kroth (2015, S. 78-82) auf simulierte, myopische Nachfrager zurückgegriffen wird. Auch wenn die Implementierung von simulierten Nachfragern aus Kostengründen attraktiv erscheint, wird aus dreierlei Gründen auf reale Akteure auf Nachfragerseite zurückgegriffen. Erstens können multilaterale Kontraktverhandlungen definitionsgemäß nur mit Kommunikation und damit realen Verhandlungspartnern korrekt abgebildet werden – eine Beschränkung der bilateralen Kommunikationskanäle auf einen reinen bilateralen *Double Auction*-Mechanismus würde die Marktinstitution auf allgemeine multilaterale Verhandlungen reduzieren. Zweitens können reale Nachfrager gerade im Kontext von Wechselkosten strategisch agieren (vgl. Farrell & Klemperer, 2007, S. 1988-1990), was durch simulierte Nachfrager nicht abgebildet werden kann. Drittens lässt sich dadurch vermeiden, den Fokus der Anbieter allein auf die Anbieterkommunikation – und damit die Forschungsfrage – zu lenken und somit kollusives Verhalten künstlich zu induzieren[135]. Beim Einsatz realer Probanden ist es aus finanziellen wie organisatorischen Gründen angeraten, die Anzahl der Nachfrager weitestgehend zu begrenzen. Um zwangsläufige, exzessive Preiskämpfe zu vermeiden, erscheint es sinnvoll, jedem Anbieter einen Marktanteil größer 0 zu ermöglichen – bei einem Anbietertriopol also mindestens drei Einheiten vorzusehen. Darüber hinaus wird eine triviale, symmetrische Marktaufteilung verhindert, indem kein Vielfaches der Anbieterzahl gewählt wird. Unter Berücksichtigung beider Faktoren erscheinen vier Einheiten optimal, wofür jedoch nicht zwangsläufig vier Nachfrager notwendig sind: Zwei Nachfrager mit jeweils zwei Einheiten einzusetzen erscheint aus organisatorischen

---

[135] Wie Ende Kapitel 2.3.6 angemerkt, fällt beispielsweise in der Literatur zu Monitoring auf, dass insbesondere Untersuchungen zum Imitationsverhalten tendenziell eine wettbewerbssteigernde Wirkung von Monitoring zeigen, während Untersuchungen zu Kollusion häufig eine wettbewerbsverringernde Wirkung nachweisen. In der vorliegenden Arbeit wird der Experimentatoreffekt weitestgehend unterbunden, wie vor allem in den Kapiteln zum Anreizsystem (4.1.5) und der operativen Durchführung des Experiments (4.2) deutlich wird.

und finanziellen Gründen zielführend und reduziert außerdem die Komplexität für die Anbieter, die anderenfalls fünf parallele Kommunikationskanäle gleichzeitig zu überblicken hätten[136] (vgl. Kroth, 2015, S. 79; Paulik, 2016, S. 60). Der strukturelle Aufbau des experimentellen Oligopolmarktes ist zusammenfassend in Abbildung 3 ersichtlich, wobei aus Gründen der Übersicht die Kommunikation und die formalen Transaktionsmöglichkeiten über bilaterale *Double Auctions* separat dargestellt sind.

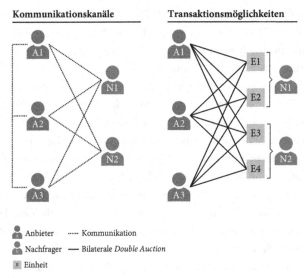

Abbildung 3: Oligopolstruktur des experimentellen Marktes (Quelle: Angelehnt an Paulik, 2016, S. 65)

Die Modellierung von dynamischem Wettbewerb mit unendlichem Zeithorizont – wie in den hier vorliegenden Oligopolmärkten – erfordert nicht tatsächlich unendlich Wiederholungen. Entscheidend für die **Zeitstruktur** im Experiment ist, dass das Spielende nicht vorhersehbar ist und die Spieler daher zu jedem Zeitpunkt mit einer zusätzlichen Runde rechnen (vgl. Osborne & Rubinstein, 1994, S. 135). Die Wahrscheinlichkeit des Spielendes muss dabei annähernd konstant bleiben, um eine Änderung des Teilnehmerverhaltens in Antizipation des baldigen Spielendes zu vermeiden (vgl. Tirole, 1999, S. 555), was auch als Endspieleffekt[137] bezeichnet wird (vgl.

---

[136] Vier private Chats mit den Nachfragern sowie den gemeinsamen Chat unter den Anbietern.
[137] Engl. *end-effect* (Selten & Stoecker, 1986, S. 48).

Schauenberg, 1991, S. 343). Im Experiment wird diese Forderung durch eine unangekündigte Rundenzahl und einem Spielende deutlich vor Ende der gebuchten Zeit erfüllt
(vgl. 4.2.3), was den experimentellen Ergebnissen von Normann und Wallace (2012,
S. 713) zufolge die effektivste Methode darstellt um Endspieleffekte zu unterbinden[138].

Hinsichtlich sonstiger Charakteristika ist lediglich die Implementierung von Wechselkosten erwähnenswert, um den im vorangehenden Kapitel definierten Forderungen zu
entsprechen. Die transaktionalen Wechselkosten fallen für einen Nachfrager[139] bei
jedem Wechsel und für jede Einheit erneuert an, d. h. von einem Lernprozess wird
abstrahiert. Entsprechend des Verkürzungsmerkmals wird, wie in Kapitel 4.1.1
gefordert, bei allen weiteren Eigenschaften des Marktmodells die Komplexität
weitestgehend reduziert. Dies führt auf die in Tabelle 4 dargestellten, nachfolgend kurz
erläuterten allgemeinen Charakteristika des Marktmodells.

Von Kapazitätsbeschränkungen wird abgesehen, sodass die Anbieter beliebig viele
Einheiten je Runde verkaufen können. Da Lagerhaltung nicht ermöglicht wird, müssen
die Nachfrager ihren Bedarf von zwei Einheiten in jeder Runde erneut decken. Es
besteht jedoch kein Kaufzwang, d. h. den Nachfragern steht es frei weniger als zwei
Einheiten zu kaufen. Die Nachfrage ist folglich bis zum Reservationspreis – im Falle
eines Wechsels abzüglich der Wechselkosten – unelastisch[140]. Von
Produktheterogenität wird abgesehen, womit lediglich der Preis der quasihomogenen
Güter als Entscheidungsvariable verbleibt. Die Kostenstruktur ist auf das Notwendigste
beschränkt; Nachfrager haben einheitliche Reservationspreise und Wechselkosten,
Anbieter einheitliche Grenzkosten, wobei von Fixkosten abstrahiert wird.
Transaktionsentscheidungen sind prinzipiell unabhängig voneinander, was impliziert,
dass Wechselkosten für jede Einheit separat anfallen. Asymmetrien werden auf
Anbieter- wie Nachfragerseite bewusst vermieden. Alle genannten Parameter bleiben im
Zeitverlauf konstant.

---

[138] Bemerkenswerterweise im Gegensatz zu randomisiertem Spielende mit konstanter
Abbruchwahrscheinlichkeit, wobei sich durchaus Endspieleffekte feststellen lassen (vgl. Normann
& Wallace, 2012, S. 713).

[139] Klemperer (1995, S. 519) zufolge ist weitestgehend irrelevant, ob Wechselkosten nachfrager- oder
anbieterseitig anfallen, da Wechselkosten ohnehin in die Preisverhandlungen einfließen.

[140] Die statischen Angebots- und Nachfragefunktionen werden im folgenden Kapitel in Abbildung 4
veranschaulicht.

Tabelle 4: Allgemeine Charakteristika des Marktmodells

Bereich	Detail	Ausprägung
Marktinstitution	Institution	Multilaterale Kontraktverhandlungen
	Kommunikationskanal	Schriftlich am Computer
	Transaktionsabschluss	Bilaterale *Double Auction*
Anbieterstruktur	Anzahl	Triopol
	Individuen	Reale Probanden
	Kapazitätsstruktur	Unbegrenzte Kapazitäten
	Kostenstruktur	Einheitliche, zeitlich konstante Grenzkosten ohne Fixkosten
	Anbieterinteraktion	Unverbindliche Kommunikation ohne verbindliche Verträge oder Kompensationszahlungen
Nachfragerstruktur	Anzahl	Duopol
	Individuen	Reale Probanden
	Bedarf	Einheitliche, unelastische, zeitlich konstante Nachfrage von ≤2 Einheiten ohne Lagerhaltung
	Preise	Einheitliche, zeitlich konstante Reservationspreise
	Nachfragerinteraktion	Nicht möglich
Zeitstruktur	Theoretische Struktur	Unendlicher Zeithorizont
	Experimentelle Struktur	Unangekündigte Rundenzahl und Zeitpuffer zu gebuchter Zeit
Sonstige Charakteristika	Wechselkosten	Einheitliche, zeitlich konstante, transaktionale Wechselkosten auf Nachfragerseite für jede Einheit ohne Lerneffekte
	Art der Güter	(Quasi-)Homogene Produkte

Aus den genannten Rahmenbedingungen lassen sich die Gewinnfunktionen für Anbieter und Nachfrager ableiten. Als Gewinn $\Pi_{i,t}$ für einen Anbieter i ergibt sich innerhalb einer Runde t

$$\Pi_{i,t} = \sum_{E=1}^{4} \left(p_{E,t} - c \right) * T_{E,i,t} \tag{4-1}$$

mit dem Preis $p_{E,t}$ einer Einheit E in Runde t, den Grenzkosten c sowie dem Transaktionserfolg $T_{E,i,t} \in \{0, 1\}$ des Anbieters i für die Einheit E in der Runde t. Analog berechnet sich der Gewinn $\Pi_{j,t}$ für einen Nachfrager j innerhalb einer Runde t als

$$\Pi_{j,t} = \sum_{E_j=1}^{2} \left(r - p_{E_j,t} - w_{E_j,t} \right) * T_{E_j,t} \tag{4-2}$$

mit dem Reservationspreis r sowie dem Preis $p_{E_j,t}$, den Wechselkosten $w_{E_j,t}$ und dem Transaktionserfolg $T_{E_j,t} \in \{0, 1\}$ einer Einheit E_j dieses Anbieters j in Runde t. Die Wechselkosten sind hierbei bestimmt als

$$w_{E_j,t} = \begin{cases} w & \textit{falls Einheit in Vorrunde von anderem Anbieter bezogen} \\ 0 & \textit{falls Einheit in Vorrunde von demselben Anbieter bezogen} \end{cases} \tag{4-3}$$

Abschließend sei angemerkt, dass das vorliegende Marktmodell der Perspektive des strategischen Managements entstammt und keine Aussagen zu volkswirtschaftlichen Implikationen kollusiven Verhaltens –positiv wie negativ – getroffen werden sollen. In Hinblick auf die ökonomische Wohlfahrt stellt das Modell im Wesentlichen ein Konstantsummenspiel dar (vgl. Bartholomae & Wiens, 2016, S. 42), in welchem der Preis lediglich die Verteilung zwischen Konsumenten- und Produzentenrente festlegt. Ineffizienzen entstehen lediglich bei Anbieterwechseln durch Wechselkosten.

4.1.3 Parametrisierung des Modells

Nachdem die allgemeinen Charakteristika des Modells definiert sind, werden die Parameter des Modells quantitativ festgelegt. Ziel bei der Parametrisierung ist es vor dem Hintergrund der im Fokus stehenden Oligopolmärkte sinnvolle Rahmenbedingungen zu schaffen, die realitätsferne, extreme Marktdynamiken verhindern. Die Parametrisierung erfolgt daher basierend auf Erfahrungswerten der Literatur und eigenen Testläufen des Experiments. Eine zusammenfassende Übersicht aller relevanten Parameter findet sich in Tabelle 5 am Ende des Abschnitts.

Entscheidend bei der Festlegung von Preisen und Kosten sind nicht die absoluten Werte, sondern die Relationen zueinander. Wie die Literatur zeigt, besteht bei der

Festlegung von Grenzkosten und Reservationspreisen ein großer Spielraum – in einigen Untersuchungen wird auf Grenzkosten auch komplett verzichtet (vgl. z. B. Mahmood, 2011, S. 48; Orzen & Sefton, 2008, S. 718). In der vorliegenden Arbeit werden die Grenzkosten auf etwa die Hälfte des Reservationspreises angesetzt, was erstens die Umsetzung von *bargain-then-ripoff*-Strategien mit temporären Verlusten für die Anbieter ohne unintuitive negative Preise erlaubt und zweitens im Bereich realer Dimensionen erscheint. Da Grenzkosten und Reservationspreise private Informationen darstellen, werden außerdem leicht erratbare Fokalwerte vermieden. Hinsichtlich der Wechselkosten zeigt Klemperer (1995, S. 519), dass zu hohe[141] Wechselkosten Anbieterwechsel verhindern und zu monopolartiger Preissetzung führen können. Bei zu niedrigen Wechselkosten hingegen sind sie für die Entscheidungsfindung der Handelspartner vernachlässigbar. Auf Basis von Werten aus der Literatur[142] werden die Wechselkosten auf knapp 15% der Preisspanne zwischen Grenzkosten und Reservationspreis festgelegt, was zugleich eine nicht unrealistische Annahme im Kontext der hier untersuchten Oligopolmärkte darstellt. Um die Problematik eines möglichen Informationsaustausches zwischen Teilnehmern verschiedener Termine zu entschärfen werden die Werte im Experiment mit einem ganzzahligen Skalierungsfaktor von eins bis fünf skaliert. Auf Basis dieser Relationen werden mit der fiktiven Währung Taler bei einem Skalierungsfaktor von eins Grenzkosten von 45 Talern, ein Reservationspreis von 95 Talern sowie Wechselkosten von 7 Talern festgelegt[143].

In Summe ergeben sich die in Abbildung 4 dargestellten statischen Angebots- und Nachfragefunktionen. Es sei darauf hingewiesen, dass die statische Darstellung lediglich dem allgemeinen Überblick dient, sich daraus jedoch keine Aussage über dynamische Gleichgewichte ableiten lässt. Wie in Kapitel 2.1.2 dargelegt, können nach dem Folk-

---

[141] Die genaue Definition von "zu hoch" und "zu niedrig" hängt von den konkreten Modellvariablen ab, weshalb sich pauschal keine exakten Werte nennen lassen (vgl. Klemperer, 1995, S. 520).

[142] Betrachtet man Klemperer (1987a, S. 385) folgend Wechselkosten im Verhältnis zur Preisspanne zwischen Grenzkosten und Reservationspreis, finden sich in der Literatur Werte von beispielsweise 20% (Mahmood, 2011, S. 48), 30% (Orzen & Sefton, 2008, S. 718), 41% (Selten & Apesteguia, 2005, S. 174), 0,5% bezogen auf den Reservationspreis bzw. 15% bezogen auf den Startpreis (Kroth, 2015, S. 83-86) oder 14% (Paulik, 2016, S. 72).

[143] Zur Vermeidung jeglicher Restriktionen der Handlungsfreiheit wird der technisch mögliche, ganzzahlige Preisbereich von 0 bis 999 Talern nicht weiter eingeschränkt. Insbesondere die obere Preisgrenze liegt damit hoch genug um im normalen Spielverlauf keine Rolle zu spielen und gleichzeitig die Erratbarkeit des Reservationspreises der Nachfrager zu verhindern.

Theorem alle Preispunkte im Bereich positiver Renten ein teilspielperfektes Gleichgewicht darstellen. Darüber hinaus sind im Rahmen von *bargain-then-ripoff*-Strategien in Wechselkostenmärkten temporär auch Preise unterhalb der Grenzkosten denkbar.

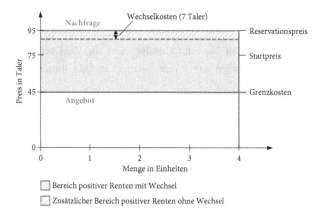

Abbildung 4: Statische Angebots- und Nachfragefunktion (Quelle: Angelehnt an Paulik, 2016, S. 62)

Hinsichtlich des zeitlichen Experimentablaufs stellt die Gesamtdauer des Experiments eine wesentliche Restriktion dar. Um eine hohe Konzentrationsfähigkeit der Probanden sicherzustellen und Langeweile zu vermeiden sind wie Friedman und Cassar (2004d, S. 37) darlegen allzu lange Experimente zu vermeiden, weshalb die Gesamtdauer dieses Experiments analog zu den Untersuchungen von Feinberg und Snyder (2002, S. 2) auf maximal 90 Minuten angesetzt wird. Abzüglich der notwendigen Zeit für Einführung, Proberunde und Fragebogen sowie eines Zeitpuffers zur Vermeidung von Endspieleffekten verbleiben für das eigentliche Experiment etwa 60 Minuten (vgl. 4.2.3). Innerhalb dieses Zeitrahmens stellt sich die Herausforderung, einen Kompromiss zwischen Anzahl und Dauer der Runden zu finden. Grundsätzlich ist eine möglichst hohe Anzahl an Runden wünschenswert um möglichst viele Datenpunkte zu generieren, was die statistische Aussagekraft der Ergebnisse verbessert. Andererseits erfordert der Aufbau von Handelsbeziehungen in multilateralen Verhandlungen sowie die potentielle Etablierung von Kollusion eine gewisse Zeit, zumal sich das Entscheidungsverhalten unter Zeitdruck (vgl. Pruitt & Drews, 1969) oder Informationsüberlastung (vgl. Lindstädt, 1999, S. 108-115, 2006, S. 136-172) ändert. Testläufe vorab legen nahe, dass eine Rundenzeit von etwa acht Minuten ausreichend Zeit für die Entwicklung von

Verhandlungstaktiken, die Kommunikation und die Transaktionen lässt[144]. Zur Kompensation von Lerneffekten lässt sich die Rundenzeit nach den ersten drei Runden problemlos um zwei Minuten reduzieren. Da eine Runde nach Abschluss aller Transaktionen vorzeitig beendet wird, ist davon auszugehen, dass die maximale Rundenzeit meist nicht ausgeschöpft wird. Unter Berücksichtigung der Monitoringanzeige von 30 Sekunden ergibt sich daraus mit konservativen Annahmen eine Rundenanzahl von etwa acht bis zehn Runden. Um die Zahl zehn als möglichen Fokalpunkt zu vermeiden wird daher eine unangekündigte Rundenzahl von neun Runden festgelegt.

Wie in Kapitel 2.2.2 und 2.2.3 dargelegt, sind in neuen Oligopolmärkten mit Wechselkosten infolge von *bargain-then-ripoff*-Strategien in der ersten Runde harte Preiskämpfe um Marktanteile zu erwarten. Da im Fokus dieser Untersuchung im Wesentlichen etablierte Märkte stehen, führen derartige extreme, realitätsferne Entwicklungen in der ersten Runde zu wenig aussagekräftigen Datenpunkten. Darüber hinaus birgt die erste Runde ein hohes Frustrationspotential bei den Teilnehmern, welche sich infolge einer langsameren Lernkurve gleich zu Beginn eine schlechte Ausgangsposition verschaffen. Aus diesem Grunde werden der für etablierte Märkte üblichen Praxis entsprechend (vgl. z. B. Cason, Friedman & Milam, 2003, S. 248; Kroth, 2015, S. 83; Paulik, 2016, S. 67) Startwerte vorgegeben, womit sich die Rahmenbedingungen der ersten Runde nicht von denen der Folgerunden unterscheiden. Zur Vermeidung allzu asymmetrischer Marktverhältnisse wird im etablierten Markt jedem Anbieter mindestens ein Bestandskunde zugeordnet[145]. Um den Startpreis als Anker so neutral wie möglich zu halten und weder Kollusion noch Preiskampf nahezulegen wurde den Probanden ein Wert von 75 Talern als letzter Transaktionspreis berichtet, was Anbietern wie Nachfragern denselben durchschnittlichen Gewinn ermöglicht[146].

---

[144] Wenn die maximale Verhandlungszeit ausgenutzt wird, dann oftmals lediglich aus verhandlungstaktischen Gründen um Zeitdruck aufzubauen.

[145] Bei vier Einheiten und drei Anbietern erhält ein Anbieter selbst bei der symmetrischsten Startaufteilung zwangsläufig zwei Einheiten. Die Ergebnisse von Paulik (2016, S. 68) zeigen, dass diese geringfügige Asymmetrie keinen signifikanten Effekt auf den Erfolg der einzelnen Anbieter hat und daher als unproblematisch betrachtet werden kann.

[146] Entsprechend Formel (4-1) erzielen die Anbieter bei 4 Einheiten jeweils einen Gewinn von $75 - 45 = 30$ Talern. Der Gesamtgewinn von $4 * 30 = 120$ Talern ergibt einen durchschnittlichen Gewinn von 40 Talern für jeden der 3 Anbieter. Entsprechend Formel (4-2) erzielt jeder Nachfrager

Der Kontostand zu Beginn des Experiments wurde auf 0 festgesetzt um ein direktes Ablesen des tatsächlich erspielten Gewinns zu ermöglichen. Um die Umsetzung von *bargain-then-ripoff*-Strategien zu ermöglichen werden negative Kontostände jederzeit zugelassen. Zusammenfassend ergibt sich die in Tabelle 5 dargestellte Parametrisierung.

Tabelle 5: Parametrisierung des Marktmodells

Bereich	Parameter	Wert	Einheit
Preise/Kosten	Grenzkosten (skaliert)	45	Taler
	Reservationspreis (skaliert)	95	Taler
	Wechselkosten (skaliert)	7	Taler
	Mögliche Preisspanne	0-999	Taler
	Skalierungsfaktor	1-5	
Runden	Anzahl Runden	9	
	Rundendauer	Max. 6-8	Minuten
	Dauer Monitoringanzeige	30	Sekunden
Startwerte	Kontostand (skaliert)	0	Taler
	Startpreis (skaliert)	75	Taler
	Startaufteilung	N1E1 an A2	
		N1E2 an A1	
		N2E1 an A3	
		N2E2 an A2	

4.1.4 Informationsstruktur und Definition der *Treatments*

Die Informationsstruktur des Experiments betrifft insbesondere die Vollständigkeit von *ex ante* Information bezüglich der Eigenschaften von Markt und Konkurrenten sowie die Vollkommenheit von *ad interim* und *ex post* Monitoring-Informationen hinsichtlich der Frage, inwiefern die Handlungen der Konkurrenten in der Vergangenheit beobachtbar sind (vgl. Kapitel 2.3.6). *Ex ante* wird hierbei als Perspektive zu Beginn des Experiments, *ad interim* als Perspektive während der Verhandlungen und *ex post* als Perspektive nach Transaktionsabschluss definiert[147]. In Bezug auf ihre Verfügbarkeit

---

für seine 2 Einheiten ohne einen Wechsel des Anbieters einen Gewinn von $95 - 75 = 20$ Talern, was einen Gewinn von ebenfalls $2 * 20 = 40$ Talern für jeden Nachfrager ergibt.

[147] Eine Definition der Analyseperspektiven *ex ante*, *ad interim* und *ex post* findet sich bei Stockmann (2000, S. 13-15), wobei hier von *on-going* statt *ad interim* gesprochen wird.

können Informationen im Wesentlichen in drei Stufen bereitgestellt werden (vgl. Athey & Bagwell, 2008, S. 493; Rieck, 1993, S. 110):

- **Unbekannte** Informationen sind allen Spielern gleichermaßen nicht bekannt.
- **Private** Informationen sind nur einem Teil der Spieler oder einem Spieler allein bekannt.
- **Öffentliche** Informationen sind allen Spielern gleichermaßen bekannt.

Die den Teilnehmern *ex ante* bereitgestellten Informationen betreffen insbesondere die Strukturen des Marktes sowie die Eigenschaften der Konkurrenten. Abseits theoretischer Betrachtungen zum Umgang mit der Unsicherheit von unvollständiger Information[148] geht aus experimentellen Untersuchungen meist kein signifikanter Effekt auf das Preisniveau hervor. Den Einfluss unvollständiger Information untersuchen beispielsweise Dolbear et al. (1968). Bei vollständiger Information liegt den Teilnehmern die exakte, ausdrücklich für alle identische Nachfragekurve vor, während im Falle unvollständiger Information neben der eigenen Kostenkurve lediglich einige allgemeine Angaben zur Steigung und Elastizität der Nachfragekurve vorliegen (vgl. Dolbear et al., 1968, S. 250). Ein statistisch signifikanter Effekt auf die Wettbewerbsintensität lässt sich nicht nachweisen, allerdings steigert Monitoring die Variabilität der Märkte. Auch Kruse, Rassenti, Reynolds und Smith (1994, S. 359) stellen in einem experimentellen Vergleich verschiedener Stufen (un-)vollständiger Information keinen signifikanten Effekt auf die durchschnittlichen Preise fest. Eine klare Empfehlung, welche Informationen *ex ante* zur Verfügung gestellt werden sollten oder inwiefern diese bei der Interpretation der Ergebnisse berücksichtigen werden sollten, lässt sich aus der Literatur nicht ableiten (vgl. Schmidt, 2012, S. 66).

Während in theoretischen Grundmodellen wie dem Bertrand-Preiswettbewerb in Kapitel 2.1.1 meist vollständige Informationen angenommen werden, stellt dies im Kontext realer Märkte oft keine realitätsnahe Annahme dar (vgl. Dolbear et al., 1968, S. 244; Rieck, 1993, S. 101). Gerade bei privaten, multilateralen Kontraktverhandlungen würden vollständige Informationen der dezentralen Verhandlungsstruktur nicht gerecht werden und den taktischen Verhandlungsspielraum deutlich einschränken. Die

---

[148] Umfassende Betrachtungen finden sich beispielsweise bei Tirole (1999, S. 967-993) oder Rieck (1993, S. 101-109).

in Tabelle 6 ausführlich dargestellte *ex ante* Informationsstruktur wird daher im Sinne einer Annäherung an reale Randbedingungen gewählt.

Tabelle 6: *Ex ante* Informationsstruktur des Marktmodells

Bereich	Information	Verfügbarkeit
Marktstruktur	Anzahl Anbieter	Öffentlich
	Anzahl Nachfrager	Öffentlich
	Kapazitäten	Öffentlich
	Nachfrage	Öffentlich
Preise/Kosten	Reservationspreis	Privat
	Grenzkosten	Privat
	Wechselkosten	Öffentlich
	Wechselkurs	Privat
	Zeitliche Konstanz der Werte	Privat
	Homogenität der Werte	Unbekannt
	Mögliche Preisspanne	Unbekannt
	Skalierungsfaktor	Unbekannt
Runden	Anzahl Runden	Unbekannt
	Rundendauer	Öffentlich
	Dauer Monitoringanzeige	Öffentlich
Startwerte	Startpreis	Privat
	Startaufteilung	Privat

Öffentlich sind daher insbesondere Informationen zur Marktstruktur, Produktions-kapazitäten und Nachfragemenge, während private Informationen vor allem Grenzkosten und Reservationspreise einschließen. Wechselkosten sind öffentlich, um Spekulationen über die Wechselkostenhöhe zu vermeiden und die Aufmerksamkeit auf die relevanten Verhandlungsstrategien zu fokussieren. Zur Vermeidung von Verzerrungen infolge zwangsläufiger experimenteller Rahmenbedingungen sind Infor-mationen zu Preisspannen, Skalierungsfaktoren und Rundenanzahl[149] unbekannt.

---

[149] Es wird insb. darauf geachtet, dass zur Vermeidung von Endspieleffekten auch die Gestaltung der Spieloberfläche keine Rückschlüsse über die Anzahl der Runden erlaubt (vgl. Anhang A1.1).

Um die Marktinstitution der privaten, multilateralen Kontraktverhandlungen korrekt abzubilden, sind *ad interim* Informationen zu laufenden Verhandlungen privat. Sowohl Angebote der Anbieter als auch Gebote der Nachfrager sind nur den beteiligten Handelspartnern bekannt, während die aus einer potentiellen Transaktion resultierenden Gewinne nur dem jeweiligen Spieler bekannt sind. Auch die Inhalte der schriftlichen Kommunikation sind zwischen den Handelspartnern bzw. unter den Anbietern privat, wobei abgesehen von der Forderung nach Anonymität (vgl. 0, S. 6) keine Einschränkungen hinsichtlich der Kommunikationsinhalte gemacht werden. Dies schließt insbesondere den Umgang der Teilnehmer mit privaten Informationen und kollusive Absprachen unter den Anbietern mit ein. Um keine Hinweise auf die Forschungsfrage zu geben (vgl. Plott, 1982, S. 1490) wird – auch auf Nachfrage – lediglich auf fehlende Einschränkungen hingewiesen, nicht jedoch welche Kommunikationsinhalte dadurch ermöglicht werden. Da eine Einheit nicht mehrfach gekauft werden kann ist zwangsläufig transparent, ob der Bedarf der Nachfrager für eine bestimmte Einheit bereits gedeckt ist. Tabelle 7 gibt die Verfügbarkeit von *ad interim* Informationen zusammenfassend wieder.

Tabelle 7: *Ad interim* Informationsstruktur des Marktmodells

Bereich	Information	Verfügbarkeit
Verhandlungen	Bedarf	Öffentlich
	Angebotspreise	Privat (bilateral)
	Gebotspreise	Privat (bilateral)
	Potentieller Gewinn	Privat
	Kontostand	Privat
	Verhandlungskommunikation Nachfrager – Anbieter	Privat (bilateral)
Anbieter	Anbieterkommunikation	Privat (im Triopol)

Mit dem Forschungsschwerpunkt Monitoring steht die Vollkommenheit der *ex post* Informationen im Fokus von These I. Zur Überprüfung der Hypothesen werden verschiedene *Treatments*, d. h. Varianten des Experiments verglichen, welche sich bei ansonsten identischen Rahmenbedingungen lediglich hinsichtlich der bereitgestellten Monitoring-Information unterscheiden. Anhand von drei *Treatments* lassen sich die Hypothesen I-1 und I-2 *ceteris paribus* überprüfen:

- **Treatment 1:** Keine Monitoring-Informationen (Referenz)
- **Treatment 2:** Vollkommene Monitoring-Informationen zum Rundenende nach Abschluss aller Transaktionen
- **Treatment 3:** Vollkommene Monitoring-Informationen verzögerungsfrei nach Transaktionsabschluss der betreffenden Einheit

Unter vollkommener Monitoring-Information werden hierbei die individuellen Preise und Mengen[150] sowie die beteiligten Handelspartner spezifisch für jede einzelne Transaktion öffentlich berichtet, womit auch Marktanteile transparent sind. Die Gewinne der Konkurrenten werden aufgrund unvollständiger *ex ante* Information zu Grenzkosten und Reservationspreisen (vgl. Tabelle 6) nicht explizit berichtet, lassen sich jedoch unter geringer Unsicherheit abschätzen[151]. Da aus den *ad interim* Informationen hervorgeht, ob ein Nachfrager noch Bedarf für eine bestimmte Einheit hat, sind die gekauften Mengen der Nachfrager zwangsläufig verzögerungsfrei öffentlich. Alle Informationen sind hierbei immer symmetrisch auf Anbieter- wie Nachfragerseite verfügbar, sodass die Nachfrager gleichermaßen von der Monitoring-Information profitieren. Tabelle 8 fasst die *ex post* Monitoring-Informationsstruktur in Abhängigkeit der *Treatments* zusammen.

Tabelle 8: *Ex post* Monitoring-Informationsstruktur des Marktmodells

Information	Treatment 1	Treatment 2	Treatment 3
Handelspartner einer Transaktion	Privat	Zum Runden-ende öffentlich	Verzögerungsfrei öffentlich
(Transaktions-)Preise	Privat	Zum Runden-ende öffentlich	Verzögerungsfrei öffentlich
Verkaufte Mengen Anbieter	Privat	Zum Runden-ende öffentlich	Verzögerungsfrei öffentlich
Gekaufte Mengen Nachfrager	Verzögerungsfrei öffentlich	Verzögerungsfrei öffentlich	Verzögerungsfrei öffentlich
Kontostand/Gewinn	Privat	Privat	Privat

---

[150] Da auch bei Bündelung formal jede Einheit einzeln verkauft wird, wird die Menge 1 auf der Spieloberfläche (vgl. Anhang A1.1) nicht explizit berichtet. Wichtig ist unabhängig von der formalen Umsetzung festzuhalten, dass die abgesetzten Mengen bei vollkommener Monitoring-Information öffentlich bekannt sind.

[151] Höhere Preise und höhere Absatzmengen implizieren mit einiger Wahrscheinlichkeit höhere Gewinne, zumal es keine Hinweise auf asymmetrische Preis- und Kostenstrukturen gibt.

Unkontrollierbare Einflüsse durch individuelle Assoziationen, Motive und Erfahrungen der Probanden werden durch eine Anonymisierung des Marktumfeldes soweit möglich unterbunden (vgl. Croson, 2005, S. 136). Um zu vermeiden, dass Erfahrungswerte hinsichtlich des Werts bestimmter Produkte das Ergebnis verzerren, werden Handelsgüter entsprechend der Empfehlungen von Friedman und Sunder (1994, S. 53) sowie Kagel (1995, S. 504) neutral mit "Einheiten" bezeichnet. Anbieter und Nachfrager werden, wie in Abbildung 3 dargestellt, generisch entsprechend der Verfahrensweise bei Schatzberg (1990, S. 343) mit den anonymisierten Abkürzungen "A1" für Anbieter 1, "N1" für Nachfrager 1 usw. bezeichnet um emotionale Vorbelegungen von Namen zu umgehen. Analog der Vorgehensweise bei Huck et al. (1999, S. C83) wird die bereits im vorangegangen Abschnitt verwendete fiktive Währung "Taler" eingeführt, welche eine Abschätzung von hohen oder niedrigen Beträgen aufgrund von Erfahrungswerten ausschließt. Aus Gründen der Verständlichkeit für fachfremde Probanden und um kein gegebenenfalls mit bestimmten Fachbegriffen assoziiertes Verhalten zu induzieren, werden Fachtermini weitestgehend vermieden; beispielsweise wird statt von "Grenzkosten" anschaulicher von "Produktionskosten" gesprochen und der "Reservationspreis" neutral mit "Wert" für die Nachfrager bezeichnet (vgl. Plott, 1982, S. 1490).

4.1.5 Anreizsystem für die Teilnehmer

Primäres Ziel des Anreizsystems ist es, ein realitätsnahes Verhalten in den experimentellen Märkten zu schaffen. Die von Smith (1976) postulierte *Theory of Induced Valuation* (Smith, 1976, S. 275) basiert auf der Idee, mithilfe eines kontrollierten Anreizsystems vorab spezifizierte Präferenzen in den Probanden zu induzieren, sodass die individuellen – und meist unbekannten – Präferenzen der Probanden irrelevant werden. Friedman und Cassar (2004c, S. 26) nennen drei Bedingungen, die für ein effektives Anreizsystem gelten müssen:

1. **Monotonie,** von Smith (1976, S. 275) auch als Vermeidung von Sättigung[152] bezeichnet, ist erfüllt, wenn der Proband zu jedem Zeitpunkt eine höhere Belohnung einer geringeren vorzieht.

2. **Salienz** bedeutet erstens, dass die Belohnung in einem klaren kausalen Zusammenhang zu den Entscheidungen im Experiment stehen muss und zweitens, dass dieser Zusammenhang für den Probanden transparent sein muss.

---

[152] Engl. *nonsatiation* (Smith, 1976, S. 275).

3. **Dominanz** bezeichnet die Forderung, dass die Belohnung deutlich wichtiger als andere Präferenzen und Motivationen des Probanden sein muss.

In der ökonomischen Forschung wird meist eine monetäre Vergütung als Belohnung verwendet um die Probanden dazu zu veranlassen, ihr Entscheidungsverhalten nach dem Prinzip der Gewinnmaximierung zu richten[153]. Um die Spielgewinne einfach zu kalibrieren und mit Hilfe von Skalierungsfaktoren die Experimentparameter geheim zu halten wird oftmals ein fester Wechselkurs zwischen Spielgewinn – hier in Talern – und Auszahlungsbetrag verwendet (vgl. Friedman & Sunder, 1994, S. 48). Ein fester Wechselkurs stellt eine streng monoton steigende Auszahlungsfunktion dar, die einen leicht verständlichen kausalen Zusammenhang zwischen erspielten Talern und ausbezahlten EUR bietet und damit sowohl Monotonie als auch Salienz erfüllt. Darüber hinaus wird die Spieloberfläche so gestaltet, dass die Konsequenzen von Entscheidungen auf den Spielgewinn so klar und transparent wie möglich sind[154]. Um der Forderung der Dominanz zu genügen muss der monetäre Anreiz hoch genug ausfallen, weshalb als erwarteter durchschnittlicher Auszahlungsbetrag ein Wert leicht oberhalb des aktuellen Stundensatzes Wissenschaftlicher Hilfskräfte[155] gewählt wird (vgl. Croson, 2005, S. 134; Friedman & Sunder, 1994, S. 50; Holt, 1995, S. 359; Plott, 1989, S. 1118). Andere Präferenzen werden so weit möglich neutralisiert; fehlende Informationen zu Kontoständen anderer Spieler verhindern Rivalität oder altruistische Motive so weit wie möglich (vgl. Friedman & Cassar, 2004c, S. 27). Um auszuschließen, dass die Experimentteilnehmer ihr Verhalten im Sinne des Experiments anpassen, werden Hinweise zur Forschungsfrage vermieden (vgl. Friedman & Sunder, 1994, S. 13; Plott, 1982, S. 1490; Zizzo, 2010).

Eine rein erfolgsabhängige Vergütung mit festem Wechselkurs wäre rein aus experimenteller Sicht grundsätzlich bereits ausreichend (vgl. Crawford, 1998, S. 293). Allerdings wird die Vergütung üblicherweise (vgl. Friedman & Sunder, 1994, S. 49; Plott,

---

[153] Holt und Laury (2002, S. 1653) unterstreichen die Wichtigkeit, Spielgewinne auszubezahlen – bei rein hypothetischen Spielgewinnen ändert sich das Entscheidungsverhalten deutlich.

[154] Unter anderem werden jederzeit der aktuelle Kontostand, für jedes Angebot/Gebot eine automatische Gewinnrechnung sowie zwischen den Runden eine Bilanz der Kontostandsveränderungen angezeigt (vgl. Bildschirminhalte in A1.1).

[155] Für das Experiment wird ein Erwartungswert von 12,00 EUR angesetzt, welcher mit einem durchschnittlichen Auszahlungsbetrag von 11,75 EUR in etwa erreicht wurde.

1989, S. 1118) durch eine erfolgsunabhängige Komponente ergänzt, um sicherzustellen, dass die Teilnehmer auch für zukünftige Experimente motiviert bleiben. Daher wird unabhängig vom Spielergebnis – auch bei einem Bankrott (vgl. Croson, 2005, S. 141) – zusätzlich eine fixe, minimale Aufwandsentschädigung in Höhe von 5 EUR vorgesehen. Um sich gegen unvorhersehbare, extreme Marktentwicklungen abzusichern wird der maximale Auszahlungsbetrag außerdem auf 30 EUR begrenzt. Diese beiden notwendigen Limitierungen verletzen zwar die Monotonie der Auszahlungsfunktion in den Randbereichen; werden aber unter normalen Umständen kaum relevant[156].

Damit ergibt sich die Auszahlungsfunktion des Experiments mit der Auszahlung A [EUR], dem finalen Spielgewinn Π [Taler] und dem Wechselkurs W [EUR/Taler] wie folgt[157]:

$$A = \begin{cases} 5 & \text{falls } \Pi < 0 \\ 5 + W * \Pi & \text{sonst} \\ 30 & \text{falls } 5 + W * \Pi > 30 \end{cases} \qquad (4\text{-}4)$$

4.2 Operative Durchführung des Experiments

Nach der Festlegung des Marktmodells wird im Folgenden die operative Durchführung des Experiments zur Dokumentation der internen Validität vorgestellt. Um die Replizierbarkeit zu gewährleisten, wird auf das Prozedere detailliert eingegangen (vgl. Holt, 1995, S. 355). Auf die Auswahl und Koordination der Teilnehmer folgt eine kurze Vorstellung der operativen Implementierung und des technischen Aufbaus sowie abschließend der Ablauf des Experiments[158].

---

[156] Bei der Durchführung der Experimente wurde die Obergrenze nie erreicht. Aufgrund von Verständnisproblemen und dem resultierenden Bankrott aller drei Anbieter wurde Markt 31 von der Analyse ausgenommen (vgl. Kapitel 5.1.1).

[157] Aus pragmatischen Gründen werden die Auszahlungsbeträge auf volle 10 ct aufgerundet. Formal ergibt sich die tatsächliche Auszahlung A' daher als $A' = \lceil A * 10 \rceil * \frac{1}{10}$.

[158] Die operative Durchführung des Experiments orientiert sich an bewährten Vorgehensweisen am KIT.

4.2.1 Auswahl und Koordination der Teilnehmer

Die Anzahl der benötigten Teilnehmer leitet sich aus der gewünschten Stichprobengröße ab. Um eine für die statistische Auswertung sinnvolle Stichprobengröße zu generieren, wird die Anzahl der benötigten Datenpunkte N nach der von Schendera (2014, S. 133) vorgeschlagenen Formel $N \geq 50 + 8 * m$ abgeschätzt, wobei m die Anzahl der in der Auswertung gewünschten Prädiktoren bezeichnet. Um auch kleinere Effektstärken statistisch nachweisen zu können und als Risikoabsicherung gegenüber Unwägbarkeiten wird die Stichprobe entsprechend der Empfehlung von Schendera (2014, S. 133) vergrößert. Die Anzahl der benötigten Datenpunkte liegt somit bei ungefähr 1.800 Datenpunkten, woraus sich auf Basis der Experimentparameter 50 erforderliche Märkte errechnen[159]. Zur Vermeidung von Asymmetrien bei den *Treatments* wird die Zahl auf $3 * 17 = 51$ Märkte erhöht, sodass bei 5 Teilnehmer pro Markt insgesamt 255 Teilnehmer erforderlich sind.

Zur Rekrutierung dieser Teilnehmer wurde auf das Online-Rekrutierungssystem für Ökonomische Experimente[160] (ORSEE) der Fakultät für Wirtschaftswissenschaften des Karlsruher Instituts für Technologie zurückgegriffen. Die Online-Plattform ermöglicht eine standardisierte, effiziente Organisation ökonomischer Experimente, bei welcher die Interaktion zwischen Experimentator und Teilnehmern auf ein Minimum reduziert werden kann. Ungewollte oder unbeobachtete Selektionseffekte können somit vermieden werden, während für die Forschungszwecke relevante Auswahlkriterien gezielt eingesetzt werden können (vgl. Greiner, 2015). Zur Vermeidung von Verzerrungen durch Erfahrungswerte wurden bei der Auswahl diejenigen Teilnehmer ausgeschlossen, welche am Experiment von Paulik (2016) teilgenommen hatten und daher bereits grundsätzlich mit multilateralen Kontraktverhandlungen vertraut waren. Insgesamt wurden somit 2.054 Einladungen versendet.

---

[159] Für die Stichprobenbestimmung wurde abgeschätzt, dass inklusive der Kontrollvariablen nicht mehr als $m = 50$ Prädiktoren in der Auswertung zur Anwendung kommen werden, was auf $N \geq 50 + 8 * 50 = 450$ führt. Unter Berücksichtigung eines Sicherheitsfaktors von 4 ergeben sich $4 * 450 = 1.800$ notwendige Datenpunkte. Aus den 9 gespielten Runden je Markt und der Anzahl von 4 Transaktionen je Runde errechnen sich $1.800/(9 * 4) = 50$ erforderliche Märkte.

[160] Engl. *Online Recruitment System for Economic Experiments*

Um den Experimentatoreffekt zu vermeiden und keine Erwartungshaltung zu induzieren wurde bei der Kommunikation mit den Teilnehmern darauf geachtet, keine Informationen zur Forschungsfrage preiszugeben. Die Einladung enthielt neben standardisierten Hinweisen zu Terminen und zur Auszahlung lediglich den Hinweis, dass gute Deutschkenntnisse für das Experiment notwendig seien. Deutschkenntnisse waren nicht nur für eine reibungslose Kommunikation im Chat ohne Sprachbarrieren, sondern auch für die anschließende Analyse der Kommunikationsinhalte essentiell.

Um die Belegung des Experimentallabors zu optimieren und die Anonymisierung zu verbessern, wurden jeweils zwei Märkte parallel durchgeführt. Pro Termin waren damit zehn Personen erforderlich. Da erfahrungsgemäß jedoch einige Teilnehmer unangemeldet fernbleiben, wurden zusätzliche Reserveteilnehmer eingeladen. Eine Analyse der Fehlquoten der Vormonate legte eine typische Rate um 10% nahe, aufgrund des Ferienzeitraums wurde jedoch eine etwas höhere Fehlquote antizipiert. Eine überschlägige Wahrscheinlichkeitsberechnung lieferte unter Berücksichtigung der Anreizstruktur eine kostenoptimale Einladung von 12-13 Teilnehmern. Grundsätzlich wurden daher drei Reserveteilnehmer eingeladen, wobei am letzten Experimenttag aufgrund fehlender Ersatztermine das Risiko eines komplett ausfallenden Marktes mit vier Reserveteilnehmern minimiert wurde. Insgesamt ergab sich eine Fehlquote von 14%, wobei durch die vergleichsweise hohe Anzahl an Reserveteilnehmern trotzdem lediglich zwei Märkte wiederholt werden mussten.

Einen Eindruck von der Teilnehmerstruktur geben die am Ende des Experiments abgefragten demografischen Größen, wenngleich die Forschungsfrage nicht auf den Einfluss demografischer Merkmale abzielt. Tabelle 9 zeigt, dass die demografische Struktur der Teilnehmer über alle drei *Treatments* hinweg sehr ähnlich war, womit die Anforderung von möglichst ähnlichen Treatment- und Kontrollgruppen (vgl. Stuart, 2010, S. 2) erfüllt ist. Kray und Thompson (2004) stellen fest, dass die Geschlechter-verteilung unerheblich ist, insofern die Geschlechter anonym bleiben und somit keine Stereotype aktiviert werden können. Auch Friedman und Cassar (2004a, S. 67) zufolge ist die Geschlechterverteilung unproblematisch, solange keine Verhandlungen von Angesicht zu Angesicht involviert sind. Darüber hinaus halten sie das Alter für irrelevant, insofern die benötigten kognitiven Fähigkeiten vorhanden sind. Hinsichtlich des hohen Anteils an Studenten ist anzumerken, dass in der Literatur keine nennenswerten Unterschiede im Entscheidungsverhalten von Managern[161] und Studenten in ökonomischen Experimenten festgestellt werden (vgl. Croson, 2005, S. 137-139; Davis & Holt, 1993, S. 200; Friedman & Cassar, 2004a, S. 66; Holt, 1995, S. 353)[162]. Smith (2010, S. 5) stellt außerdem fest, dass ökonomisches Wissen keinen Vorteil bietet. Daher kann davon ausgegangen werden, dass die Fachrichtung ebenfalls irrelevant ist. Außerdem tendieren kompetitive Marktmechanismen dazu, auch bei irrationalem Verhalten Einzelner robuste Ergebnisse zu liefern, sodass selbst normalerweise vorausgesetztes Wissen oder Rechenfähigkeiten nicht unbedingt zu Verzerrungen führen (vgl. McAfee & McMillan, 1996).

Tabelle 9: Demografische Teilnehmerstruktur

Größe	Wert	Treatment 1	Treatment 2	Treatment 3	Gesamt
Geschlecht	Männlich	75%	68%	60%	68%
	Weiblich	25%	32%	40%	32%
Alter	Durchschnittsalter	23,1	23,0	22,9	23,0
Studium	Wirtschaftswissenschaften[163]	42%	66%	58%	55%
	Andere Fachbereiche	53%	28%	38%	40%
	Kein Studium	5%	6%	5%	5%
Studiendauer	Durchschnitt Semesterzahl	6,1	6,3	5,8	6,0
Experiment-erfahrung	Keine Experimente bisher	15%	7%	18%	13%
	Weniger als 5 Experimente	49%	45%	45%	46%
	Mindestens 5 Experimente	35%	48%	38%	40%

Treatment 1: Keine Monitoring-Informationen; *Treatment* 2: Monitoring-Informationen zum Rundenende; *Treatment* 3: Monitoring-Informationen verzögerungsfrei nach Transaktionsabschluss

---

[161] Die Verwendung professioneller Probanden in Experimenten wird oftmals sogar als problematischer betrachtet, da die Dominanz des Anreizsystems nur über sehr hohe Auszahlungsbeträge gewährleistet werden kann oder die Probanden sich überhaupt nicht von monetären Anreizen leiten lassen (vgl. Croson, 2005, S. 138; Friedman & Cassar, 2004a, S. 66).

[162] Friedman und Cassar (2004a, S. 66) raten lediglich davon ab, Doktoranden und Professoren (insbesondere desselben Instituts) als Probanden zu verwenden, da diese inhaltliches Interesse zeigen und sich eher ihrem Verständnis der Forschungsfrage nach verhalten statt auf die Anreizstruktur zu reagieren.

[163] Inkl. Wirtschaftsingenieurwesen

4.2.2 Operative Implementierung und Aufbau des Experiments

Das Experiment wurde am Institut für Informationswirtschaft und Marketing (IISM) des Karlsruher Instituts für Technologie durchgeführt. Der professionelle Laboraufbau bietet einerseits eine bestmögliche Kontrolle der Randbedingungen, andererseits eine gewisse Sicherheit hinsichtlich der Funktionstüchtigkeit der Infrastruktur. Durch die Trennung von Empfangsbereich und Experimentallabor kann gewährleistet werden, dass der Experimentaufbau von den Teilnehmern nicht vorab begutachtet werden kann. Das Experimentallabor selbst bietet zwölf separate PC-Arbeitsplätze, welche mit Sichtschutzwänden voneinander getrennt sind (vgl. Abbildung 5). Unerwünschte verbale oder nonverbale Kommunikation kann somit effektiv verhindert werden. Die Rollen wurden einmalig zufällig auf die Arbeitsplätze verteilt, wobei darauf geachtet wurde, dass keine zwei Probanden aus demselben Markt nebeneinander oder gegenüber sitzen.

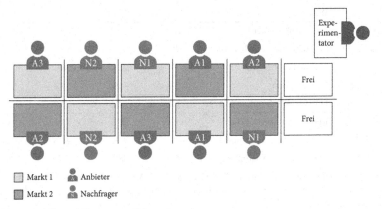

Abbildung 5: Aufbau im Experimentallabor

Das Experiment selbst wurde mit z-Tree[164], der *"Zurich Toolbox for Readymade Economic Experiments"* (Fischbacher, 2007) umgesetzt. Die Software ist speziell für die experimentelle Wirtschaftsforschung entwickelt und erlaubt es innerhalb kurzer Zeit ökonomische Experimente zu programmieren. Während der Durchführung des Experiments bietet z-Tree dem Experimentator die Möglichkeit, das Verhandlungsgeschehen in Echtzeit mit zu verfolgen. Die digitale Aufzeichnung der

---

[164] Version 3.4.2

Benutzereingaben ermöglicht eine umfassende, lückenlose und fehlerfreie Dokumentation des Experimentverlaufs.

4.2.3 Ablauf des Experiments

Das Experiment wurde konzentriert im Zeitraum vom 25.03. bis 10.04.2015 durchgeführt. An einem Experimenttag wurden vier Termine mit jeweils zwei parallelen Märkten zwischen 9:30 und 18:30 Uhr durchgeführt, wobei zwischen den Terminen jeweils eine Stunde Pause vorgesehen war, um die Experimente vor- und nachzubereiten und zu verhindern, dass die Teilnehmer verschiedener Termine aufeinandertreffen. Die Teilnehmer wurden für 90 Minuten eingeladen, wobei der Zeitrahmen bewusst deutlich oberhalb des tatsächlichen Zeitbedarfs von 50-85 Minuten gewählt wurde um Endspieleffekte zu vermeiden.

Tabelle 10: Ablauf des Experiments

Ablauf	Dauer	
1. Vorbereitung	–	
2. Einführung	10 Minuten	Zeitbedarf 50-85 Minuten
3. Proberunde	5-10 Minuten	
4. Experiment	30-60 Minuten	
5. Fragebogen	5 Minuten	
6. Auszahlung	–	

Der in Tabelle 10 skizzierte Ablauf des Experiments erfolgt stets nach denselben sechs Schritten, welche im Folgenden näher erläutert werden[165].

1. **Vorbereitung**

   Nach der Registrierung der Probanden im Empfangsbereich und der Auszahlung der überzähligen Reserveteilnehmer werden die Arbeitsplätze mithilfe von Losnummern aus einem Umschlag zufällig zugeteilt. Persönliche Gegenstände, insbesondere Mobiltelefone, müssen vorab abgelegt werden, um jegliche unerwünschte Interaktion der Probanden auszuschließen.

---

[165] Vgl. Friedman und Sunder (1994, S. 38-84) oder Friedman und Cassar (2004a, S. 70-74) für eine ausführliche Aufstellung von bewährten Vorgehensweisen.

2. Einführung

Jeder Teilnehmer erhält ein Einführungsdokument sowie ein separates Handout mit privaten Informationen (vgl. Anhang A1.1 und A1.2). Das Einführungsdokument mit allen relevanten Informationen zur Marktinstitution, zum Ablauf und zur Bedienoberfläche wird laut vorgelesen – erstens um sicherzustellen, dass jedem Teilnehmer alle Punkte der Einführung bekannt sind, zweitens um das gegenseitige Bewusstsein zu schaffen, dass auch alle anderen Teilnehmer die Regeln kennen[166] und drittens um den Teilnehmern zu versichern, dass alle dieselben Instruktionen haben und damit dem Verdacht von Täuschung vorzubeugen (vgl. Croson, 2005, S. 141). Erst über das separate Handout werden den Probanden die Rollenverteilung und private Informationen bekanntgegeben. Als Ziel wird explizit die Gewinnmaximierung genannt (vgl. Kapitel 4.1.5) und darüber hinaus auf Faktoren hingewiesen, welche keinen Einfluss auf die Auszahlung haben (z. B. Anzahl der gehandelten Einheiten, Chatnachrichten, Fragebogen). Außer der Forderung nach Wahrung von Anonymität und des Verbots von Kommunikation außerhalb des Chats werden keine Vorgaben zum Verhalten gemacht. Explizit wird darauf geachtet, keine Hinweise zur Erwartungshaltung bzw. Forschungsfrage zu geben. Unter anderem enthält die Einführung daher keinen Hinweis darauf, ob Kollusion erlaubt sei; dementsprechende Fragen werden lediglich mit dem neutralen Hinweis beantwortet, dass die in der Einführung genannten Regeln einzuhalten seien (vgl. Plott, 1982, S. 1490).

3. Proberunde

Um die Teilnehmer mit der Bedienoberfläche vertraut zu machen wird eine Proberunde durchgeführt. Zur Vermeidung von ersten Erfahrungswerten und des Austauschs privater Informationen wird diese mit anderen Werten als im eigentlichen Experiment durchgeführt (vgl. Croson, 2005, S. 142), was den Teilnehmern auch explizit kommuniziert wird.

4. Experiment

Nach Abschluss der Proberunde beginnt das eigentliche Experiment. Die Verhandlungsoberfläche enthält neben den Eingabemasken für Chats und Angebote/Gebote und den aktuellen Kontostand auch alle relevanten privaten Informationen, sodass aus dem Einführungsdokument und Handout keine

---

[166] In der Literatur als *common knowledge* bezeichnet (vgl. Croson, 2005, S. 141).

weiteren Informationen benötigt werden. Darüber hinaus ist die Spieloberfläche möglichst intuitiv und fehlerresistent ausgelegt, sodass unbeabsichtigte Eingabe- und Rechenfehler vermieden und der Fokus der Probanden voll auf die eigentliche Verhandlung gelenkt wird (z. B. Zeitwarnungen vor Rundenende, Meldungen bei unrealistischen Angeboten/Geboten, automatische Gewinnrechnung; vgl. Bildschirminhalte in Anhang A1.1). Eine Runde ist beendet, sobald alle Einheiten gehandelt wurden oder die Zeit abgelaufen ist. Nach Rundenende wird für eine halbe Minute eine Informationsübersicht mit Monitoring-Informationen angezeigt, welche je nach *Treatment* neben der eigenen Transaktionshistorie auch Informationen zu Transaktionen anderer Marktteilnehmer anzeigt. Nach der neunten Runde wird das Experiment ohne Ankündigung beendet.

5. **Fragebogen**

Am Ende des Experiments werden kurz einige demografische Daten sowie Angaben zur Verhandlungsstrategie und allgemeines Feedback erfasst (vgl. Anhang A1.2).

6. **Auszahlung**

Nachdem alle Teilnehmer beider Märkte den Fragebogen ausgefüllt haben, wird der im Experiment erspielte Gewinn ausbezahlt. Dazu werden die Teilnehmer in der Reihenfolge der Sitzplätze einzeln aufgerufen und der Gewinn gegen Rückgabe aller Dokumente privat ausbezahlt, um Kontroversen und Unzufriedenheit zu vermeiden (vgl. Croson, 2005, S. 142; Plott, 1982, S. 1491).

Ein besonderes Augenmerk wird auf die Herstellung von vergleichbaren Rahmenbedingungen gelegt. Neben den bereits genannten Maßnahmen zur Unterbindung jeglicher unerwünschter Interaktion während des Experiments, werden auch potentielle Absprachen außerhalb des Experiments durch die zufallsbasierte Zulosung von Rollen und Märkten unterbunden. Darüber hinaus wird die Auswahl der *Treatments* randomisiert und die Werte in den einzelnen Märkten mit Skalierungsfaktoren variiert, sodass ein möglicher Informationsaustausch zwischen Teilnehmern verschiedener Termine kaum zielführend ist.

4.3 Operationalisierung der Kommunikationsinhalte

Im Rahmen der Durchführung der Experimente wird ein Großteil der für die Auswertung notwendigen Variablen (vgl. Kapitel 5.2.1) bereits automatisch von der Experimentsoftware aufgezeichnet[167]. In Hinblick auf die Kommunikation unter den Teilnehmern ist die Aufzeichnung allein jedoch für die Auswertung der Ergebnisse nicht ausreichend; darüber hinaus müssen die Kommunikationsinhalte systematisch interpretiert und auf quantitative Daten kondensiert werden. Systematische Inhaltsanalysen[168] sind, wie in Kapitel 2.3.7 konstatiert, in der Untersuchung von Oligopolmärkten allerdings bislang kaum verbreitet. In anderen Forschungsrichtungen wie Geschichte, Publizistik und Anthropologie (vgl. Jauch, Osborn & Martin, 1980, S. 517), aber auch im ökonomischen Kontext beispielsweise in der dyadischen Verhandlungsforschung wird diese Methodik bereits seit geraumer Zeit angewendet (vgl. Weingart, Olekalns & Smith, 2004, S. 442). Die Methodik der Inhaltsanalyse definieren Short, Broberg, Cogliser und Brigham (2010, S. 321) als *"set of procedures to classify or otherwise categorize communication allowing inferences about context"*[169]. Grundsätzlich lassen sich hierbei zwei unterschiedliche Ansätze unterscheiden:

- Bei der **manuellen Inhaltsanalyse** erfolgt die Codierung der Texte von Hand. Texte werden hierbei manuell in Texteinheiten aufgetrennt und anschließend in Kategorien klassifiziert (vgl. Srnka & Koeszegi, 2007, S. 35).

- Die **computergestützte Inhaltsanalyse (CATA**[170]**)** ist durch den Einsatz von Computern charakterisiert. Beim regelbasierten Ansatz werden zunächst manuell Wörterbücher definiert, auf deren Basis die Codierung anschließend automatisiert durch entsprechende Software erfolgt. Alternativ dazu werden beim statistischen Ansatz die Inhalte basierend auf statistischer Inferenz erkannt (vgl. Li, 2010, S. 1058).

---

[167] Aufgezeichnet werden beispielsweise Angebote bzw. Gebote, (An-)Gebotsersteller, Annahmezeitpunkt, Transaktionspreise, Wechselkosten, Gewinne, Kontostände, Nachrichten, Markt, *Treatment*, Runde und Skalierungsfaktor, wobei jede einzelne Aktion mit einem Zeitstempel versehen wird.

[168] Engl. *content analysis* (Stone, Dunphy, Smith & Ogilvie, 1966, S. 5).

[169] Stone et al. (1966, S. 5) definieren Inhaltsanalyse ähnlich als *"any research technique for making inferences by systematically and objectively identifying specified characteristics within text"*.

[170] Engl. *Computer-Aided Text Analysis* (Short, Broberg, Cogliser & Brigham, 2010, S. 321).

Die computergestützte Inhaltsanalyse bietet zwar eindeutige Vorteile hinsichtlich Reliabilität, Kosten und Geschwindigkeit bzw. Datenvolumen (vgl. Short et al., 2010, S. 321), allerdings stellt sich in Abhängigkeit des Untersuchungsgegenstands die Frage, inwiefern von einzelnen Wörtern der komplexe Kontext korrekt abgeleitet werden kann. Während computerbasierte Inhaltsanalyse hervorragend zur Untersuchung sorgfältig verfasster Texte wie Analystenreports (vgl. Holland-Cunz, 2016) oder Presseberichten (vgl. Höfer, 2016) geeignet ist, erscheint es zweifelhaft, ob komplexe Verhandlungsinhalte von "dummen"[171] (Stevenson, 2001, S. 3) Computern korrekt interpretiert werden können[172]. Im Zusammenhang mit Verhandlungen wird daher lediglich bei sehr einfachen Aussagen wie beispielsweise zum Gruppengefühl über das Wort "we" in der Untersuchung von Kimbrough et al. (2008, S. 1023) zurückgegriffen. Darüber hinaus zeigen beispielhafte Chats aus der Literatur (vgl. Cooper & Kühn, 2014, S. 272; Fonseca & Normann, 2012, S. 1768; Frohlich & Oppenheimer, 1998, S. 400) und eigene Testläufe, dass Textnachrichten in Verhandlungen durch viele Rechtschreibfehler, Verkürzungen und Satzfragmente charakterisiert sind, was für einen computergestützten Ansatz eine ungeeignete Ausgangsbasis darstellt. Analog zur üblichen Vorgehensweise in der dyadischen Verhandlungsforschung stellt die manuelle Inhaltsanalyse aus diesen Gründen für diese Untersuchung – wie auch bei den Oligopoluntersuchungen von Cooper und Kühn (2014, S. 261-275) – die präferierte Methodik dar. Die generischen Prozessschritte einer manuellen Inhaltsanalyse sind nach Srnka und Koeszegi (2007)[173] in Abbildung 6 dargestellt.

---

[171] Engl. *dumb* im Originaltext von Stevenson (2001, S. 3).

[172] Stevenson (2001, S. 3) beschreibt die Problematik folgendermaßen: "*We are rarely interested in media content for itself, but focus on it as the midpoint in a chain of behavior that defines content as the product of the behavior of the sender or as a stimulus whose effects on the receiver are the real interest. [...] Content itself is sterile*".

[173] Srnka und Koeszegi (2007, S. 35) trennen die Codierung in die zwei separaten Prozessschritte *Categorization* und *Coding*. Folgt man der Systematik der anderen Schritte sind die Definition der Regeln/Kategorien und die Durchführung der Codierung jedoch konsequenterweise als ein einzelner Prozessschritt zu betrachten.

Prozess-schritt	① Datenerhebung	② Transkription	③ Unitisierung	④ Codierung
Definition der Regeln	–	Definition der Transkriptions-regeln	Definition der Unitisierungs-regeln	Definition der Kategorien des Codierschemas
Durch-führung	Sammlung von Dokumenten oder Aufzeichnung von Verhalten	Transkription des Rohmaterials in schriftlichen Text	Unitisierung/Auf-trennung des Texts in codierbare Einheiten	Codierung/Zu-ordnung der Text-einheiten in die Kategorien
Prüfung	Konsistenzprüfung	Konsistenzprüfung	Reliabilitätsprüfung, z. B. Guetzkows U	Reliabilitätsprüfung, z. B. Cohens κ
Endprodukt	Rohmaterial in beliebiger Form	Schriftlicher Text	Codiereinheiten	Quantitative Daten

Abbildung 6: Generischer Ablauf einer manuellen Inhaltsanalyse (Quelle: Angelehnt an Srnka & Koeszegi, 2007, S. 35)

Die Datenerhebung (Schritt 1) wurde bereits in der Konzeption des Marktmodells (vgl. insb. Kapitel 4.1.2) und der operativen Implementierung (vgl. Kapitel 4.2.2) explizit berücksichtigt. Alle relevanten Daten werden automatisch von der Experimentsoftware aufgezeichnet und anschließend in Excel konsolidiert. Konsistenzprüfungen stellen dabei die Datenqualität sicher. Eine Transkription (Schritt 2) ist nicht erforderlich, da jegliche Kommunikation in Form von Chats erfolgt und damit bereits in schriftlicher Form vorliegt. Den Prozessschritten 3 und 4 kommt für die vorliegende Untersuchung eine hohe Bedeutung zu, weshalb auf die Unitisierung (Schritt 3) und die Codierung (Schritt 4) im Folgenden detailliert eingegangen wird.

4.3.1 Unitisierung in Codiereinheiten

In Vorbereitung auf die Codierung stellt sich die Frage, welche Einheiten codiert werden sollen. Bei der Unitisierung kann der Text nach Früh (2011, S. 92-94) entweder nach formal-syntaktischen oder inhaltlich-semantischen Kriterien in Codiereinheiten aufgetrennt werden. Bei einer formal-syntaktischen Einteilung wird nach Wörtern, Sätzen oder nicht unterbrochenen Äußerungen[174] aufgetrennt, was bei einem Chat mit einzelnen Textnachrichten zunächst naheliegend erscheint. Als aussagekräftiger werden insbesondere in dyadischen Verhandlungen jedoch inhaltlich-semantische Codier-einheiten in Form von Gedankeneinheiten[175] erachtet, welche den grundsätzlichen

---

[174] Engl. *speaking turns* (Srnka & Koeszegi, 2007, S. 36).
[175] Engl. *thought units* (Srnka & Koeszegi, 2007, S. 36).

Gedanken einer Äußerung unabhängig von der formalen Kommunikation besser abbilden (vgl. Srnka & Koeszegi, 2007, S. 36). Die Hypothesen dieser Untersuchung beziehen sich jedoch, wie aus Kapitel 3 hervorgeht, nicht auf die Abfolge einzelner Äußerungen, sondern vielmehr auf Inhalte, welche eine komplette Transaktion betreffen – beispielsweise inwiefern für eine Transaktion eine Absprache getroffen wurde. Die Codierung einzelner Textnachrichten wie bei Cooper und Kühn (2014, S. 261-275) erscheint vor diesem Hintergrund für diese Fragestellung ungeeignet. Der von Koeszegi, Pesendorfer und Vetschera (2011, S. 388) beschriebene Ansatz, Verhandlungen basierend auf distinkten Ereignissen in Episoden zu teilen, lässt sich hingegen gut auf die vorliegende Kommunikation übertragen, da sich distinkte Ereignisse einfach in Form der Transaktionen identifizieren lassen. Codiereinheiten sind daher grundsätzlich über **einzelne Transaktionen** definiert.

Betrachtet man Kollusion in Oligopolmärkten, ist darüber hinaus schnell ersichtlich, dass nicht nur die unmittelbar mit einer Transaktion verbundenen Äußerungen, sondern auch frühere Kommunikationsinhalte eine Rolle spielen. Wie Andersson und Wengström (2007, S. 333) argumentieren, muss eine erfolgreiche Absprache nicht für jede darauffolgende Transaktion wiederholt werden. Ausschlaggebend für die Codierung einer Codiereinheit ist daher der **Wissensstand zum Transaktionszeitpunkt**.

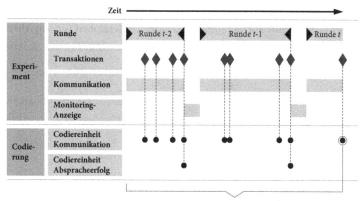

Abbildung 7: Konzeptionelle Darstellung des Wissensstands zum Transaktionszeitpunkt

Wie in Abbildung 7 dargestellt, schließt dies über den Chat hinaus auch explizit Monitoring-Information zu Preisen und Handelspartnern abgeschlossener Transaktionen ein. Die **Gültigkeit** vergangener Äußerungen muss hierbei von Anbietern wie Codierern gleichermaßen bewertet werden. Absprachen aus Vorrunden werden analog zur Definition bei Andersson und Wengström (2007, S. 333) so lange als gültig betrachtet, bis diese nicht in Folge von Betrug verraten worden sind. Nach einem Betrug hingegen ist offensichtlich, dass die ursprüngliche Absprache ihre Gültigkeit verloren hat.

Eine Besonderheit ergibt sich hinsichtlich der Codierung des Abspracheerfolgs. Bei Marktaufteilungen beispielsweise kann aus einzelnen Transaktionen offensichtlich noch nicht geschlossen werden, ob die abgesprochene Aufteilung eingehalten wird oder nicht. Auch bei Preisabsprachen offenbart sich meist erst mit der Monitoring-Information am Ende der Runde, ob sich die Anbieter an die abgesprochenen Preise gehalten haben. Folglich ist es für die Codierung des Abspracheerfolgs sinnvoller, diesen erst zum Ende der Runde unter Einbeziehung der Monitoring-Informationen zu codieren.

Zusammenfassend lassen sich somit zwei logische Unitisierungsregeln definieren:

1. Jede **Transaktion** korrespondiert mit einer **Codiereinheit für Kommuni-kationsinhalte** (wobei für die Codierung der Wissensstand zum Transaktions-zeitpunkt ausschlaggebend ist)

2. Jedes **Rundenende** korrespondiert mit einer **Codiereinheit für den Absprache-erfolg** (wobei für die Codierung der Wissensstand zum Rundenende ausschlaggebend ist[176])

Da diese Regeln automatisiert ohne manuellen Ermessensspielraum angewendet werden können, genügen Konsistenzprüfungen zur Absicherung der Datenqualität.

---

[176] Bei unvollständigen Absprachen, welche aufgrund fehlender Konkretheit nicht durch Fakten bewertet werden können, kann auch die Reaktion der Anbieter für die Codierung des Abspracheerfolgs hilfreich sein.

4.3.2 Codierung der Kommunikationsinhalte

Nachdem die Verhandlungsprotokolle in codierbare Einheiten aufgetrennt sind, erfolgt der Kern der Inhaltsanalyse, die Codierung. Der Ablauf der Codierung erfolgt, wie in Abbildung 8 dargestellt, iterativ in mehreren Schritten, wobei die Abfolge Definition der Regeln, Durchführung und Prüfung mehrfach durchlaufen wird.

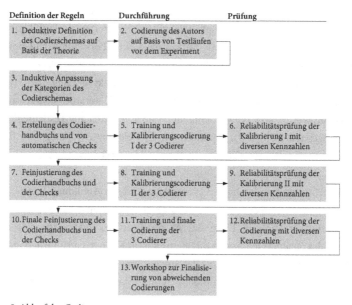

Abbildung 8: Ablauf der Codierung

Die Definition des Codierschemas steht ganz zu Beginn der Codierung (Schritte 1-3). Bei der Entwicklung des Codierschemas können die Kategorien deduktiv auf Basis der Theorie oder induktiv auf Basis der vorliegenden empirischen Daten abgeleitet werden. Vorteil einer deduktiven Herangehensweise ist die Allgemeingültigkeit, was eine wiederholte Verwendung über die konkrete Untersuchung hinaus ermöglicht. Andererseits lässt sich die "*essence of the phenomenon*" (Srnka & Koeszegi, 2007, S. 37) bei einer konkreten Forschungsfrage meist nur durch spezifische Kategorien anhand eines induktiven Ansatzes erfassen. In der Literatur hat sich daher ein kombiniertes Vorgehen in Form eines deduktiv-induktiven Ansatzes bewährt, bei welchem üblicherweise ein etabliertes Codierschema[177] induktiv an die spezifische Fragestellung angepasst wird (vgl. Srnka & Koeszegi, 2007, S. 36; Weingart et al., 2004, S. 442-449). Während in der dyadischen Verhandlungsforschung auf eine Vielzahl von etablierten Codierschemata zurückgegriffen werden kann, existieren in der Forschung zu Kollusion in Oligopolen, wie in Kapitel 2.3.7 dargelegt, kaum Vorarbeiten. Die Inhaltsanalyse von Cooper und Kühn (2014, 261-275, S. A.7-10) fokussiert zwar ebenfalls auf Oligopolmärkte im Bertrand-Preiswettbewerb, erscheint als Ausgangsbasis jedoch ungeeignet – erstens, da sich nur sehr wenige der 70 ursprünglich definierten Kategorien als signifikant erweisen; zweitens, da das Schema kaum Kategorien zum Forschungsschwerpunkt der vorliegenden Untersuchung enthält. In Ermangelung einer Vorlage wurde daher zunächst ein innovatives Codierschema deduktiv direkt entlang der Hypothesen formuliert (Schritt 1), womit ein enger Bezug zur Literatur sichergestellt wird. Anschließend wurde das Codierschema mit Hilfe von Daten aus Testläufen (Schritt 2) induktiv angepasst (Schritt 3), womit eine hohe Relevanz der Kategorien für die im Experiment zu erwartenden Kommunikationsinhalte erreicht wird[178].

Grundsätzlich setzt sich das finale Codierschema, wie in Abbildung 9 ersichtlich, aus den für jede Transaktion codierten Kommunikationsinhalten sowie dem zum Runden-ende codierten Ergebnis in Form des Abspracheerfolgs zusammen. Die einzelnen Kategorien des Schemas leiten sich direkt aus den in Kapitel 3 ausführlich diskutierten Hypothesen und der dort zitierten Literatur ab. Eine ausführlichere Erläuterung der Kategorien anhand von Beispielen findet sich im Codierhandbuch in Anhang A2.1.

---

[177] Etablierte Codierschemata aus der dyadischen Verhandlungsforschung finden sich beispielsweise bei Adair und Brett (2005), Angelmar und Stern (1978), Brett, Shapiro und Lytle (1998), Donohue, Diez und Hamilton (1984), Hine, Murphy, Weber und Kersten (2009), Pesendorfer, Graf und Koeszegi (2007), Weingart, Hyder und Prietula (1996) oder Weingart, Brett, Olekalns und Smith (2007).

[178] In der finalen Codierung stellten sich lediglich zwei vorgesehene Detailstufen als zu granular heraus, d. h. wurden für eine sinnvolle Auswertung zu selten codiert (für 1% bzw. 2% der Codiereinheiten). Diese Kategorien – den genauen Modus einer Marktaufteilung und die Frage, wie implizit/explizit bzw. aktiv/passiv Drohungen formuliert sind – werden analog der Vorgehensweise von Cooper und Kühn (2014, S. 261) im Folgenden nicht weiter thematisiert. Das ursprüngliche Codierschema nach Schritt (3) zu Beginn der Codierung findet sich aus Gründen der Vollständigkeit in Anhang A2.1.

Ebene 1	Ebene 2	Ebene 3	Ebene 4	Beschreibung
Kommuni-kations-inhalte	Prinzipielles		Geäußert	• Prinzipielles, Appelle, Kooperationsabsicht • Aufzeigen Chance, Potenzial (positiv)
			Nicht geäußert	• Beschwerde, Lamentieren (negativ)
	Absprache	Preisab-sprache	Vollständigkeit von Absprachen hinsichtlich	• Feste Preise • Preisuntergrenze
		Markt-aufteilung	① Konkretheit	• Statische Marktaufteilung • Bieterrotation
			② Abstimmung	
	Drohung		Geäußert	• Betonung Notwendigkeit/Chance, zwangsläufige Konsequenz oder Drohung, aktiv forcierte Konsequenz
			Nicht geäußert	
Ergebnis	Abspracheerfolg		Eingehalten	• Absprachen wurden eingehalten bzw. Kollusion war aus Sicht der Anbieter erfolgreich
			Nicht eingehalten	

Abbildung 9: Beschreibung des finalen Codierschemas

Die Vollständigkeit von Absprachen wird einerseits hinsichtlich ihrer Konkretheit, andererseits hinsichtlich ihrer Abstimmung bewertet. Unter Konkretheit wird hierbei verstanden, ob konkrete Modalitäten abgesprochen werden oder lediglich allgemein eine Absprache ohne konkrete Details vereinbart wird. Die Abstimmung gibt an, ob alle Anbieter einer Absprache zugestimmt haben oder ob es sich lediglich um einen Vorschlag eines einzelnen Anbieters handelt. Bei einer expliziten Ablehnung erlischt die Gültigkeit einer Absprache oder eines Vorschlags. Sind beide Kriterien erfüllt wird von einer vollständigen Absprache gesprochen.

Eine Besonderheit des vorliegenden Codierschemas sind die logischen Abhängigkeiten der Kategorien untereinander. Grundsätzlich schließen sich die Kategorien dieses Schemas nicht aus; beispielsweise kann für eine Transaktion selbstverständlich gleich-zeitig eine Absprache und eine Drohung codiert werden. Allerdings sind nicht alle Kombinationen logisch möglich; beispielsweise kann es ohne Absprache keinen Abspracheerfolg geben. Die Komplexität wird insbesondere am Beispiel der Vollständigkeit von Absprachen deutlich: Obgleich lediglich die zwei Dimensionen Konkretheit und Abstimmung bewertet werden müssen, ergeben sich daraus, wie in

Abbildung 10 gezeigt, formal fünf logisch mögliche Codierungen für Preisabsprachen und Marktaufteilungen[179].

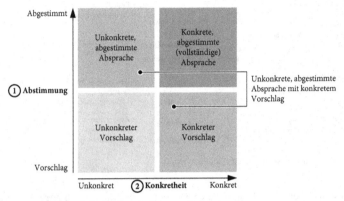

Abbildung 10: Kombinatorik der Vollständigkeit von Absprachen

Um die Codierer nicht mit der komplexen logischen Kombinatorik zu belasten, werden Abhängigkeiten im Hintergrund systemtechnisch berücksichtigt, wobei automatische Checks auf unplausible Eintragungen und Inkonsistenzen hinweisen (Schritt 4 in Abbildung 8). Die Berücksichtigung des korrekten Wissensstands wird beispielsweise durch eine streng sequentielle Codierung, wie in Abbildung 11 ersichtlich, automatisch gewährleistet, womit die Kausalität sichergestellt werden kann.

---

[179] Beachtenswert ist insbesondere die gesondert gezeigte Kombination von unkonkreter, abgestimmter Absprache und einem konkreten Vorschlag. Dieser Fall tritt beispielsweise ein, wenn sich die Anbieter alle auf eine Preisabsprache verständigen, aber über die Höhe des abzusprechenden Preisniveaus noch keine Einigkeit erzielt wurde. Weitere Kombinationen können aus logischen Gründen ausgeschlossen werden. Ein unkonkreter Vorschlag kann beispielsweise nicht parallel zu einer konkreten, abgestimmten Absprache codiert werden, da letztere offensichtlich sowohl hinsichtlich Konkretheit als auch Abstimmung die höherwertigere Form darstellt und der unkonkrete Vorschlag daher keine Gültigkeit mehr besitzt.

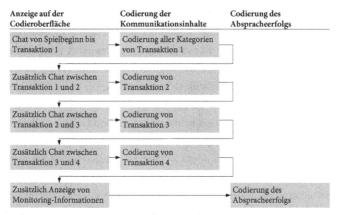

Abbildung 11: Sequentielle Codierschritte einer Runde zur Sicherstellung der Kausalität

Prinzipiell wird ein besonderes Augenmerk auf die Reliabilität der Codierung gelegt, weshalb neben automatischen Checks, einem detaillierten Handbuch[180] und umfangreichem Training zwei Kalibrierungscodierungen von jeweils vier Märkten durchgeführt werden, um ein gemeinsames Verständnis unter den Codierern herzustellen (Schritte 4-11 in Abbildung 8). Durch anschließende Reliabilitätsprüfungen lässt sich überprüfen, inwiefern grundsätzliche Differenzen zwischen den Codierern ausgeräumt sind. Die Reliabilität der Forschungsergebnisse hängt darüber hinaus wesentlich mit der Unabhängigkeit der Inhaltsanalyse von der Forschungsfrage, der Erwartungshaltung des Autors und individuellen Unterschieden einzelner Codierer zusammen. Um neutrale, möglichst objektive Ergebnisse zu gewährleisten, ist der Autor nicht selbst in die Codierung involviert, sodass eine mögliche Erwartungshaltung keinen Einfluss auf die Ergebnisse haben kann. Im Einklang mit der bewährten Vorgehensweise am Lehrstuhl[181] erfolgt die Codierung stattdessen durch drei unabhängige Codierer, wodurch die Ergebnisse auf einen breiteren Konsens aufbauen als bei einer Codierung durch nur einen oder zwei Codierer. Forschungsfrage und Hypothesen sind den Codierern dabei nicht bekannt. Jeder der Codierer codiert das gesamte Datenmaterial, sodass jede Codiereinheit durch drei unabhängige Codierungen determiniert wird.

---

[180] Das Codierhandbuch findet sich in Anhang A2.1.
[181] Publiziert wird diese Vorgehensweise beispielsweise bei Barrmeyer (2016) oder Rothfuß (2016).

Die Intercoder-Reliabilität[182] einer Codierung lässt sich anhand verschiedener Güte-kriterien überprüfen (Schritt 12 in Abbildung 8). Die hohe prozentuale Überein-stimmung einer Codierung täuscht darüber hinweg, dass sich ein gewisser Teil der identischen Codierungen bereits zufällig ergibt. Sowohl Scott (1955) als auch Cohen (1960) schlagen Berechnungsmöglichkeiten vor, welche die Reliabilitätskennzahl um rein zufällige Übereinstimmungen korrigieren. Wenn die Übereinstimmungen lediglich dem statistischen Zufall entsprechen, nehmen Scotts π und Cohens κ einen Wert von 0 an, während ein Wert von 1 eine perfekte Übereinstimmung signalisiert. Beide Güte-kriterien lassen sich lediglich auf zwei Codierer anwenden, sodass bei mehr als zwei Codierern auf Durchschnittsbildung zurückgegriffen werden muss. Fleiss (1971) hebt diese Einschränkung auf, indem er Scotts π durch Fleiss' κ auf eine beliebige Anzahl von Codierern erweitert. Krippendorff (1970, 2004) schlägt mit Krippendorffs α eine Methode vor, welche auch mit verschieden skalierten Daten sowie fehlenden Codierungen umgehen kann. Auch wenn Krippendorffs α somit als versatilste Berechnungsmethode erscheint, werden in der Literatur häufig verschiedenste Kriterien herangezogen (vgl. Gwet, 2014; Krippendorff, 2004; Srnka & Koeszegi, 2007). Um die Ergebnisse der vorliegenden Codierung mit existierenden Untersuchungen vergleichen zu können werden in Tabelle 11 die verbreitetsten Gütekriterien angegeben.

Die vergleichsweise einfache Bewertungssituation mit nominalen Daten ohne fehlende Datenpunkte erklärt, weshalb die zufallskorrigierten Gütekriterien bis auf die zweite Nachkommastelle dieselben Werte ergeben. Nach der gängigen Bewertung dieser Gütekriterien wird der Codierung insgesamt eine gute Reliabilität bescheinigt[183]. Um eine konsistente Basis für die statistische Auswertung zu schaffen werden im Rahmen

---

[182] Eine Übersicht über die verschiedenen Reliabilitäten findet sich bei Rössler (2010, S. 197-205).

[183] Die κ-Skala von Landis und Koch (1977) reicht von *poor* (<0,00), *slight* (0,00-0,20), *fair* (0,21-0,40), *moderate* (0,41-0,60) und *substantial* (0,61-0,80) bis hin zu *almost perfect* (0,81-1,00). Die von Fleiss (1981) angegebene κ-Skala geht von *poor* (<0,40) über *intermediate to good* (0,40-0,75) bis hin zu *excellent* (>0,75). Altman (1991) schlägt eine κ-Skala vor, welche von *poor* (<0,20) über *fair* (0,21-0,40), *moderate* (0,41-0,60), *good* (0,61-0,80) bis hin zu *very good* (0,81-1,00) reicht. Zitiert nach Gwet (2014, S. 124-126). Krippendorff (2013, S. 325) betrachtet lediglich Werte von über 0,80 als verlässlich, während er Werte zwischen 0,677 und 0,80 für vorläufige Schlussfolgerungen für zulässig hält. Krippendorff (2013, S. 324-328) gibt zu bedenken, dass die Bewertung kontextabhängig erfolgen muss und beispielsweise im Maschinenbau oder der Medizin strengere Richtlinien herangezogen werden sollten als in den Wirtschafts- und Sozialwissenschaften.

eines Workshops alle voneinander abweichenden Eintragungen diskutiert und eine finale Codierung festgelegt (Schritt 13 in Abbildung 8).

Tabelle 11: Reliabilität der Inhaltsanalyse anhand verschiedener Gütekriterien

Gütekriterium	Gesamt	Kommunikationsinhalte	Ergebnis/ Abspracheerfolg
Prozentuale Übereinstimmung	0,92	0,93	0,90
Scotts π (Ø)	0,62	0,59	0,78
Cohens κ (Ø)	0,62	0,59	0,78
Fleiss' κ	0,62	0,59	0,78
Krippendorffs α	0,62	0,59	0,78

5 Auswertung und Diskussion der Ergebnisse

Um einen Eindruck von den experimentellen Daten zu erhalten, werden die Ergebnisse der Marktexperimente zunächst deskriptiv vorgestellt. Der Fokus liegt hierbei auf einer Beschreibung der vorliegenden Daten, während die Hypothesenüberprüfung mit statistisch belastbaren Aussagen nachfolgend anhand einer multivariaten Analyse erfolgt. Eine Diskussion der Ergebnisse im Kontext der Literatur erfolgt abschließend in einem separaten Abschnitt.

5.1 Deskriptive Analyse der experimentellen Ergebnisse

Zu Beginn liefert eine allgemeine Analyse einen ersten Überblick über Wettbewerbsintensität und Marktdynamik in den experimentellen Wechselkostenmärkten. Das darauffolgende Kapitel vertieft die Themengebieten der Thesen von Monitoring über Kommunikation und Absprachetypen bis hin zur Historie. Abschließend wird vom funktionalen und ökonomischen Kollusionserfolg entsprechend der Definition in Kapitel 3.1 ein Eindruck vermittelt. Im Mittelpunkt der deskriptiven Analyse steht der Anspruch, ein übergreifendes Verständnis von den Daten in Hinblick auf die übergreifenden Thesen zu erhalten, weshalb auf die einzelnen Hypothesen sowie die statistische Belastbarkeit an dieser Stelle nicht näher eingegangen wird.

5.1.1 Deskriptive Analyse der allgemeinen Dynamik von Wechselkostenmärkten

Um ein prinzipielles Verständnis für die vorliegenden Märkte zu erhalten wird zunächst übergreifend die beobachtete Wettbewerbsintensität gefolgt von einer Vertiefung der einzelnen Märkten beschrieben. Anschließend werden der Konvergenzprozess entlang der Runden und einige Charakteristika von Wechselkostenmärkten näher beleuchtet.

Wie in Kapitel 2.2.3 dargelegt, legen insbesondere die Untersuchungen von Schatzberg (1990), Brokesova et al. (2014) und Paulik (2016) ein Preisniveau in der Nähe der

Grenzkosten für Wechselkostenmärkte mit Preisdifferenzierung nahe. In Untersuchungen mit Kollusion im Fokus hingegen werden häufig wesentlich höhere Preise beobachtet, wobei unter anderem von Fonseca und Normann (2012, S. 1768) auch perfekte Kollusion mit einem Preisniveau auf Höhe des Reservationspreises berichtet wird. Das Histogramm und die Dichteverteilung[184] in Abbildung 12 zeigen eine vergleichsweise hohe Wettbewerbsintensität in diesem Experiment. Der Durchschnittspreis von 55,6 Talern liegt deutlich unterhalb des Reservationspreises von 95 Talern. Nach oben hin ist eine hohe Streuung der Preise zu erkennen, was nahe legt, dass zumindest in einem Teil der Märkte Kollusion erfolgreich ist. Gleichzeitig lässt sich erkennen, dass die Ergebnisse weit von perfekter Kollusion entfernt sind.

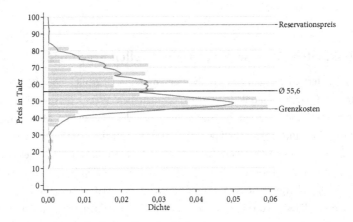

Abbildung 12: Histogramm/Dichteverteilung der Preise

---

[184] Im Gegensatz zu einem Histogramm werden bei einer Kern-Dichte-Schätzung keine festen Intervalle definiert, sondern gewissermaßen ein gleitender Durchschnitt gebildet. Kern-Dichte-Schätzungen sind daher erstens robust gegenüber der Wahl von Intervallen und ergeben zweitens stetige Verläufe. Aus Gründen der Vollständigkeit sei darauf hingewiesen, dass die gezeigten Kern-Dichte-Schätzungen auf dem in Stata 14.1 als Standard definierten Epanechnikov-Kern basieren, wobei die Wahl des Kerns die Ergebnisse nur geringfügig beeinflusst (vgl. Kohler & Kreuter, 2012, S. 187-191).

Einen differenzierteren Blick über die Preise der einzelnen Märkte gibt Abbildung 13[185]. Während einige Märkte wie beispielsweise 34, 38, 42 und 49 Preise auf einem konstant mittleren Niveau zwischen Grenzkosten und Reservationspreis erreichen, werden in anderen Märkten wie 12, 22, 23 und 48 durchweg Preise auf Höhe der Grenzkosten beobachtet. In vielen Märkten wie 24, 29, 45 und 47 hingegen ist eine große Bandbreite an Preisen zu erkennen, was auf eine hohe, näher zu untersuchende Marktdynamik hindeutet. Auffällig ist darüber hinaus Markt 31, in welchem als einzigem Markt die durchschnittlichen Preise unterhalb der Grenzkosten liegen.

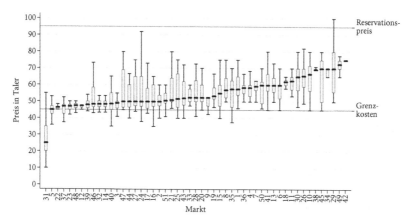

Abbildung 13: Boxplot der Preise nach Märkten, nach Median Marktpreis sortiert

Auch in der Darstellung der Produzenten- und Konsumentenrenten in Abbildung 14 fällt unmittelbar Markt 31 als klarer Ausreißer auf, weshalb dieser Datenpunkt zur Vermeidung von Verzerrungen von allen nachfolgenden Analysen ausgenommen

---

[185] Die Boxen der auf Tukey (1977) zurückgehenden Boxplots sind durch das untere und das obere Quartil begrenzt, was zusammengenommen den Interquartilabstand ergibt. Hervorgehoben ist der Median in der Mitte der Box dargestellt. Die sogenannten *Whiskers* nach oben und unten sind auf maximal das 1,5-fache des Interquartilabstandes begrenzt, enden jedoch beim letzten Wert, der innerhalb dieser Grenze liegt. Einzelne Ausreißer außerhalb der Antennen werden als separate Punkte dargestellt (vgl. Cleff, 2008, S. 55; Frigge, Hoaglin & Iglewicz, 1989, S. 50-54; LeBlanc, 2004, S. 48). In Abbildung 13 wird aus Gründen der Übersichtlichkeit auf die Darstellung einzelner Ausreißer verzichtet. Je Markt werden alle Datenpunkte unabhängig von Runde, Einheit oder Transaktionspartner betrachtet.

wird[186]. Abbildung 14 bestätigt, dass die Wettbewerbsintensität insgesamt vergleichsweise hoch ist, da die Anbieter in Summe deutlich weniger Gewinn erzielen können,
wobei in einigen Märkten wie 12, 22, 23 sogar fast alle Gewinne auf Seiten der
Nachfrager anfallen. Darüber hinaus lässt sich an ineffizienteren Ergebnissen wie in
Markt 1, 12 oder 42 erkennen, welche Märkte durch viele Wechsel geprägt sind und
daher einen wesentlichen Anteil des theoretisch möglichen Gesamtgewinns durch
Wechselkosten verlieren.

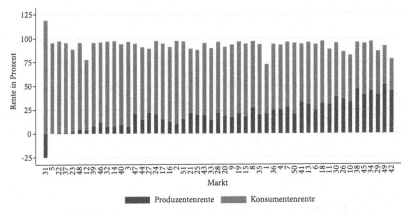

Abbildung 14: Produzenten- und Konsumentenrente nach Märkten, nach Median Marktpreis sortiert

Im Experimentverlauf ist, wie in Abbildung 15 dargestellt, insbesondere in den ersten
Runden ein deutlicher Trend der Preise in Richtung Grenzkosten zu beobachten. Dieser
Konvergenzprozess bestätigt ein typisches Phänomen experimenteller Märkte, wie es in
der Literatur häufig berichtet wird (vgl. Fonseca & Normann, 2012, S. 1766; Kroth, 2015,
S. 104; Orzen & Sefton, 2008, S. 721; Paulik, 2016, S. 96). Auch die vergleichsweise hohe
Streuung der Preise ist den Angaben von Orzen und Sefton (2008, S. 717) zufolge
aufgrund der Anwendung von gemischten Strategien für Wechselkostenmärkte typisch.

---

[186]   Eine nähere Analyse von Kommunikation und Teilnehmerangaben in diesem Markt zeigt, dass alle
     drei Anbieter aufgrund mangelnden Spielverständnisses Bankrott gehen.

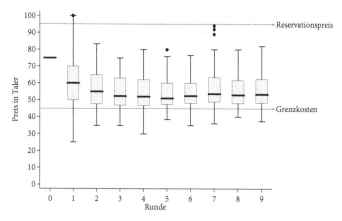

Abbildung 15: Boxplot der Preise nach Runden inkl. Startpreis

Hinsichtlich der in Oligopolmärkten mit Wechselkosten häufig zu beobachtenden Verhaltensweisen gibt Tabelle 12 einen kurzen Überblick. Wechsel kommen in 30% der Fälle vor und liegen damit innerhalb des Bereichs von Paulik (2016, S. 103), der je nach Treatment von 26% bis 50% spricht. Kroth (2015, S. 101) gibt in Abhängigkeit des Treatments ähnliche Werte zwischen 24% und 27% an, während Orzen und Sefton (2008, S. 723) Wechsel mit 9% bis 21% etwas seltener beobachten. Wie erwartet werden bei Wechseln deutlich niedrigere Preise gefordert, was auf die in Kapitel 2.2.2 erläuterten *bargain-then-ripoff*-Strategien hindeutet. Insgesamt werden 53% der Einheiten zusammen von demselben Anbieter gekauft, wofür die Anbieter erwartungsgemäß einen "Mengenrabatt" von durchschnittlich 2,6 Talern geben. Die Anwendung dieser Bündelungsstrategie[187] liegt im Bereich der Ergebnisse von Paulik (2016, S. 108), der von Bündelung in 40-61% der Fälle berichtet. Ein deutlicher Indikator für kompetitiven Wettbewerb und *bargain-then-ripoff*-Strategien ist Wilderei, die ähnlich der Definition bei Kroth (2015, S. 111) durch aggressive Preissetzung unterhalb der Grenzkosten gekennzeichnet ist, was primär zur Akquisition von Bestandskunden der Konkurrenten eingesetzt wird. Insgesamt werden 6% der Transaktionen als Wilderei mit Verlusten für die Anbieter gehandelt.

---

[187] Bündelung bezeichnet den Verkauf mehrerer Einheiten auf einmal. Bündelungsstrategien im Sinne einer Kombination aus verschiedenen Produkten zu einem Produktpaket (vgl. Knieps, 2008, S. 240) sind im vorliegenden Marktumfeld nicht möglich.

Tabelle 12: Übersicht zu typischen Verhaltensweisen in Wechselkostenmärkten

	Anteil Transaktionen in Prozent	Preisdifferenz in Taler
Wechsel	30	-4,3
Bündelung	53	-2,6
Wilderei	6	–

Eine detailliertere Analyse zu Wilderei entlang des Spielverlaufs offenbart, wie in Abbildung 16 dargestellt, dass diese Strategie am häufigsten in der dritten und vierten Runde angewendet wird. Aus theoretischer Perspektive hingegen wäre zu erwarten, dass der Kampf um zukünftige Bestandskunden bedingt durch den *invest*-Anreiz am intensivsten zu Beginn des Experiments stattfindet (vgl. Kapitel 2.2). Berücksichtigt man den vorangehend in Abbildung 15 dargestellten, in Experimenten üblichen Konvergenzprozess, kann andererseits argumentiert werden, dass die Wettbewerbs-intensität erst ab etwa der dritten Runde so hoch ist, als dass Wilderei erforderlich ist um von den Konkurrenten Kunden zu abzuwerben. Auch Schatzberg (1990, S. 342-360) beobachtet einen Konvergenzprozess in Wechselkostenmärkten in seiner experimentellen Untersuchung und berichtet erst in späteren Runden verstärkt von Wilderei[188].

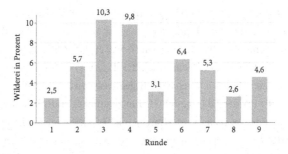

Abbildung 16: Anteil Wilderei nach Runden

---

[188] Angemerkt sei, dass Schatzberg (1990, 342-244) zwar ein mehrperiodiges Experiment durchführt, jedoch nach jeder zweiten Runde die Kundenzuordnung zurücksetzt und dadurch einen zweiperiodigen Markt simuliert. Die Ergebnisse lassen sich daher nicht direkt miteinander vergleichen.

Zusammenfassend lässt sich feststellen, dass die Wettbewerbsintensität im vorliegenden Experiment insgesamt vergleichsweise hoch ist und sich nur in einem Teil der Märkte ein etwas höheres Preisniveau einstellt, was als Hinweis auf kollusives Verhalten gedeutet werden könnte. Darüber hinaus lassen sich einige der aus der Literatur bekannten, typischen Verhaltensweisen in Wechselkostenmärkten wie der Anteil an Wechseln, *bargain-then-ripoff*-Strategien und Wilderei beobachten. Das Marktmodell erscheint daher grundsätzlich als valide Modellierung von Oligopolmärkten mit Wechselkosten.

5.1.2 Deskriptive Analyse zu den Themenbereichen der Thesen

Um einen übergreifenden Überblick über das Datenmaterial im Hinblick auf die Themengebiete der Thesen zu erhalten, werden in den folgenden vier Abschnitten vorläufige deskriptive Erkenntnisse zu Monitoring, Kommunikation, Absprachetypen und Historie diskutiert.

Deskriptive Analyse zu Monitoring

Der erste inhaltliche Fokus wird These I folgend auf den Einfluss von Monitoring gelegt. Die Dichteverteilung der Preise in Abbildung 17 zeigt für *Treatment* 1 ohne Monitoring-Informationen die höchste Dichte von Preisen knapp über den Grenzkosten. Sind Monitoring-Informationen wie in *Treatment* 2 zwar grundsätzlich verfügbar, werden jedoch erst verzögert angezeigt, lässt sich eine zweite Häufung von Preisen um etwa 60 Taler ablesen, was auf einen teilweisen Erfolg von kollusiven Strategien in manchen Märkten hindeutet. Noch deutlicher wird dieser Wirkzusammenhang in *Treatment* 3, wenn die Monitoring-Informationen verzögerungsfrei bereitgestellt werden. Hierbei zeigt sich eine deutlich breitere zweite Häufung von Preisen, welche bis in den Bereich von 75 Talern reicht, wobei gleichzeitig weniger häufig Preise nahe der Grenzkosten zu beobachten sind. Für intensiveres Imitationsverhalten und damit viele Transaktionen mit Preisen nahe der Grenzkosten entsprechend der theoretischen Vorhersage von Vega-Redondo (1997) finden sich somit keine Hinweise. Der Boxplot in Abbildung 17 bestärkt die Auffassung, dass Kollusion insbesondere unter der verzögerungsfreien Information in *Treatment* 3 gefördert wird, was vor allem an der Höhe von Median und oberem Quartil von *Treatment* 3 gegenüber den anderen beiden *Treatments* ersichtlich wird.

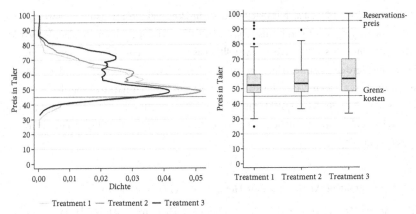

Treatment 1 —— Treatment 2 —— Treatment 3

Treatment 1 – Keine Monitoring-Informationen

Treatment 2 – Monitoring-Informationen zum Rundenende

Treatment 3 – Monitoring-Informationen verzögerungsfrei nach Transaktionsabschluss

Abbildung 17: Dichteverteilung und Boxplot der Preise nach Treatments

Grundsätzlich entsprechen die Ergebnisse damit der Erwartung von These I, dass verzögerungsfreies Monitoring Kollusion erleichtert und daher zu höheren Preisen führt. Nicht nur der Informationsgehalt, sondern auch die Verzögerungsfreiheit scheint entscheidend für die kollusionsförderliche Wirkung von Monitoring zu sein.

Deskriptive Analyse des Kommunikationsverhaltens

Der zweite Themenkomplex betrifft die Analyse der Kommunikation, was sowohl den Umfang der Kommunikation, als auch die Häufigkeit der codierten Kommunikationsinhalte einschließt. Anhand der in Abbildung 18 dargestellten quantitativen Kommunikationsanteile lassen sich Rückschlüsse auf die Intensität der Verhandlungen und den Fokus der Marktteilnehmer ziehen. Zunächst ist festzustellen, dass die Möglichkeit zur Kommunikation fast immer[189] genutzt wird, was nahelegt, dass die Teilnehmer der unverbindlichen Kommunikation entgegen der theoretischen Vorhersage für kollusive Absprachen in Oligopolmärkten (vgl. Kapitel 3.2.2) einen Mehrwert zuschreiben.

---

[189] Lediglich in Markt 47 sowie dem von der Analyse ausgenommenen Markt 31 wurde im Anbieterchat überhaupt nicht kommuniziert.

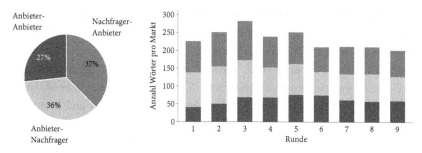

Abbildung 18: Kommunikationsanteile insgesamt und nach Runden

Auffällig ist, dass 36% der Wörter von Anbietern an Nachfrager geschrieben werden, während lediglich 27% der Wörter auf die Kommunikation unter den Anbietern entfällt, was impliziert, dass die Anbieter ihren Fokus stärker auf die Verhandlungen mit den Nachfragern legen statt auf potentiell kollusive Kommunikation untereinander. Dies lässt sich als Indikator dafür werten, dass der im Rahmen der Literatur zu Monitoring in Kapitel 2.3.6 erläuterte Experimentatoreffekt weitestgehend vermieden werden konnte[190]. Kommunikation insgesamt nimmt, wie in Abbildung 18 rechts gezeigt, im Laufe des Experiments bis zur dritten Runde zunächst zu und zum Ende hin wieder ab. Betrachtet man die Kommunikationsanteile insbesondere der Anbieter untereinander im Kontext der in Abbildung 15 dargestellten, über die ersten drei Runden fallenden Preise, kann daraus geschlossen werden, dass sich der Fokus der Anbieter erst dann Kollusion zuwendet, wenn ein Preiskampf Handlungsdruck erzeugt.

Hinsichtlich der Kommunikationsinhalte gibt Tabelle 13 einen ersten Überblick[191]. Prinzipielle Aussagen scheinen entsprechend These II keine oder sogar negative Auswirkungen auf den durchschnittlichen Preis zu haben. Absprachen kommen immerhin in 46% der Transaktionen vor, was unterhalb der Werte bei Andersson und

---

[190] Der Forschungsschwerpunkt Kollusion scheint weder durch die Wahl des Marktmodells noch durch unfreiwillige Hinweise bei der Experimentdurchführung preisgegeben worden zu sein, andernfalls wäre von einer deutlich stärkeren Fokussierung auf kollusive Absprachen auszugehen. Es kann daher argumentiert werden, dass die Ende Kapitel 2.3.6 dargelegte, in der Literatur zu Monitoring beobachtete Problematik der Beeinflussung der Ergebnisse im Sinne der Forschungsfrage durch den Experimentatoreffekt vermieden wird und die Probanden sich weitestgehend unbeeinflusst verhalten.

[191] Eine vollständige Übersicht findet sich in Anhang A3.2.

Wengström (2007, S. 333) von 59% bis 80% und bei Cooper und Kühn (2014, S. 262) von 54% bis 94%[192] liegt. Einerseits kann der etwas geringere Wert mit der weniger kollusionsförderlichen Ausgangssituation zusammenhängen, da in den beiden genannten Arbeiten Duopole statt Triopole untersucht werden. Andererseits kann argumentiert werden, dass der eingeschränkte Verhaltensspielraum – insbesondere die auf Preisabsprachen restringierte Kommunikation bei Andersson und Wengström (2007) – den Probanden Absprachen nahe legt, während die freie Kommunikation im vorliegenden Experiment eher das unbeeinflusste Verhalten der Anbieter erfasst. Eine Absprache zu treffen führt zu 6,1 Talern höheren Preisen, als wenn keine Kommunikationsinhalte codiert sind.

Tabelle 13: Häufigkeit der Kommunikationsinhalte in Prozent[193]

Codierung	Häufigkeit in Prozent	Preisdifferenz in Taler
Keine Codierung	42	Basis
Prinzipielles	11	-0,7
Absprache	46	+6,1
Drohung[194]	16	+9,1

Vor dem Hintergrund, dass Drohungen entsprechend der Darlegung in Kapitel 2.3.2 ein wesentliches Element der Wirkkette stabiler Kollusion sind, ist die seltene Androhung von Strafen in nur 16% der Fälle (bzw. 34% der Absprachen) bemerkenswert – auch wenn in der Literatur ebenfalls niedrige Werte wie 2% bis 20% bei Cooper und Kühn (2014, S. 262) berichtet werden[195]. Die Experimentergebnisse bestätigen damit die Beobachtung von Fonseca und Normann (2012, S. 1769), dass Drohungen in

---

[192] Da die Werte bei Cooper und Kühn (2014, S. 262) nicht überschneidungsfrei berichtet werden, beziehen sich die genannten Werte lediglich auf das kollusive Preisniveau.

[193] Aus Konsistenzgründen sind die für die multivariate Auswertung in Kapitel 5.2 irrelevanten Fälle nicht dargestellt. Untersucht wird lediglich der Einfluss von Prinzipiellem ohne eine begleitende kollusive Absprache (vgl. Kapitel 3.2.2). Gleichermaßen sind Drohungen, welche sich nicht auf eine Absprache beziehen, nicht in der Darstellung enthalten.

[194] Wie in Kapitel 3.2.2 definiert, werden in der vorliegenden Untersuchung lediglich Drohungen untersucht, welche sich auf (vollständige) Absprachen beziehen.

[195] Wie bei den Absprachen erlaubt die Darstellung bei Cooper und Kühn (2014, S. 262) keine Aggregation der Zahlen. Geht man von einer maximalen Überschneidung aus, kommen in nicht mehr als 14% der Fälle Drohungen vor.

experimentellen Märkten nur selten angewendet werden. Absprachen, welche durch eine Drohung verstärkt werden, führen mit einer Preisdifferenz von insgesamt 9,1 Taler erwartungsgemäß zum höchsten Preisniveau.

Eine nähere Betrachtung der Absprachen in Abbildung 19 offenbart, dass 69% der Absprachen vollständig sind, während ein relevanter Anteil der Absprachen von 31% entweder nicht konkret oder nicht abgestimmt ist. Je nach Ausprägung führen unvollständige Absprachen gegenüber keiner codierten Kommunikation zu 1,1 bis 4,9 Taler höheren Durchschnittspreisen, während erwartungsgemäß nur bei vollständigen Absprachen der volle Effekt von 8,1 Talern zum Tragen kommt.

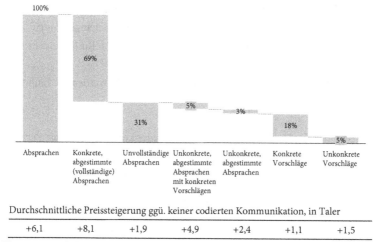

Abbildung 19: Anteil Absprachen und Wirkung nach Vollständigkeit

In Summe deuten die Ergebnisse darauf hin, dass der *Cheap Talk* zwischen den Anbietern relevant ist. Eine nähere Betrachtung der Kommunikation legt wie von These II angenommen nahe, dass sich umso höhere Preise erzielen lassen, je konkreter und abgestimmter die Kommunikationsinhalte sind. Das höchste Preisniveau wird im Experiment mit durch Drohungen bekräftigte, vollständig konkretisierte und abgestimmte Absprachen erreicht.

Deskriptive Analyse der Absprachetypen

Da die unterschiedlichen Absprachetypen These III zufolge unterschiedlich auf den funktionalen und ökonomischen Kollusionserfolg wirken, werden diese im folgenden Abschnitt vertieft analysiert.

Preisabsprachen treten im Experiment in zwei verschiedenen Arten auf:

- Bei einer **Festpreisabsprache** wird ein fester Preise für alle festgelegt
- Bei einer **Mindestpreisabsprache** wird eine Preisgrenze definiert, welche nicht unterschritten werden darf

Wechselkosten werden bei den Preisabsprachen[196] teilweise berücksichtigt, sodass die Anbieter mitunter zwei Preispunkte festlegen. **Marktaufteilungen** werden von den Anbietern im Experiment in zwei verschiedenen Ausprägungen angewendet:

- Bei einer **Bieterrotation** werden alle Einheiten jede Runde einem anderen Anbieter zugewiesen
- Bei einer **statischen Marktaufteilung/Revierbildung** werden die Einheiten den Anbietern dauerhaft zugewiesen

Für Einheiten der Konkurrenten wird hierbei entweder kein Angebot oder aber ein sehr hohes Angebot abgegeben. Statische Marktaufteilungen scheinen deutlich häufiger als Bieterrotationen aufzutreten, was darauf zurückzuführen sein könnte, dass hierbei unnötige volkswirtschaftliche Verluste durch Wechselkosten vermieden werden. Darüber hinaus kann dieser Absprachetyp den Nachfragern möglicherweise einfacher, ohne Verdacht zu erregen, beispielsweise als Stammkundenrabatt vermittelt werden. Vermutlich aus Gründen der Fairness entsteht häufig eine Mischform, bei der jedem Anbieter eine Einheit fest zugewiesen wird und die übrige vierte Einheit entweder rotiert wird oder nach Absprache umkämpft werden darf.

---

[196] Startpreisabsprachen, bei denen ein Angebotspreis zum Start der Verhandlungen festgelegt wird, haben keinerlei bindenden Charakter – schließlich ist eine sofortige Unterbietung nach dem initialen Angebot erlaubt – und werden daher nicht als Preisabsprachen analysiert. Um die Belastbarkeit der Codierung zu erleichtern, sind Startpreisabsprachen im Codierhandbuch (vgl. Anhang A2.1) zunächst explizit enthalten und werden im Nachgang automatisch aussortiert. Andernfalls besteht eine hohe Wahrscheinlichkeit, dass die Codierer jede Absprache über Preise als Preisabsprache codieren, ohne Startpreisabsprachen zu ignorieren.

Der Anteil der jeweiligen Absprachetypen an den Absprachen in Abbildung 20 links legt die Vermutung nahe, dass Preisabsprachen mit 52% im Vergleich zu Marktaufteilungen mit nur 13% für die Anbieter das intuitivere kollusive Mittel darstellen. Dies bestätigt die Beobachtung von Fonseca und Normann (2012, S. 1768), dass Preisabsprachen deutlich häufiger als Bieterrotationen vorkommen. Eine Kombination aus Preis-absprache und Marktaufteilung wird immerhin in 35% der Fälle erreicht.

Die rechte Seite von Abbildung 20 zeigt deutlich die unterschiedlichen Stärken und Schwächen der Absprachetypen hinsichtlich des funktionalen und ökonomischen Erfolgs entsprechend These III: Während Preisabsprachen selten erfolgreich sind, im Falle des Erfolgs aber recht hohe Preise erzielen, sind Marktaufteilungen deutlich häufiger erfolgreich, schaffen es jedoch im Erfolgsfall nicht die Preise ganz so stark anzuheben. Eine höhere Erfolgswahrscheinlichkeit von Bieterrotationen gegenüber Preisabsprachen wird auch von Fonseca und Normann (2012, S. 1768) bescheinigt. Mit einer kombinierten Absprache scheinen sich die Vorteile beider Absprachetypen vereinen zu lassen, wobei sowohl der höchste Anteil erfolgreicher Absprachen als auch die höchsten Durchschnittspreise erzielt werden können.

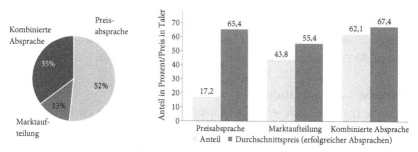

Abbildung 20: Anteil der Absprachetypen und funktionaler/ökonomischer Erfolg (Anteil erfolgreicher Absprachen bezogen auf alle Absprachen dieses Absprachetyps bzw. Durchschnittspreis erfolgreicher Absprachen)

Kombinierte Absprachen treten häufiger bei bereits etablierter Kollusion auf, da sie in vielen Fällen auf vorhandene Absprachen aufbauen. Anhand einer detaillierteren Analyse der Absprachetypen lassen sich die vorangehend geschilderten Zusammen-hänge aber auch für neue und etablierte Absprachen bestätigen, wie Abbildung 21 zeigt (vgl. auch Tabelle 32 in Anhang A3.2).

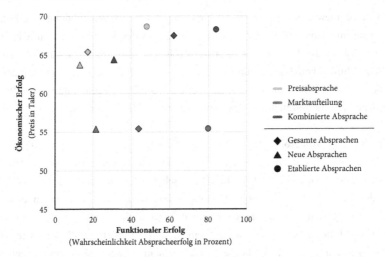

Abbildung 21: Funktionale und ökonomische Wirkung der Absprachetypen nach neuen und etablierten Absprachen

Zusammenfassend lässt sich entlang von These III feststellen, dass sich die Absprachetypen deutlich unterscheiden. Während Preisabsprachen hinsichtlich des ökonomischen Erfolgs Vorteile bieten, spielen Marktaufteilungen in Bezug auf die Wahrscheinlichkeit des funktionalen Erfolgs ihre Stärken aus. Kombinierte Absprachen scheinen die Vorteile beider Absprachetypen vorweisen zu können.

Deskriptive Analyse der Historie

Der vierte Themenbereich betrifft den Einfluss der Historie bzw. die Frage, wie sich Kollusion im Verlauf des Experiments entwickelt. Bei der Entwicklung von Preisen und Absprachen im Experimentverlauf fällt auf, dass die Evolution von Kollusion in vielen Fällen bestimmten Mustern folgt, welche konzeptionell in Abbildung 22 rechts angedeutet sind.

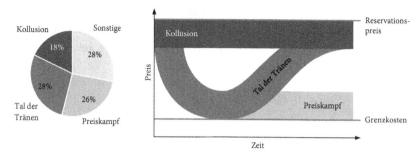

Abbildung 22: Häufigkeit und Darstellung der Verlaufspfade (konzeptionell)

Die nachfolgend näher erläuterten Verlaufspfade[197] sind das Ergebnis einer explorativen Analyse auf Basis der vorliegenden Daten. Die unterschiedlichen Charakteristika gehen deutlich aus den Analysen in Abbildung 23 hervor[198]:

- In manchen Märkten etabliert sich **Kollusion** bereits zu Beginn und bleibt im Experimentverlauf weitestgehend stabil. Erfahrung mit Absprachen wird früh gesammelt und Vertrauen aufgebaut, was zu konstant hohen Preisen führt.

- Anbieter anderer Märkte liefern sich einen harten, andauernden **Preiskampf**. Entweder wird gar nicht erst der Versuch unternommen, kollusiv zu agieren, oder Absprachen werden sofort betrogen, was Vertrauen[199] als Basis zukünftiger Absprachen verspielt.

---

[197] Die drei Verlaufspfade sind anhand klarer Kriterien definiert: Für "Kollusion" darf der durchschnittliche Marktpreis in keiner Runde unter eine Anbietermarge von 20%, d. h. 54 Taler fallen. Für "Preiskampf" muss der Marktpreis in den letzten drei Runden konstant unterhalb einer Anbietermarge von 10%, d. h. 49,5 Taler liegen. Für "Tal der Tränen" muss der Marktpreis in einer beliebigen Runde unter eine Marge von 20%, d. h. 54 Taler fallen und in den letzten drei Runden sowohl konstant oberhalb dieser Grenze liegen, als auch mindestens die doppelte Marge als beim niedrigsten Preispunkt aufweisen. Der explorative Ansatz der Analyse bedingt, dass die genannten Grenzwerte nicht aus der Literatur abgeleitet sind, sondern mit dem Ziel der größtmöglichen Aussagekraft anhand der vorliegenden Daten entwickelt sind. Die Einteilung der Verlaufspfade dient dazu, neue Erkenntnisse zu generieren – selbstverständlich sind auch alternative Kategorisierungen denkbar.

[198] Einige detailliertere Analysen zu den Verlaufspfaden finden sich in Anhang A3.1.

[199] "Vertrauen" bzw. "Vertrauensverlust" sind einige der häufigsten Ursachen, welche von den Anbietern im Fragebogen auf die Frage nach den Gründen für erfolglose Absprachen genannt werden.

- In einigen Märkten kann sich Kollusion erst nach einem anfänglichen Preiskampf erfolgreich etablieren. Erst die ausbleibenden Gewinne im "**Tal der Tränen**" erzeugen den notwendigen Handlungsdruck, um kollusive Strategien ernsthaft zu verfolgen und nicht zu betrügen.

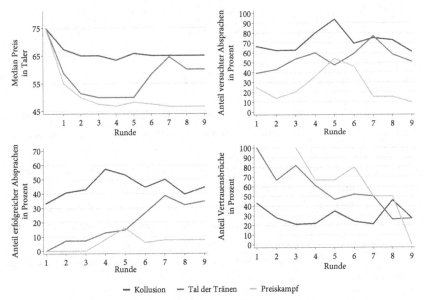

Abbildung 23: Explorative Analyse der Verlaufspfade: Mittlere Preisentwicklung, Anteil versuchter Absprachen nach Verlaufspfaden, Anteil erfolgreicher Absprachen und Anteil Vertrauensbrüche nach Verlaufspfaden (im Uhrzeigersinn)[200]

Zumindest indikativ legen diese Beobachtungen nahe, dass entsprechend These IV die Historie wichtig für die zukünftige Marktdynamik ist. Auf Basis dieser Ergebnisse kann spekuliert werden, dass bereits etablierte Kollusion häufig stabil bleibt (Verlaufspfad

---

[200] Der Vertrauensverlust bei unkonkreten, unabgestimmten Absprachen erscheint begrenzt, weshalb Vertrauensbrüche lediglich als gebrochene vollständige Absprachen definiert werden. Erhält beispielsweise ein Anbieter auf den Vorschlag einer Preisabsprache keinerlei Rückmeldung, ob seine Konkurrenten an einer Absprache überhaupt interessiert sind (unabgestimmter Vorschlag), herrscht vermutlich nur eine eingeschränkte Erwartungshaltung, dass diese Absprache auch tatsächlich eingehalten wird. Verpflichten sich die Anbieter hingegen gegenseitig ausdrücklich zu einem klar definierten Preispunkt, wird eine heimliche Preisreduzierung vermutlich zu einem deutlich schwerwiegenderen Vertrauensverlust führen.

Kollusion), dass Vertrauensverlust zukünftige Kollusion dauerhaft verhindern kann (Verlaufspfad Preiskampf), aber dass durch die Erzeugung von Handlungsdruck ein anfänglicher Preiskampf mitunter auch zu einer höheren Erfolgswahrscheinlichkeit von kollusiven Absprachen führen kann (Verlaufspfad Tal der Tränen).

5.1.3 Deskriptive Analyse von funktionalem und ökonomischem Kollusionserfolg

Da der im Rahmen der Inhaltsanalyse bestimmte Abspracheerfolg in der Literatur noch kaum diskutiert ist, sei abschließend ein kurzer Blick auf die Relation zwischen funktionalem und ökonomischem Erfolg gegeben. Wie in Kapitel 3.1 definiert, fokussiert der funktionale Erfolg auf die Einhaltung von Absprachen, während beim ökonomischen Erfolg die Wettbewerbsintensität über die Preise gemessen wird. Anzumerken ist, dass der Codierung des Abspracheerfolgs eine exzellente, über-durchschnittliche Reliabilität attestiert wird (vgl. Tabelle 11), sodass davon ausgegangen werden kann, dass die Variable Abspracheerfolg den funktionalen Kollusionserfolg sehr objektiv beschreibt.

Abbildung 24 zeigt auf der linken Seite die Gegenüberstellung von durchschnittlichem Marktpreis und dem Anteil erfolgreicher Absprachen. Auf den ersten Blick lässt sich nur eine schwache Korrelation beider Größen erkennen: Viele Märkte scheinen auch ohne erfolgreiche Absprachen vergleichsweise hohe Preise zu erzielen, während andere Märkte zwar Kollusion stabil etablieren können, es jedoch nicht schaffen dies in einen nennenswerten ökonomischen Vorteil umzuwandeln. Legt man den Fokus auf einzelne Absprachen statt den durchschnittlichen Erfolg eines Marktes, lässt sich, wie in Abbildung 24 rechts dargestellt, ein deutlicherer Unterschied zwischen dem Preisniveau ohne Absprachen und den Preisen erfolgreicher Absprachen erkennen. Darüber hinaus ist auch ersichtlich, dass gebrochene Absprachen etwas höhere Preise erzielen als keine Absprachen, was auf das erfolgreiche Abschöpfen von Gewinnen unter vergeblicher Kollusion hindeutet. Bei erfolgreichen Absprachen ist bemerkenswert, wie niedrig das abgesprochene Preisniveau teilweise liegt – im Extremfall wird lediglich abgesprochen, auf *bargain-then-ripoff*-Strategien zu verzichten und keine Verluste zu machen.

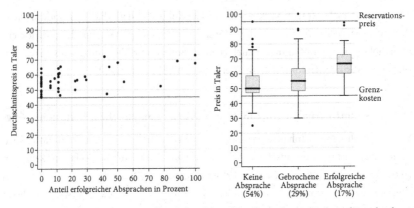

Abbildung 24: Durchschnittspreise und Anteile erfolgreicher Absprachen je Markt und Boxplot der Preise nach Abspracheerfolg

Diese Ergebnisse stützen die Annahme aus Kapitel 3.1, dass der Preis als alleiniger Indikator nicht ausreicht, um kollusives Verhalten zu messen[201]. Erst in der Kombination aus funktionalem und ökonomischem Erfolg lassen sich wesentlich differenziertere Aussagen zur Evolution von Kollusion treffen.

5.1.4 Zusammenfassung der deskriptiven Analyse

Der erste Eindruck von den Ergebnissen zeigt, dass das vorliegende experimentelle Oligopolmodell durch eine hohe Wettbewerbsintensität geprägt ist. Das Preisniveau liegt häufig nahe an den Grenzkosten während Preise im Bereich des Monopolpreises nur selten zu beobachten sind. Typische Charakteristika von Wechselkostenmärkten finden sich wieder, insbesondere die Anwendung von *bargain-then-ripoff*-Strategien und Wilderei. Aus dem Kommunikationsverhalten lässt sich darüber hinaus ableiten, dass durch das Marktdesign nicht künstlich kollusive Verhaltensweisen induziert werden, was auf eine hohe externe Validität hindeutet.

Hinsichtlich der Thesen dieser Arbeit lassen sich erste, vorläufige Schlüsse ziehen. Die Ergebnisse deuten entsprechend These I darauf hin, dass insbesondere

---

[201] Einzelne plakative Beispiele aus dem Experiment, welche diese Erkenntnis unterstreichen, sind in Anhang A3.3 aufbereitet.

verzögerungsfreie Monitoring-Information zu höheren Preisen führt. Hinsichtlich der Kommunikationsinhalte deutet sich ebenfalls die Bestätigung von These II an, dass konkrete, abgestimmte Aktionen erfolgsentscheidend sind – prinzipielle Aussagen hingegen scheinen keinen positiven, wenn nicht sogar einen negativen Effekt aufzuweisen. Bemerkenswert ist darüber hinaus, dass Drohungen trotz der hohen Relevanz für die Stabilität von Kollusion in der Theorie vergleichsweise selten vorkommen. Die deskriptiven Ergebnisse liefern klare Hinweise darauf, dass verschiedene Absprachetypen entsprechend These III unterschiedliche Charakteristika aufweisen. Marktaufteilungen sind deutlich wahrscheinlicher erfolgreich und stabiler als Preisabsprachen, allerdings lassen sich mit Preisabsprachen im Erfolgsfall höhere Preise erzielen. Die Kombination beider Absprachetypen scheint diese Vorteile zu vereinen. Eine Analyse von Preisen und Absprachen im Experimentverlauf deutet auf mehrere typische Verlaufspfade hin, welche Indizien für die Richtigkeit von These IV über die Relevanz der Historie für den Erfolg von Kollusion liefern.

Eine kurze Übersicht zur Relation von funktionalem und ökonomischem Erfolg zeigt, dass beide nur begrenzt korrelieren. Daraus lässt sich ableiten, dass bei der in der Literatur üblichen indirekten Messung von Kollusion allein über den Preis wesentliche Entwicklungen und Zusammenhänge unbeobachtet bleiben.

5.2 Multivariate Analyse zur Überprüfung der Hypothesen

Die deskriptive Analyse liefert in einem ersten Eindruck zwar einige Anhaltspunkte, welche grundsätzlich in Richtung der Thesen interpretiert werden können – statistisch belastbare Aussagen zu den Hypothesen lassen sich jedoch erst anhand der in diesem Kapitel vorgestellten multivariaten Analysemethoden erzielen. Auf die Definition der Variablen folgen zentrale methodische Grundlagen und die Auswahl der Regressionsmodelle, welche anhand der Statistik-Software Stata[202] ausgewertet werden. Anschließend an einen kurzen Blick auf die allgemeine Dynamik von Wechselkostenmärkten werden auf Basis der Regressionsergebnisse die einzelnen Hypothesen überprüft und auf Robustheit untersucht. Eine weitergehende Interpretation der Ergebnisse und eine Einordnung in die Literatur erfolgt nachfolgend in der Synthese von deskriptiver und multivariater Analyse in Kapitel 5.3.

---

[202] Version 14.1

5.2.1 Definition der Variablen

Grundlage einer eindeutigen, unmissverständlichen Interpretation der Ergebnisse ist eine Definition der Variablen, welche in den folgenden Analysen Verwendung finden. Die verwendeten Variablen lassen sich in drei Gruppen einteilen:

- **Endogene Variablen**[203] (vgl. Tabelle 14) werden im Rahmen der Analyse erklärt (vgl. Kohler & Kreuter, 2012, S. 247). In der vorliegenden Untersuchung handelt es sich hierbei um den ökonomischen Erfolg von Kollusion in Form der Variable Preis und den funktionalen Erfolg quantifiziert durch die Variable Abspracheerfolg (vgl. Kapitel 3.1).

- **Exogene Variablen**[204] (vgl. Tabelle 15) bezeichnen die Einflüsse auf die endogene Variable, welche im Fokus der Untersuchung stehen (vgl. Kohler & Kreuter, 2012, S. 247). Dies betrifft die Einflüsse hinsichtlich Monitoring, Kommunikation, Absprachetypen und Historie, wobei die Variablen zu Kommunikationsumfang und Kommunikationsinhalten aus Gründen der Übersichtlichkeit separat aufgeführt sind.

- (Exogene) **Kontrollvariablen** (vgl. Tabelle 16) stehen nicht im Mittelpunkt der Untersuchung, haben jedoch einen relevanten Einfluss auf die endogene Variable. Zentrale kausale Zusammenhänge lassen sich eindeutiger bestimmen, wenn die Analyse um diese Einflüsse bereinigt wird (vgl. Kohler & Kreuter, 2012, S. 268). In der vorliegenden Untersuchung handelt es sich hierbei insbesondere um Faktoren, welche Wechselkostenmärkte charakterisieren. Darüber hinaus werden über die dichotomen Rundenvariablen der in experimentellen Märkten übliche Konvergenzprozess sowie rundenabhängige Lerneffekte kontrolliert.

Der vorliegende Datensatz basiert grundsätzlich auf jeder theoretisch möglichen Transaktion zwischen Anbietern und Nachfragern. Aus den vier Einheiten der Nachfrager und drei Anbietern, von denen diese bezogen werden können, ergeben sich je Runde und Markt 12 Datenpunkte. Da jedoch letzten Endes maximal vier Einheiten

---

[203] Auch abhängige Variable, Response Variable, Kriteriumsvariable (vgl. Kohler & Kreuter, 2012, S. 247), engl. *dependent variable, explained variable, response variable, predicted variable, regressand* (vgl. Wooldridge, 2013, S. 20).

[204] Auch unabhängige Variable, erklärende Variable, Kovariate, Predictor-Variable (vgl. Kohler & Kreuter, 2012, S. 247), engl. *independent variable, explanatory variable, covariate, predictor variable, regressor* (vgl. Wooldridge, 2013, S. 21).

pro Runde tatsächlich gehandelt werden können, ist für die Auswertung des Kollusionserfolgs letztlich nur die Teilmenge dieser vier Einheiten relevant. Aus 50 Märkten[205], 9 Runden je Markt und 4 Datenpunkten pro Runde ergeben sich 1.800 Datenpunkte. Weil einige Transaktionen unter anderem aus verhandlungstaktischen Gründen nicht zustande kamen, enthält der Datensatz letzten Endes 1.739 relevante Datenpunkte. Einige der Variablen sind hierbei mehreren Datenpunkten gleichzeitig zugeordnet, beispielsweise betrifft die Kommunikation zwischen einem Nachfrager und einem Anbieter beide Einheiten des Nachfragers. Aus Konsistenzgründen wird ein einheitlicher Datensatz für beide endogenen Variablen verwendet[206].

In Tabelle 14 bis Tabelle 16 finden sich für jede Variable sowohl eine genauere Definition als auch eine Angabe zum Skalenniveau[207]. Als Referenz dient *Treatment 1* und Runde 1, weshalb hierfür keine gesonderten Variablen definiert sind. Zugunsten der Lesbarkeit wird bei der Bezeichnung der Variablen auf eine umfassende Angabe der Definition verzichtet; beispielsweise wird bei der Variable Drohung sowohl darauf verzichtet, den dichotomen Charakter der Variablen im Variablennamen zu kennzeichnen als auch darauf hinzuweisen, dass lediglich Drohungen in der Analyse berücksichtigt werden, welche sich auf eine (vollständige[208]) Absprache beziehen.

---

[205] Markt 31 ist, wie in Kapitel 5.1.1 dargelegt, von der Analyse ausgenommen, weshalb 50 statt 51 Märkte analysiert werden.

[206] Im Rahmen der Robustheitsprüfungen in Kapitel 5.2.7 wird auch ein alternativer, ausschließlich auf Absprachen bezogener Datensatz für die endogene Variable Abspracheerfolg betrachtet.

[207] Bühner und Ziegler (2009, S. 19-25) geben einen umfassenden Überblick über Skalenniveaus, wobei grundsätzlich nominalskalierte, ordinalskalierte, intervallskalierte und verhältnis-/ratioskalierte Variablen unterschieden werden. Darüber hinaus wird der Sonderfall von nominalskalierten Variablen mit lediglich zwei Ausprägungen in der vorliegenden Arbeit unter dem Begriff der dichotomen Variable hervorgehoben, was in der Literatur auch als Dummy-Variable oder binäre Variable bezeichnet wird (vgl. Urban & Mayerl, 2011, S. 276).

[208] Wie bereits in Fußnote 112 angemerkt, werden Drohungen und Absprachetypen nicht in Bezug auf Absprachen untersucht, welche sich ohnehin als ineffektiv erweisen. Zeitlich gesehen erfolgt die genaue Definition der Variablen für Drohungen und Absprachetypen daher erst nach der Überprüfung von Hypothese II-4, inwiefern auch unkonkrete oder nicht abgestimmte Absprachen effektiv sind.

Tabelle 14: Definition der endogenen Variablen

Bereich	Variable	Definition	Skala
Ökono-misch	Preis	Transaktionspreis dieser Einheit in der aktuellen Runde	Ratio
Funktio-nal	Abspracheerfolg	Einhaltung einer Absprache	Dichotom

Tabelle 15: Definition der exogenen Variablen zur Hypothesenüberprüfung

Bereich	Variable	Definition	Skala
Monito-ring	Treatment_2	Treatment 2 – Monitoring-Informationen zum Rundenende	Dichotom
	Treatment_3	Treatment 3 – Monitoring-Informationen verzögerungsfrei nach Transaktionsabschluss	Dichotom
Kommuni-kations-umfang	Wortzahl_N	Wortzahl in der Verhandlung zwischen an dieser Transaktion beteiligtem Nachfrager und Anbieter von Rundenbeginn bis Abschluss dieser Transaktion	Ratio
	Wortzahl_N_Historie	Wortzahl in der Verhandlung zwischen an dieser Transaktion beteiligtem Nachfrager und Anbieter in allen vorherigen Runden kumuliert, logarithmiert[209]	Ratio
	Wortzahl_A	Wortzahl in der Kommunikation unter den Anbietern von Rundenbeginn bis Abschluss dieser Transaktion	Ratio
	Wortzahl_A_Historie	Wortzahl in der Kommunikation unter den Anbietern in allen vorherigen Runden kumuliert, logarithmiert[209]	Ratio
Kommuni-kations-inhalte	Prinzipielles	Prinzipielles wurde geäußert	Dichotom
	Absprache	Eine Absprache existiert	Dichotom
	Absprache_unvollstaendig	Eine unvollständige Absprache existiert (beinhaltet alle Absprachen, welche nicht vollständig sind)	Dichotom
	Absprache_UV	Ein unkonkreter Vorschlag existiert	Dichotom
	Absprache_UA	Eine unkonkrete, abgestimmte Absprache existiert	Dichotom

[209] Entlang der Argumentation bei Paulik (2016, S. 126) ist ein linearer Zusammenhang zwischen Preis und Kommunikation kaum anzunehmen, da der Preis mit zunehmender Rundenzahl gegen unendlich streben würde.

Bereich	Variable	Definition	Skala
Kommunikationsinhalte	Absprache_KV	Ein konkreter Vorschlag existiert	Dichotom
	Absprache_UAKV	Eine unkonkrete, abgestimmte Absprache und ein konkreter Vorschlag existieren	Dichotom
	Absprache_vollstaendig	Eine konkrete, abgestimmte (vollständige) Absprache existiert	Dichotom
	Keine_Drohung	Eine vollständige Absprache wurde ohne begleitende Drohung abgesprochen[210]	Dichotom
	Drohung	Eine Drohung wurde zu einer vollständigen Absprache geäußert	Dichotom
Absprachetypen	Preisabsprache	Eine vollständige Absprache existiert in Form einer Preisabsprache	Dichotom
	Marktaufteilung	Eine vollständige Absprache existiert in Form einer Marktaufteilung	Dichotom
	Kombinierte_Absprache	Eine vollständige Absprache existiert in Form einer Preisabsprache kombiniert mit einer Marktaufteilung	Dichotom
Historie	Etablierte_Kollusion	Die Absprache der Vorrunde war erfolgreich	Dichotom
	Vertrauensbruch_Historie	In der Historie dieses Marktes gab es einen Vertrauensbruch, d. h. einen Betrug einer vollständigen Absprache	Dichotom
	Preiskampf_Historie	In der Historie dieses Marktes gab es einen Preiskampf, d. h. einen durchschnittlichen Marktpreis mit einer Anbietermarge von unter 10%[211]	Dichotom

[210] Die Variable ist lediglich zur Sicherstellung der Überschneidungsfreiheit erforderlich.

[211] Eine Marge von 10% entspricht einem Marktpreis von 49,5 Taler. Der Grenzwert von 10% ist auf Basis der deskriptiven Analyse gewählt, da in der experimentellen Literatur keine allgemeingültige Definition für einen Preiskampf existiert. Der gewählte Wert kann auch in gewissen Grenzen variiert werden ohne die Ergebnisse maßgeblich zu beeinflussen.

Tabelle 16: Definition der Kontrollvariablen

Bereich	Variable	Definition	Skala
Wechsel-kosten-märkte	Wechsel	Anbieterwechsel in der aktuellen Runde, d. h. die Einheit wurde in der Vorrunde von einem anderen Anbieter bezogen	Dichotom
	Buendelung	Bündelung beider Einheiten, d. h. beide Einheiten eines Nachfragers wurden in der aktuellen Runde vom selben Anbieter bezogen	Dichotom
Runden-anzahl	Runde_2	Zweite Runde	Dichotom
	Runde_3	Dritte Runde	Dichotom
	Runde_4	Vierte Runde	Dichotom
	Runde_5	Fünfte Runde	Dichotom
	Runde_6	Sechste Runde	Dichotom
	Runde_7	Siebte Runde	Dichotom
	Runde_8	Achte Runde	Dichotom
	Runde_9	Neunte Runde	Dichotom
Vor-runde	Preis_Vorrunde	Transaktionspreis derselben Einheit in der Vorrunde	Ratio

5.2.2 Methodische Grundlagen und Auswahl der Regressionsmodelle

Regressionsmodelle schätzen den statistischen Zusammenhang zwischen exogenen Variablen und einer endogenen Variable, während die Einflüsse weiterer Variablen kontrolliert werden (vgl. Long & Freese, 2014, S. 8), woraus sich kausale Zusammenhänge ableiten lassen. Die wichtigsten Eigenschaften eines Schätzers sind dabei Erwartungstreue, Effizienz und Konsistenz (vgl. Stock & Watson, 2012, S. 108):

- Ein Schätzer gilt als **erwartungstreu** bzw. **unverzerrt**, wenn der Erwartungswert dem tatsächlichen Wert des Parameters entspricht.
- Eine Schätzfunktion ist **konsistent**, wenn die Schätzung für große Stichproben gegen den tatsächlichen Wert konvergiert.
- Ein Schätzer ist **effizient**, wenn er von allen Schätzern die geringste Varianz aufweist.

Es sei daran erinnert, dass der Fokus der vorliegenden Arbeit der Erforschung einzelner Effekte gilt und nicht darin besteht, eine Prognose für den Preis oder den Erfolg von Absprachen zu liefern. Das Regressionsmodell wird daher nicht unter dem Ziel der

Maximierung des Bestimmtheitsmaßes R^2 entwickelt, sondern um die Überprüfung der in Kapitel 3 abgeleiteten Hypothesen zu ermöglichen.

Die Wahl eines geeigneten Regressionsmodells hängt dabei maßgeblich mit den Charakteristika der Daten zusammen. Werden für mehrere Merkmalsträger zu einem bestimmten Zeitpunkt Beobachtungen aufgezeichnet, spricht man von Querschnittsdaten. Werden hingegen für einen Merkmalsträger verschiedene Beobachtungen im Zeitverlauf gemacht, spricht man von Zeitreihendaten. Die Kombination beider Dimensionen bezeichnet man als Paneldaten, bei denen für jeden Merkmalsträger eine Zeitreihe aufgezeichnet wird (vgl. Stock & Watson, 2012, S. 390; Wooldridge, 2013, S. 5-12). Im vorliegenden Experiment werden Paneldaten erzeugt, welche für jeden Merkmalsträger (Einheiten) mehrere Zeitpunkte (Runden) beinhalten.

Darüber hinaus ist das Skalenniveau der endogenen Variable für die Wahl des Regressionsmodells relevant. Die vorliegenden Paneldaten werden einerseits zur Regression auf die stetige, ratioskalierte Variable Preis verwendet, andererseits auf die dichotome Variable Abspracheerfolg. Da je nach Skalenniveau unterschiedliche Methoden zum Einsatz kommen, wird im Folgenden die Methodik für beide Problemstellungen separat vorgestellt. In den folgenden Abschnitten wird der Schwerpunkt auf die für die vorliegende Arbeit kritischen Aspekte gelegt, während für eine ausführliche Diskussion der Regressionsmodelle auf die Literatur verwiesen wird (vgl. Long & Freese, 2014; Stock & Watson, 2012; Wooldridge, 2010, 2013).

Auswahl geeigneter Regressionsmodelle für stetige endogene Variablen
Ausgangspunkt einer linearen Regression ist meist die Methode der kleinsten Fehlerquadrate, oft auf Basis der englischen Bezeichnung *Ordinary Least Squares* als OLS-Modell bekannt (vgl. Long & Freese, 2014, S. 7). Das OLS-Modell ist aufgrund seiner einfachen Anwendung und nachvollziehbaren Berechnung grundsätzlich eine geeignete Wahl, insofern die folgenden sogenannten Gauss-Markov-Annahmen erfüllt sind (vgl. Wooldridge, 2013, 79–101, 337–362)[212]:

---

[212] Für eine formale Formulierung der Annahmen wird auf Wooldridge (2013) verwiesen: Annahmen zu OLS-Modellen für Querschnittsdaten (vgl. Wooldridge, 2013, S. 101), zu OLS-Modellen für Zeitreihendaten (vgl. Wooldridge, 2013, S. 362), zu *Fixed-Effects*-Modellen (vgl. Wooldridge, 2013, S. 689) und *Random-Effects*-Modellen (vgl. Wooldridge, 2013, S. 690). Es sei angemerkt, dass in der Fachliteratur keine einheitliche Darstellung der Annahmen existiert. Stock und Watson (2012, 164-

(1) **Linearität** der Parameter – Das Modell lässt sich durch lineare Parameter darstellen.

(2) **Keine perfekte Multikollinearität** – Keine der exogenen Variablen ist konstant und es besteht kein exakter linearer Zusammenhang zwischen den exogenen Variablen.

(3) **Exogenität**[213] – Der Erwartungswert des Fehlerterms ist für alle Werte der exogenen Variablen 0.

(4) **Homoskedastizität**[214] – Der Fehlerterm zeigt dieselbe Varianz für alle Werte der exogenen Variablen.

Für Querschnittsdaten gilt darüber hinaus die Forderung nach einer zufälligen Stichprobe:

(5) **Zufällige Stichprobe** – Die Beobachtungen sind voneinander unabhängig.

Bei Zeitreihendaten hingegen ist eine weitere Annahme zu Autokorrelation erforderlich:

(6) **Keine Autokorrelation** – Die Fehlerterme verschiedener Beobachtungszeitpunkte sind nicht miteinander korreliert.

Bezogen auf Paneldaten wird unter der Verwendung eines gepoolten[215] OLS-Modells insbesondere die grundlegende Annahme einer zufälligen Stichprobe verletzt, da die Daten mehrere Beobachtungen eines Merkmalträgers enthalten und daher nicht unabhängig voneinander sind. Vor allem, wenn relevante exogene Variablen nicht erfasst werden[216] (vgl. Stock & Watson, 2012, S. 221-228), können Autokorrelation, Endogenität und Heteroskedastizität auftreten. OLS-Modelle können daher ineffizient oder sogar inkonsistent werden (vgl. Cameron & Trivedi, 2010, S. 254). Durch *Fixed-*

169, S.238-240) beispielsweise betrachten die Unwahrscheinlichkeit großer Ausreißer explizit als eine Annahme.

[213] Eine Verletzung dieser Annahme wird als Endogenität bezeichnet.

[214] Eine Verletzung dieser Annahme wird als Heteroskedastizität bezeichnet.

[215] Mit dem Begriff "gepoolt" wird die Tatsache angedeutet, dass die Datenpunkte ohne Berücksichtigung der zeitlichen Struktur als ein "Pool" voneinander unabhängiger Datenpunkte betrachtet werden (vgl. Cameron & Trivedi, 2010, S. 250).

[216] Engl. *omitted variable bias* (Stock & Watson, 2012, S. 222). Bei unbeobachteten Variablen, welche zeitlich konstant sind, spricht man auch von unbeobachteter Heterogenität, engl. *unobserved heterogeneity* (Wooldridge, 2013, S. 444).

Effects- und *Random-Effects*-Modelle hingegen kann die Zeitstruktur der Paneldaten zielführend genutzt werden. Bei *Fixed-Effects*-Schätzern wird unbeobachtete Heterogenität[216] explizit berücksichtigt, indem für zeitinvariante Effekte kontrolliert wird (vgl. Stock & Watson, 2012, S. 396). Dieser Ansatz impliziert, dass lediglich zeitvariante exogene Variablen anhand von *Fixed-Effects*-Modellen analysiert werden können. In Gegenwart von zeitinvarianten exogenen Variablen können unter der Annahme, dass die unbeobachtete Heterogenität nicht mit den exogenen Variablen korreliert, effizientere *Random-Effects*-Modelle verwendet werden (vgl. Wooldridge, 2013, S. 474). Zur Reduzierung von Autokorrelation wird bei einem *Random-Effects*-Modell auf einen sogenannten *Generalized Least Squares*, kurz GLS-Schätzer zurückgegriffen (vgl. Wooldridge, 2013, S. 475).

Entscheidend für die Wahl des Regressionsmodells für die vorliegende Untersuchung ist der Umstand, dass Monitoring in Form von zeitinvarianten *Treatments* untersucht wird und daher die Voraussetzung zeitvarianter exogener Variablen für das *Fixed-Effects*-Modell nicht gegeben ist[217] (vgl. Wooldridge, 2013, S. 477). Zur Absicherung der Ergebnisse werden *Fixed-Effects*-Modelle im Rahmen der Robustheitsprüfungen in Kapitel 5.2.7 berechnet. Für das *Random-Effects*-Modell müssen die vorangehend aufgeführten Annahmen um eine weitere Annahme ergänzt werden (Wooldridge, 2013, S. 474):

(7) **Unkorreliertheit unbeobachteter Heterogenität** – Die unbeobachtete Heterogenität korreliert nicht mit den exogenen Variablen.

Auswahl geeigneter Regressionsmodelle für dichotome endogene Variablen
Die im vorangehenden Abschnitt betrachteten linearen Regressionsmodelle setzen stetig verteilte endogene Variablen voraus. Bei dichotomen endogenen Variablen wie dem Abspracheerfolg ist eine lineare Modellierung hingegen kaum zielführend, da diese lediglich die Werte 0 und 1 annehmen können, während alle anderen Werte nicht definiert sind (vgl. Kohler & Kreuter, 2012, S. 330; Stock & Watson, 2012, S. 428). Sogenannte Logit- und Probit-Modelle lösen diese Problematik, indem sie die

---

[217] Kroth (2015, S. 117) zufolge lässt sich diese Voraussetzung über die Berechnung eines gepoolten OLS-Modells mit dichotomen Variablen für jeden Teilnehmer und anschließendem Koeffizientenvergleich der zeitinvarianten exogenen Variablen anhand eines Wilcoxon-Rangsummen-Tests umgehen.

Wahrscheinlichkeit modellieren, dass die dichotome Variable den Wert 1 annimmt (vgl. Stock & Watson, 2012, S. 429). Die Wahrscheinlichkeiten nähern sich hierbei den Grenzen 0 und 1 asymptotisch an, wobei Logit-Modelle eine kumulierte logistische Verteilung annehmen und Probit-Modelle auf eine kumulierte Normalverteilung aufsetzen. Da sich die Ergebnisse beider Modelle meist nur unwesentlich unterscheiden (vgl. Stock & Watson, 2012, S. 434-436), wird für dichotome Variablen in der vorliegenden Arbeit ein Logit-Modell verwendet, während Probit-Modelle in der Robustheit berücksichtigt werden.

Die Schätzung erfolgt bei einer logistischen Regression anhand des *Maximum-Likelihood*-Prinzips[218]. Da der Regression eine logistische Wahrscheinlichkeitsfunktion zugrunde liegt, können zwar Richtung und Signifikanz der einzelnen Effekte gedeutet werden, die Höhe der resultierenden Koeffizienten kann im Gegensatz zu linearen Regressionen jedoch nicht ohne Weiteres interpretiert werden. Indem Chancen anhand von Chancenverhältnissen[219] gegenseitig in Bezug gesetzt werden, lassen sich die Koeffizienten dennoch indirekt interpretieren (vgl. Kohler & Kreuter, 2012, S. 329-334). Da die Hypothesen der vorliegenden Untersuchung ohnehin allein auf Richtung und Signifikanz der untersuchten Einflüsse abzielen, ist die Transformation der Koeffizienten hin zu Chancenverhältnissen nicht erforderlich.

Über die Besonderheiten der logistischen Regression hinaus gelten analoge Überlegungen wie für lineare Regressionen. Aus diesem Grunde kommen auch hier *Random-Effects*-Modelle zum Einsatz, während *Fixed-Effects*-Modelle im Rahmen der Robustheitsprüfungen Anwendung finden.

Überprüfung der Annahmen der Regressionsmodelle
Die zentralen Annahmen des Regressionsmodells werden nachfolgend bezogen auf das lineare *Random-Effects*-Modell überprüft und im Bedarfsfall durch entsprechende Maßnahmen adressiert:

---

[218] Unter dem *Maximum-Likelihood*-Prinzip werden die Koeffizienten derart geschätzt, dass die beobachteten Anteilswerte maximal wahrscheinlich werden. Eine ausführliche Diskussion findet sich bei Kohler und Kreuter (2012, S. 334-338).
[219] Engl. *Odds-Ratio* (Kohler & Kreuter, 2012, S. 331).

(1) Die Annahme der **Linearität** wird in der vorliegenden Untersuchung insbesondere vom Einfluss der kumulierten Kommunikation in den Variablen `Wortzahl_N_Historie` und `Wortzahl_A_Historie` verletzt, bei welchen, wie in Kapitel 5.2.1 dargelegt, ein linearer Zusammenhang eher unwahrscheinlich ist. Da die Variablen jedoch prinzipiell als willkürliche Funktionen definiert werden können (vgl. Wooldridge, 2013, S. 79), kann das Problem durch vorheriges Logarithmieren der Variable umgangen werden.

(2) Perfekte **Multikollinearität** wird von der Statistik-Software automatisch abgefangen. Eine hohe, jedoch nicht perfekte Multikollinearität stellt keine Verletzung der Annahmen dar, kann aber dennoch zu Problemen bei der Schätzung der Koeffizienten führen (vgl. Wooldridge, 2013, S. 89-94). Einen möglichen Hinweis auf Multikollinearität gibt unter anderem der Varianzinflationsfaktor (VIF)[220], welcher üblicherweise bei Werten unterhalb einer Grenze von 10 als unproblematisch erachtet wird (vgl. Schendera, 2014, S. 105; Wooldridge, 2013, S. 94). Zur Kontrolle auf Multikollinearität wird der maximale Varianzinflationsfaktor in dieser Arbeit für jede Regression ausgewiesen. Bei der Hypothesenüberprüfung wird hierbei maximal ein Wert von 5,2 erreicht, womit Multikollinearität als unproblematisch erachtet werden kann.

(3) Mögliche Ursachen für **Endogenität** schließen insbesondere nicht erfasste exogene Variablen, Messfehler, Simultanität (vgl. Wooldridge, 2013, S. 82-313) oder die Verwendung von verzögerten endogenen Variablen[221] unter Autokorrelation ein (vgl. Wooldridge, 2013, S. 401). Um Endogenität zu verhindern, werden relevante exogene Variablen, welche nicht im Mittelpunkt der Untersuchung stehen, als Kontrollvariablen mit in die Regressionen aufgenommen. Messfehler sind in der vorliegenden Untersuchung aufgrund der automatisierten Datenerhebung unwahrscheinlich und Simultanität ist definitionsgemäß[222] irrelevant. Der Vorrundenpreis als verzögerte endogene Variable wird bewusst lediglich in Robustheitsprüfungen berücksichtigt.

---

[220] Eine formale Herleitung und Diskussion zum Varianzinflationsfaktor findet sich beispielsweise bei Wooldridge (2013, S. 94).

[221] Engl. *lagged dependent variable* (Wooldridge, 2013, S. 401).

[222] Simultanität tritt insbesondere dann auf, wenn Daten gleichzeitig gemessen werden oder innerhalb eines Zeitabschnittes im Nachhinein nicht mehr bestimmt werden kann, welche der Variablen die Ursache und welche die Wirkung beschreibt (vgl. Wooldridge, 2013, S. 530-551). Definitionsgemäß werden die Zeitabschnitte im vorliegenden Experiment jedoch durch die endogene Variable `Preis`

(4) **Heteroskedastizität** kann auf verschiedenste Ursachen zurückzuführen sein (vgl. Wooldridge, 2013, S. 258). Mit Hilfe von heteroskedastie-robusten Standardfehlern können mögliche Probleme jedoch einfach minimiert werden (vgl. Cameron & Trivedi, 2010, S. 84; Wooldridge, 2010, S. 60-62).

(5) Die **Zufälligkeit der Stichprobe** ist nicht gewährleistet, da in Paneldaten für einen Merkmalträger definitionsgemäß mehrere Datenpunkte vorliegen und diese damit nicht mehr unabhängig voneinander sind (vgl. Wooldridge, 2013, S. 10). Durch den Einsatz von Panelmodellen wird diese Abhängigkeit jedoch berücksichtigt (vgl. Wooldridge, 2013, S. 466). Außerdem werden, wie von Petersen (2009, S. 458) empfohlen, dichotome Kontrollvariablen für jede Runde eingesetzt, um rundenspezifische Effekt wie den Konvergenzprozess oder Lerneffekte zu neutralisieren. Darüber hinaus existieren Zusammenhänge im Querschnitt der Daten: Beispielsweise wird in einer Anbieter-Nachfrager-Beziehung immer über beide Einheiten gleichzeitig verhandelt und es erscheint naheliegend, dass einzelne Transaktionen auch von der übergreifenden Dynamik in einem Markt beeinflusst werden. Eine Clusterung der Standard-fehler berücksichtigt diese Eigenheiten. Da sich die Schätzung verschlechtert, wenn die Cluster zu weit gefasst werden (vgl. Cameron & Miller, 2015, S. 333), wird auf eine Clusterung auf Anbieter-Nachfrager-Ebene zurückgegriffen.

(6) **Autokorrelation** kann insbesondere dann auftreten, wenn relevante exogene Variablen nicht erfasst werden (vgl. Stock & Watson, 2012, S. 405). Um Auto-korrelation zu minimieren, werden daher wie bei der Definition der Variablen bereits angedeutet Kontrollvariablen in der Regression berücksichtigt. Darüber hinaus wird Autokorrelation in der vorliegenden Arbeit durch den Einsatz von *Random-Effects*-Modellen adressiert, welche Autokorrelation durch die Ver-wendung eines GLS-Schätzers kompensieren (vgl. Wooldridge, 2013, S. 475). Als dritte Maßnahme werden außerdem geclusterte Standardfehler verwendet, welche potentielle Autokorrelation berücksichtigen (vgl. Petersen, 2009, S. 440).

(7) Zur Überprüfung der **Korrelation** von **unbeobachteter Heterogenität** mit den exogenen Variablen wird üblicherweise der auf Hausman (1978) zurückgehende Hausman-Test herangezogen. Die Nullhypothese, dass keine Korrelation

---

zum Transaktionsabschluss bzw. Abspracheerfolg zum Rundenende beendet, was die Kausalität hinsichtlich des zeitlichen Ablaufs sicherstellt (vgl. 4.3.1).

vorliegt, kann nicht verworfen werden[223]. Damit legt der Hausman-Test nahe, dass ein *Random-Effects*-Modell verwendet werden kann.

Aufmerksamkeit erfordert darüber hinaus die empfindliche Reaktion der Schätzer auf Ausreißer, welche aufgrund der Quadratur der Fehlerquadrat-Methode besondere Bedeutung erhalten. Ausreißer können einerseits aus Fehlern beispielsweise bei der Dateneingabe resultieren. Andererseits können Ausreißer aber auch valide Datenpunkte darstellen, welche wichtige Informationen in sich tragen und lediglich aufgrund einer kleinen Stichprobe auffällig sind. Es empfiehlt sich daher, bei der Bereinigung von Ausreißern vorsichtig vorzugehen (vgl. Stock & Watson, 2012, S. 167; Wooldridge, 2013, S. 316-321). Ausreißer, welche sich klar auf mangelndes Verständnis des Experiments zurückführen lassen, werden aus der vorliegenden Untersuchung ausgeschlossen – was, wie bereits in der deskriptiven Analyse in Kapitel 5.1.1 angesprochen, im vorliegenden Experiment auf Markt 31 zutrifft. Inwiefern sich eine darüber hinausgehende Ausreißerbereinigung auf die Ergebnisse auswirkt, wird im Rahmen der Robustheitsprüfungen erörtert.

Zusammenfassend lässt sich feststellen, dass alle Annahmen bei der Wahl der Regressionsmodelle berücksichtigt und die identifizierten Problemfelder mit geeigneten Gegenmaßnahmen adressiert werden, womit eine solide Ausgangsbasis für die Hypothesenüberprüfung geschaffen wird. Potentiell relevante Modellspezifikationen werden darüber hinaus im Rahmen der Robustheitsprüfung in Kapitel 5.2.7 vertieft betrachtet.

5.2.3 Regressionsergebnisse als Basis der Hypothesenüberprüfung

Für die beiden endogenen Variablen werden die zwei separaten Regressionen Modell P mit Preis als endogener Variable (vgl. Tabelle 17) sowie Modell A mit Abspracheerfolg als endogener Variable (vgl. Tabelle 18) erstellt. Die einzelnen Teilmodelle bauen in sukzessiven Schritten aufeinander auf[224]:

---

[223] Der Hausman-Test wird für Modell P10 ohne *Treatment*-Variablen (*Random-Effects*-Modell) und P10-1 (*Fixed-Effects*-Modell) durchgeführt (vgl. Tabelle 28), wobei cluster-robuste Standardfehler aus technischen Gründen nicht berücksichtig werden können. Die Nullhypothese wird zum in der Literatur üblichen Level von 5% nicht verworfen.

[224] Schritt 6 beispielsweise beinhaltet die Schritte 1 bis 6. Die Vertiefungen der Aspekte Vollständigkeit, Drohungen und Absprachetyp in Schritt 7 bis 9 bauen zur Überschneidungsfreiheit auf Schritt 6 auf.

1. Als Basis für die Hypothesenüberprüfung werden zunächst die **Kontroll-variablen** zur Dynamik in Wechselkostenmärkten sowie zum Konvergenz-prozess analysiert.

2. Die Hypothesen zu **Monitoring** werden anhand der *Treatment*-Variablen gegenüber *Treatment* 1 als Referenz überprüft.

3. Der Einfluss des **Kommunikationsumfangs** wird anhand der Wortzahl in Anbieter- und Nachfragerchats analysiert.

4. Die Analyse der Kommunikationsinhalte wird mit der Frage nach dem Einfluss von **Prinzipiellem** ohne eine Absprache eingeleitet.

5. Hinsichtlich kollusiver **Absprachen** wird zunächst der Einfluss von Absprachen allgemein ohne Berücksichtigung der Absprachedetails erörtert.

6. Anschließend wird untersucht, inwiefern die **Vollständigkeit** von Absprachen hierfür ausschlaggebend ist.

7. Eine differenzierte Analyse der **Details der Vollständigkeit** zeigt, inwiefern Konkretheit, Abstimmung oder die Kombination aus beiden Faktoren ausschlag-gebend ist.

8. Der Einfluss von **Drohungen** auf vollständige Absprachen wird daraufhin in einem separaten Modell untersucht.

9. Anschließend wird der Einfluss des **Absprachetyps** der vollständigen Abspra-chen einer näheren Betrachtung unterzogen.

10. Im letzten Schritt werden zusätzlich die Einflussfaktoren aus der **Historie** heraus mit in die Betrachtung aufgenommen.

Wie bereits im Rahmen der Hypothesenableitung in Kapitel 3.3 dargelegt, ist Schritt 10 bei Modell P aus logischen Gründen auf den Einfluss etablierter Kollusion begrenzt, während bei Modell A die Schritte 4 und 5 entfallen. Aus Konsistenzgründen bleibt die Darstellung der Tabellen unverändert, weshalb bereits die Variable Preis_Vorrunde aus der Robustheitsprüfung inkludiert wird. Da sich viele der in Kapitel 3 definierten Hypothesen sowohl auf den Preis, als auch den Abspracheerfolg beziehen, ist eine sequentielle Diskussion der zwei Regressionsmodelle kaum zielführend. Die Erörterung der Modelle inklusive der Wald-Tests erfolgt daher im Kontext der Hypothesen-überprüfung in den folgenden Abschnitten, wobei lediglich die zentralen Werte aus beiden Modellen herausgegriffen werden.

Tabelle 17: Modell P – Regressionsergebnisse zum Preis

Endogene Variable: Preis

Bereich	Nr.	Exogene Variablen	P1 Kontrollvariablen Koeff.	p-Wert	P2 Monitoring Koeff.	p-Wert	P3 Komm.-Umfang Koeff.	p-Wert	P4 Prinzipielles Koeff.	p-Wert	P5 Absprachen Koeff.	p-Wert	P6 Vollständigkeit Koeff.	p-Wert	P7 Details Vollst. Koeff.	p-Wert	P8 Drohungen Koeff.	p-Wert	P9 Absprachetyp Koeff.	p-Wert	P10 Historie Koeff.	p-Wert
Mon.	1	Treatment_2			1,413	0,200	1,837	0,088 †	1,867	0,082 †	2,018	0,056 †	2,104	0,045 *	2,122	0,043 *	2,020	0,054 †	1,975	0,059 †	2,117	0,044 *
Mon.	2	Treatment_3			3,682	0,003 **	3,677	<0,001 ***	3,724	<0,001 ***	3,823	<0,001 ***	3,651	0,001 ***	3,683	<0,001 ***	3,511	0,001 ***	3,312	0,001 ***	3,155	0,002 **
K.-Umfang	3	Wortzahl_N					-0,001	0,950	0,002	0,730	-0,004	0,561	-0,008	0,266	-0,008	0,256	-0,008	0,258	-0,006	0,398	-0,005	0,478
K.-Umfang	4	Wortzahl_N_Historie																			-0,235	0,398
K.-Umfang	5	Wortzahl_A					0,177	0,068 †	0,171	0,002 **	0,069	0,213	0,024	0,671	0,010	0,866	0,009	0,880	-0,006	0,914	0,018	0,726
K.-Umfang	6	Wortzahl_A_Historie					1,985	<0,001 ***	1,948	<0,001 ***	1,787	<0,001 ***	1,614	<0,001 ***	1,610	<0,001 ***	1,617	<0,001 ***	1,533	<0,001 ***	1,367	<0,001 ***
Kommunikationsinhalte	7	Prinzipielles							-3,024	<0,001 ***	-1,560	0,012 *	-1,397	0,023 *	-1,369	0,026 *	-1,410	0,021 *	-1,378	0,024 *	-1,429	0,019 *
Kommunikationsinhalte	8	Absprache									3,155	<0,001 ***					0,958	0,272	0,937	0,283	0,686	0,421
Kommunikationsinhalte	9	Absprache unvollstaendig											0,957	0,271								
Kommunikationsinhalte	10	Absprache_UV													1,182	0,539						
Kommunikationsinhalte	11	Absprache_UA													0,867	0,622						
Kommunikationsinhalte	12	Absprache_KV													0,193	0,783						
Kommunikationsinhalte	13	Absprache_UAKV													3,513	0,178						
Kommunikationsinhalte	14	Absprache vollstaendig											5,114	<0,001 ***	5,238	<0,001 ***						
Kommunikationsinhalte	15	Keine_Drohung															4,283	<0,001 ***				
Kommunikationsinhalte	16	Drohung															6,222	<0,001 ***				
A.-Typ	17	Preisabsprache																	4,750	<0,001 ***		
A.-Typ	18	Marktaufteilung																	3,164	0,006 **		
A.-Typ	19	Kombinierte Absprache																	7,807	<0,001 ***		
Historie	20	Etablierte Kollusion																			3,877	<0,001 ***
Historie	21	Vertrauensbruch_Historie																			1,378	0,209
Historie	22	Preiskampf_Historie																			5,353	<0,001 ***
Historie		(weitere)																			4,083	<0,001 ***
Kontrollvariablen	23	Wechsel	-4,376	<0,001 ***	-4,333	<0,001 ***	-4,735	<0,001 ***	-4,724	<0,001 ***	-4,785	<0,001 ***	-4,865	<0,001 ***	-4,811	<0,001 ***	-4,855	<0,001 ***	-4,754	<0,001 ***	-4,884	<0,001 ***
Kontrollvariablen	24	Busendelung	-1,194	0,057 *	-1,061	0,089 †	-1,177	0,046 *	-1,280	0,028 *	-1,202	0,035 *	-1,050	0,058 †	-1,011	0,066 †	-1,060	0,057 †	-0,945	0,083 †	-0,976	0,073 †
Kontrollvariablen	25	Runde_2	-4,221	<0,001 ***	-4,207	<0,001 ***	-7,559	<0,001 ***	-7,446	<0,001 ***	-7,430	<0,001 ***	-7,101	<0,001 ***	-7,287	<0,001 ***	-7,083	<0,001 ***	-7,002	<0,001 ***	-7,096	<0,001 ***
Kontrollvariablen	26	Runde_3	-6,346	<0,001 ***	-6,335	<0,001 ***	-11,056	<0,001 ***	-10,902	<0,001 ***	-10,750	<0,001 ***	-10,562	<0,001 ***	-10,531	<0,001 ***	-10,587	<0,001 ***	-10,460	<0,001 ***	-10,618	<0,001 ***
Kontrollvariablen	27	Runde_4	-5,705	<0,001 ***	-5,715	<0,001 ***	-11,796	<0,001 ***	-11,803	<0,001 ***	-11,728	<0,001 ***	-11,356	<0,001 ***	-11,254	<0,001 ***	-11,426	<0,001 ***	-11,294	<0,001 ***	-11,268	<0,001 ***
Kontrollvariablen	28	Runde_5	-5,978	<0,001 ***	-5,979	<0,001 ***	-13,375	<0,001 ***	-13,413	<0,001 ***	-13,182	<0,001 ***	-13,022	<0,001 ***	-13,035	<0,001 ***	-13,236	<0,001 ***	-13,076	<0,001 ***	-13,096	<0,001 ***
Kontrollvariablen	29	Runde_6	-5,206	<0,001 ***	-5,209	<0,001 ***	-13,188	<0,001 ***	-13,412	<0,001 ***	-13,182	<0,001 ***	-13,086	<0,001 ***	-13,093	<0,001 ***	-13,329	<0,001 ***	-12,955	<0,001 ***		
Kontrollvariablen	30	Runde_7	-3,200	0,007 **	-3,196	0,007 **	-11,850	<0,001 ***	-11,969	<0,001 ***	-11,571	<0,001 ***	-11,308	<0,001 ***	-11,475	<0,001 ***	-11,508	<0,001 ***	-11,295	<0,001 ***	-11,261	<0,001 ***
Kontrollvariablen	31	Runde_8	-4,288	<0,001 ***	-4,279	<0,001 ***	-12,956	<0,001 ***	-12,955	<0,001 ***	-12,459	<0,001 ***	-12,390	<0,001 ***	-12,390	<0,001 ***	-12,540	<0,001 ***	-12,220	<0,001 ***	-12,479	<0,001 ***
Kontrollvariablen	32	Runde_9	-3,878	0,001 ***	-3,877	0,001 ***	-12,809	<0,001 ***	-12,941	<0,001 ***	-12,372	<0,001 ***	-12,324	<0,001 ***	-12,308	<0,001 ***	-12,533	<0,001 ***	-12,283	<0,001 ***	-12,356	<0,001 ***
Kontrollvariablen	33	Preis_Vortrunde																				

Modell	P1	P2	P3	P4	P5	P6	P7	P8	P9	P10
Konstante	62,386	60,656	60,272	60,482	59,600	59,644	59,657	59,744	59,734	60,113
Modell	Random Effects A.-N.-Beziehung	Random Effects A.-N.-Beziehung	Random Effects A.-N.-Beziehung	Random Effects A.-N.-Beziehung	Random Effects A.-N.-Beziehung	Random Effects A.-N.-Beziehung	Random Effects A.-N.-Beziehung	Random Effects A.-N.-Beziehung	Random Effects A.-N.-Beziehung	Random Effects A.-N.-Beziehung
Clusterung Standardfehler	A.-N.-Beziehung	A.-N.-Beziehung	A.-N.-Beziehung	A.-N.-Beziehung	A.-N.-Beziehung	A.-N.-Beziehung	A.-N.-Beziehung	A.-N.-Beziehung	A.-N.-Beziehung	A.-N.-Beziehung
Anzahl Beobachtungen	1739	1739	1739	1739	1739	1739	1739	1739	1739	1739
R^2 (gesamt)	0,082	0,105	0,234	0,245	0,276	0,301	0,303	0,304	0,319	0,331
R^2 (within)	0,149	0,150	0,213	0,231	0,253	0,274	0,278	0,279	0,281	0,301
R^2 (between)	0,043	0,073	0,202	0,205	0,228	0,256	0,256	0,255	0,278	0,283
Max. VIF	1,8	1,8	4,6	4,6	4,7	4,7	4,7	4,7	4,7	4,7
Wald-Tests	2>1 0,040 *	2>1 0,040 *	5>3 0,001 ***; 6>4 <0,001 ***		14>9 <0,001 ***	14>9 <0,001 ***		16>15 0,023 *	17>18 0,108 †; 19>18 <0,001 ***	17>18 0,108 †; 19>18 <0,001 ***

†, *, **, *** = Signifikanzen zum 10%-, 5%-, 1%- und 0,1%-Niveau. Angabe Wald-Test über Variablennummern (z. B. 2>1 bezeichnet den einseitigen Wald-Test zwischen Treatment_2 und Treatment_3).

Tabelle 18: Modell A – Regressionsergebnisse zum Abspracheerfolg

Endogene Variable: Abspracheerfolg

Bereich	Nr.	Exogene Variablen	A1 Kontrollvariablen Koeff.	p-Wert	A2 Monitoring Koeff.	p-Wert	A3 Komm.-Umfang Koeff.	p-Wert	A6 Vollständigkeit Koeff.	p-Wert	A7 Details Vollst. Koeff.	p-Wert	A8 Drohungen Koeff.	p-Wert	A9 Absprachetyp Koeff.	p-Wert	A10 Historie Koeff.	p-Wert
Mon.	1	Treatment_2			-0.947	0.110	-0.967	0.167	-0.837	0.166	-0.852	0.167	-0.895	0.120	-1.039	0.059 *	-0.626	0.129
	2	Treatment_3			1.092	0.049 *	1.269	0.039 *	0.994	0.051 *	1.048	0.046 *	0.857	0.090 *	1.086	0.028 *	0.842	0.030 *
K.-Umfang	3	Wortzahl_N					-0.001	0.859	-0.015	0.006 **	-0.016	0.004 **	-0.016	0.004 **	-0.016	0.003 **	-0.015	0.001 ***
	4	Wortzahl_N_Historie					-0.570	0.001 ***	-0.418	0.012 *	-0.411	0.017 *	-0.397	0.012 *	-0.409	0.008 **	-0.225	0.082 *
	5	Wortzahl_A					0.246	<0.001 ***	0.125	<0.001 ***	0.113	<0.001 ***	0.112	<0.001 ***	0.092	0.001 ***	0.084	<0.001 ***
	6	Wortzahl_A_Historie					1.515	<0.001 ***	0.796	<0.001 ***	0.761	<0.001 ***	0.755	<0.001 ***	0.372	0.040 *	0.482	0.005 **
Kommunikationsinhalte	7	Prinzipielles																
	8	Absprache													3.720	<0.001 ***	3.121	<0.001 ***
	9	Absprache unvollstaendig							3.987	<0.001 ***								
	10	Absprache_UV									2.907	0.078 *						
	11	Absprache_UA									3.134	0.038 *						
	12	Absprache_KV									3.393	0.003 **						
	13	Absprache_UAKV									5.740	<0.001 ***						
	14	Absprache_vollstaendig							6.170	<0.001 ***	6.345	<0.001 ***						
	15	Keine Drohung											5.715	<0.001 ***				
	16	Drohung											6.479	<0.001 ***				
A.-Typ	17	Preisabsprache													5.229	<0.001 ***		
	18	Marktaufteilung													7.543	<0.001 ***		
	19	Kombinierte Absprache													7.365	<0.001 ***		
Historie	20	Etablierte Kollusion															1.218	0.001 ***
	21	Vertrauensbruch_Historie															-1.263	<0.001 ***
	22	Preiskampf_Historie															0.985	0.012 *
Kontrollvariablen	23	Wechsel																
	24	Buendelung																
	25	Runde_2	1.177	0.010 **	1.184	0.009 **	-1.449	0.075 *	-0.230	0.813	-0.348	0.724	-0.079	0.933	1.149	0.173	-0.007	0.993
	26	Runde_3	0.937	0.127	0.932	0.128	-3.219	0.005 **	-1.295	0.313	-1.273	0.329	-1.114	0.364	0.239	0.825	-1.525	0.089 *
	27	Runde_4	1.718	0.001 **	1.706	0.001 ***	-2.758	0.032 *	-0.638	0.635	-0.506	0.716	-1.013	0.430	1.213	0.285	-0.600	0.572
	28	Runde_5	2.034	<0.001 ***	2.029	<0.001 ***	-3.072	0.020 *	-1.013	0.447	-0.989	0.460			0.622	0.609	-1.309	0.207
	29	Runde_6	2.048	0.001 ***	2.044	<0.001 ***	-3.607	0.011 *	-1.848	0.180	-1.886	0.175	-1.834	0.167	0.009	0.994	-1.863	0.072 *
	30	Runde_7	2.770	<0.001 ***	2.779	<0.001 ***	-3.085	0.047 *	-0.460	0.767	-0.633	0.676	-0.428	0.774	1.354	0.333	-0.633	0.581
	31	Runde_8	2.559	<0.001 ***	2.557	<0.001 ***	-3.348	0.024 *	-0.580	0.694	-0.658	0.656	-0.541	0.704	1.224	0.358	-1.124	0.337
	32	Runde_9	2.985	<0.001 ***	2.982	<0.001 ***	-3.014	0.049 *	-0.219	0.883	-0.096	0.949	-0.125	0.931	1.367	0.311	-0.678	0.565
	33	Preis_Vorrunde																
		Konstante	-5.373		-5.386		-6.674		-8.534		-8.463		-8.162		-7.762		-6.201	
		Modell	Random Effects A.-N.-Beziehung		Random Effects A.-N.-Beziehung		Random Effects A.-N.-Beziehung		Random Effects A.-N.-Beziehung		Random Effects A.-N.-Beziehung		Random Effects A.-N.-Beziehung		Random Effects A.-N.-Beziehung		Random Effects A.-N.-Beziehung	
		Clusterung Standardfehler	A.-N.-Beziehung		A.-N.-Beziehung		A.-N.-Beziehung		A.-N.-Beziehung		A.-N.-Beziehung		A.-N.-Beziehung		A.-N.-Beziehung		A.-N.-Beziehung	
		Anzahl Beobachtungen	1739		1739		1739		1739		1739		1739		1739		1739	
		R^2 (gesamt)																
		R^2 (within)																
		R^2 (between)																
		Max. VIF	1.8		1.8		4.6		4.7		4.7		4.7		4.7		5.2	
		Wald-Tests	2>1	<0.001 ***	2>1	<0.001 ***	5>3	<0.001 ***	14>9	<0.001 ***	14>9	<0.001 ***	16>15	0.045 *	18>17	<0.001 ***	18>17	<0.001 ***
							6>4	<0.001 ***							19>17	<0.001 ***	19>17	<0.001 ***

*, **, *** – Signifikanzen zum 10%-, 1%- und 0,1%-Niveau; Angabe p-Wert über Variablennummer (z. B. 2>1 bezeichnet den einseitigen Wald-Test zwischen Treatment_3 und Treatment_2)

5.2.4   Statistische Analyse der allgemeinen Dynamik von Wechselkostenmärkten

Eine kurze Betrachtung der Kontrollvariablen in Tabelle 19 zeigt einige Aspekte der grundlegenden Dynamik experimenteller Wechselkostenmärkt als Basis für die nachfolgende Hypothesenüberprüfung.

Tabelle 19: Modell P1 und A1 – Kontrollvariablen

Bereich	Endogene Variable	Preis		Abspracheerfolg	
	Modell	**P1**		**A1**	
	Schritt	Kontrollvariablen		Kontrollvariablen	
	Nr. Exogene Variablen	**Koeff.**	**p-Wert**	**Koeff.**	**p-Wert**
	23 Wechsel	-4,376	<0,001 ***		
	24 Buendelung	-1,194	0,057 *		
Kontrollvariablen	25 Runde_2	-4,221	<0,001 ***	1,177	0,010 **
	26 Runde_3	-6,346	<0,001 ***	0,937	0,127
	27 Runde_4	-5,705	<0,001 ***	1,718	0,001 ***
	28 Runde_5	-5,978	<0,001 ***	2,034	<0,001 ***
	29 Runde_6	-5,206	<0,001 ***	2,048	0,001 ***
	30 Runde_7	-3,200	0,007 **	2,770	<0,001 ***
	31 Runde_8	-4,288	<0,001 ***	2,559	<0,001 ***
	32 Runde_9	-3,878	0,001 ***	2,985	<0,001 ***

*, **, *** = Signifikanzen zum 10%-, 1%- und 0,1%-Niveau

Hinsichtlich der Charakteristika von Wechselkostenmärkten belegt Modell P1 die vorläufige Beobachtung in der deskriptiven Analyse, dass Preise für Neukunden niedriger als für Bestandskunden sind. Das Ergebnis, dass Wechsel signifikant ist und einen relevanten Preisnachlass von über 4 Talern andeutet, weist darauf hin, dass *bargain-then-ripoff*-Strategien eine Rolle spielen. Damit bestätigen die Kontrollvariablen die Ergebnisse von Paulik (2016, S. 126), welcher für Wechsel ebenfalls eine signifikante Preisreduzierung in ähnlicher Größenordnung berichtet. Darüber hinaus sind Preise signifikant niedriger, wenn ein Nachfrager beide Einheiten bei einem Nachfrager bezieht, wie die ebenfalls von Paulik (2016, S. 135-137) untersuchte Variable Buendelung anzeigt.

Die dichotomen Rundenvariablen zeigen den in der deskriptiven Analyse beobachteten Konvergenzprozess, welcher im Laufe des Experiments zu niedrigeren Preisen (Modell P1) und einer höheren Erfolgswahrscheinlichkeit von Absprachen (Modell A1) führt. Während die Preise bereits ab Runde_2 gegenüber der ersten Runde drastisch fallen, liegt die Erfolgswahrscheinlichkeit von Absprachen erst ab Runde_4 konstant signifikant höher als zu Beginn. Endspieleffekte lassen sich bei Runde_9 weder im Hinblick auf den funktionalen noch den ökonomischen Kollusionserfolg erkennen.

5.2.5 Überprüfung der Hypothesen

Auf Basis der im letzten Abschnitt vorgestellten Regressionsergebnisse erfolgt die Überprüfung der einzelnen Hypothesen entlang der vier übergreifenden Themengebiete der Thesen, gefolgt von einer kurzen Zusammenfassung der Ergebnisse.

Hypothesenüberprüfung zum Einfluss von Monitoring

Die Untersuchung von Monitoring folgt prinzipiell dem Grundgedanken von These I:

> **These I:** *Neben dem Informationsgehalt ist insbesondere die verzögerungsfreie Verfügbarkeit entscheidend für die kollusionsförderliche Wirkung von Monitoring.*

Die grundlegende Annahme zum Einfluss von Monitoring nimmt einen kollusionsförderlichen Effekt und damit höhere Preise an, wenn Monitoring-Informationen verfügbar sind.

> **Hypothese I-1:** *Absprachen sind wahrscheinlicher erfolgreich bzw. Preise sind höher, wenn Monitoring-Informationen verfügbar sind.*

Modell P2 und A2 in Tabelle 20 deuten zunächst darauf hin, dass Hypothese I-1 nicht zutrifft, da `Treatment_2` (Monitoring-Informationen zum Rundenende) gegenüber dem Referenz-*Treatment* 1 (Keine Monitoring-Informationen) keinen statistisch signifikanten Effekt aufweist. Aus der gesamthaften Regressionsübersicht in Tabelle 17 wird allerdings ersichtlich, dass unter Berücksichtigung weiterer exogener Variablen in den Modellen P3 bis P10 durchaus ein statistisch signifikanter Zusammenhang zwischen verzögerter Monitoring-Information und dem Preis besteht, womit Hypothese I-1 zumindest hinsichtlich der Variable `Preis` als bestätigt betrachtet werden kann.

Tabelle 20: Modell P2 und A2 – Monitoring

Endogene Variable		Preis		Abspracheerfolg	
	Modell	P2		A2	
	Schritt	Monitoring		Monitoring	
	Nr. Exogene Variablen	Koeff.	p-Wert	Koeff.	p-Wert
	1 Treatment_2	1,413	0,200	-0,947	0,110
	2 Treatment_3	3,682	0,003 **	1,092	0,049 *
Wald-Tests		2>1	0,040 *	2>1	<0,001 ***

*, **, *** = Signifikanzen zum 10%-, 1%- und 0,1%-Niveau
Angabe Wald-Test über Variablennummer

In der darauffolgenden Hypothese wird die Einschränkung verzögerter Information aufgehoben.

Hypothese I-2: *Absprachen sind wahrscheinlicher erfolgreich bzw. Preise sind höher, wenn Monitoring-Informationen verzögerungsfrei verfügbar sind.*

Erfolgt das Monitoring wie in *Treatment* 3 verzögerungsfrei, ist die kollusionsförderliche Wirkung von Monitoring eindeutig zu erkennen, da Treatment_3 sowohl hinsichtlich des Preises (Modell P2) als auch des Abspracheerfolgs (Modell A2) einen signifikant positiven Einfluss aufweist. Darüber hinaus zeigt ein einseitiger Wald-Test in Modell P2 und A2 zwischen den Koeffizienten von Treatment_2 und Treatment_3, dass der Effekt signifikant höher ausfällt. Hypothese I-2 wird somit klar belegt.

Die übergreifende These I, dass insbesondere die verzögerungsfreie Verfügbarkeit für die kollusionsförderliche Wirkung von Monitoring entscheidend ist, wird somit im Wesentlichen bestätigt, wobei zumindest Preise bereits bei verzögerter Monitoring-Information in geringerem Maße positiv beeinflusst werden.

Hypothesenüberprüfung zum Einfluss von Kommunikation
These II zufolge zeigt Kommunikation nur unter bestimmten Bedingungen einen Einfluss auf das Marktgeschehen:

These II: *Konkrete, abgestimmte Aktionen sind entscheidend für die kollusionsförderliche Wirkung von Kommunikation.*

Hypothese II-1 fokussiert zunächst lediglich auf den Kommunikationsumfang, ohne dass auf die Inhalte der Kommunikation eingegangen wird.

Hypothese II-1: *Absprachen sind wahrscheinlicher erfolgreich bzw. Preise sind umso höher, je mehr die Anbieter miteinander kommunizieren.*

Wie Tabelle 21 zeigt wird Hypothese II-1 in den Modellen P3 und A3 klar bestätigt: Sowohl der Kommunikationsumfang der aktuellen Runde bis zum Transaktionsabschluss (Wortzahl_A), als auch der historische Kommunikationsumfang der Vorrunden (Wortzahl_A_Historie) führen zu statistisch signifikant höheren Preisen (Modell P3) und einer höheren Erfolgswahrscheinlichkeit von Absprachen (Modell A3). Betrachtet man dieselben Variablen in den Modellen P5 bis P10 in der gesamthaften Regressionsübersicht in Tabelle 17, verliert insbesondere der Kommunikationsumfang der aktuellen Runde an Signifikanz. Dies stellt keinen Widerspruch zu Hypothese II-1 dar, sondern weist lediglich darauf hin, dass die Kommunikationsinhalte das Marktverhalten deutlich besser erklären können als der oberflächliche Kommunikationsumfang, was den Ansatz der vorliegenden Arbeit auf Kommunikationsinhalte zu fokussieren bestärkt.

Tabelle 21: Modell P3 und A3 – Kommunikationsumfang

	Endogene Variable	Preis		Abspracheerfolg	
	Modell	P3		A3	
	Schritt	Komm.-Umfang		Komm.-Umfang	
	Nr. Exogene Variablen	Koeff.	p-Wert	Koeff.	p-Wert
Mon.-Bereich	1 Treatment_2	1,837	0,088 *	-0,967	0,167
	2 Treatment_3	3,677	0,001 ***	1,269	0,039 *
K.-Umfang	3 Wortzahl_N	<0,001	0,950	-0,001	0,859
	4 Wortzahl_N_Historie	-0,542	0,068 *	-0,570	0,001 ***
	5 Wortzahl_A	0,177	0,001 ***	0,246	<0,001 ***
	6 Wortzahl_A_Historie	1,985	<0,001 ***	1,515	<0,001 ***
Wald-Tests		5>3	0,001 ***	5>3	<0,001 ***
		6>4	<0,001 ***	6>4	<0,001 ***

*, **, *** = Signifikanzen zum 10%-, 1%- und 0,1%-Niveau
Angabe Wald-Test über Variablennummer

Betrachtet wird aus Gründen der Vollständigkeit außerdem die Kommunikation zwischen Anbietern und Nachfragern der aktuellen Runde bis zum Transaktionsabschluss Wortzahl_N und der Vorrunden Wortzahl_N_Historie. Statistisch kann für Wortzahl_N weder für den Preis, noch den Abspracheerfolg ein Effekt nachgewiesen werden. Die kumulierte Kommunikation der Vorrunden

`Wortzahl_N_Historie` hingegen zeigt einen negativen Effekt auf Preise (Modell P3) und Abspracheerfolg (Modell A3). Ein einseitiger Wald-Test des Kommunikationsumfangs der aktuellen Runde (`Wortzahl_N` und `Wortzahl_A`) sowie der Vorrunden (`Wortzahl_N_Historie` und `Wortzahl_A_Historie`) zeigt darüber hinaus, dass die Anbieterkommunikation eine signifikant größere Rolle spielt als die Verhandlung mit den Nachfragern, was den Fokus dieser Untersuchung auf die Kommunikation zwischen den Anbietern rechtfertigt.

Hinsichtlich der Kommunikationsinhalte stellen prinzipielle Aussagen und Kooperationsabsichten als Vorstufe einer Absprache die unverbindlichste Form der untersuchten Inhalte dar. Mangels einer konkreten, vereinbarten Aktion wird jedoch keine Wirkung auf das Preisniveau prognostiziert.

Hypothese II-2: *Preise sind nicht höher, wenn die Anbieter über Prinzipielles (ohne Absprache) kommunizieren.*

Modell P4 in Tabelle 22 weist für `Prinzipielles` nicht nur keine höhere, sondern im Gegenteil sogar signifikant niedrigere Preise aus, was Hypothese II-2 klar belegt.

Tabelle 22: Modell P4 und P5 – Prinzipielles und Absprachen

	Endogene Variable		Preis		
	Modell		P4		P5
	Schritt		Prinzipielles		Absprachen
	Nr. Exogene Variablen	Koeff.	p-Wert	Koeff.	p-Wert
	1 Treatment_2	1,867	0,082 *	2,018	0,056 *
	2 Treatment_3	3,724	0,001 ***	3,823	<0,001 ***
	3 Wortzahl_N	0,002	0,730	-0,004	0,561
	4 Wortzahl_N_Historie	-0,466	0,116	-0,386	0,185
	5 Wortzahl_A	0,171	0,002 **	0,069	0,213
	6 Wortzahl_A_Historie	1,948	<0,001 ***	1,787	<0,001 ***
	7 Prinzipielles	-3,024	<0,001 ***	-1,560	0,012 *
	8 Absprache			3,155	<0,001 ***

*, **, *** = Signifikanzen zum 10%-, 1%- und 0,1%-Niveau

Bei den im Vergleich zu prinzipiellen Appellen deutlich greifbareren Absprachen hingegen wird eine positive Wirkung auf die erzielten Preise postuliert.

Hypothese II-3: *Preise sind höher, wenn die Anbieter eine Absprache treffen.*

Die Variable Absprache in Modell P5 ist signifikant positiv, was Hypothese II-3 bestätigt. Im Folgenden wird näher untersucht, inwiefern Konkretheit und Abstimmung für den Erfolg einer Absprache entscheidend sind.

Hypothese II-4: *Absprachen sind wahrscheinlicher erfolgreich bzw. Preise sind höher, wenn eine Absprache sowohl abgestimmt als auch konkret ist.*

Wie die Regressionsergebnisse in Tabelle 23 zeigen, lässt sich hinsichtlich der Preise bei Modell P6 keine Signifikanz für Absprachen beobachten, welche nicht vollständig konkretisiert und/oder nicht abgestimmt sind (Absprache_unvollstaendig). Vollständige, d. h. konkrete und abgestimmte Absprachen führen gegenüber keiner Kommunikation zu etwa 5,1 Taler höheren Preisen, was zum 1‰-Niveau signifikant ist (Absprache_vollstaendig). Eine nähere Analyse der Dimensionen Konkretheit und Abstimmung in Modell P7 zeigt, dass beide Dimensionen gleichermaßen ineffektiv in Bezug auf das Preisniveau sind, da sich alle Detailformen als nicht signifikant erweisen.

Tabelle 23: Modell P6, P7, A6 und A7 – Vollständigkeit von Absprachen

	Endogene Variable	Preis				Abspracheerfolg			
	Modell	P6		P7		A6		A7	
	Schritt	Vollständigkeit		Details Vollst.		Vollständigkeit		Details Vollst.	
	Nr. Exogene Variablen	Koeff.	p-Wert	Koeff.	p-Wert	Koeff.	p-Wert	Koeff.	p-Wert
Mon. Bereich	1 Treatment_2	2,104	0,045 *	2,122	0,043 *	-0,837	0,166	-0,852	0,167
	2 Treatment_3	3,631	0,001 ***	3,683	<0,001 ***	0,994	0,051 *	1,048	0,046 *
K.-Umfang	3 Wortzahl_N	-0,008	0,266	-0,008	0,256	-0,015	0,006 **	-0,016	0,004 ***
	4 Wortzahl_N_Historie	-0,344	0,224	-0,350	0,214	-0,418	0,012 *	-0,411	0,017 *
	5 Wortzahl_A	0,024	0,671	0,010	0,866	0,125	<0,001 ***	0,113	<0,001 ***
	6 Wortzahl_A_Historie	1,614	<0,001 ***	1,610	<0,001 ***	0,796	<0,001 ***	0,761	<0,001 ***
Kommunikationsinhalte	7 Prinzipielles	-1,397	0,023 *	-1,369	0,026 *				
	8 Absprache								
	9 Absprache_unvollstaendig	0,957	0,271			3,987	<0,001 ***		
	10 Absprache_UV			1,182	0,539			2,907	0,078 *
	11 Absprache_UA			0,867	0,622			3,134	0,038 *
	12 Absprache_KV			0,193	0,783			3,393	0,003 **
	13 Absprache_UAKV			3,513	0,178			5,740	<0,001 ***
	14 Absprache_vollstaendig	5,114	<0,001 ***	5,238	<0,001 ***	6,170	<0,001 ***	6,345	<0,001 ***
	Wald-Tests	14>9	<0,001 ***			14>9	<0,001 ***		

*, **, *** = Signifikanzen zum 10%-, 1%- und 0,1%-Niveau
Angabe Wald-Test über Variablennummer

Bei der Regression auf den Abspracheerfolg in Modell A6 hingegen ist auch Absprache_unvollstaendig signifikant. Die Detaillierung in Modell A7 zeigt erwartungsgemäß, dass unkonkrete Vorschläge (Absprache_UV) die niedrigsten

Koeffizienten und die geringste Signifikanz aufweisen, während unkonkrete, aber abgestimmte Absprachen begleitet von einem konkreten Vorschlag (Absprache_UAKV) die höchsten Werte unvollständiger Absprachen zeigen. Absprachen, welche nur eine der beiden Dimensionen erfüllen (unkonkrete, abgestimmte Absprachen/Absprache_UA und konkrete Vorschläge/Absprache_KV), liegen auf einem ähnlichen Niveau. In Bezug auf die vorliegende Hypothese ist letztlich der einseitige Wald-Tests der Koeffizienten von Absprache_vollstaendig und Absprache_unvollstaendig in Modell P6 und A6 ausschlaggebend, welcher Hypothese II-4 für beide endogenen Variablen bestätigt. Diese Resultate deuten darauf hin, dass bei einer dichotomen Definition von Absprachen im Kontext anderer Forschungsfragen lediglich vollständige Absprachen tatsächlich als Absprachen gewertet werden sollten. Auch die folgenden Analysen werden folglich allein auf vollständige Absprachen bezogen.

Drohungen spielen in der Wirkkette stabiler Kollusion eine wesentliche Rolle, weshalb eine kollusionsförderliche Wirkung und damit ein positiver Effekt auf Preise und Abspracheerfolg angenommen wird.

Hypothese II-5: *Absprachen sind wahrscheinlicher erfolgreich bzw. Preise sind höher, wenn Drohungen ausgesprochen werden.*

Da vollständige Absprachen eine statistisch signifikante Wirkung zeigen, lässt sich in Modell P8 und A8 erwartungsgemäß für vollständige Absprachen sowohl ohne als auch mit Drohung ein signifikant positiver Effekt nachweisen, wie Tabelle 24 zeigt. Ein einseitiger Wald-Test zwischen den Koeffizienten von Keine_Drohung und Drohung zeigt, dass Drohungen bezüglich der Preise und des Abspracheerfolgs signifikant wirkungsvoller sind als Absprachen ohne die Androhung von Strafmaßnahmen, was Hypothese II-5 bestätigt.

Tabelle 24: Modell P8 und A8 – Drohungen

	Endogene Variable	Preis		Abspracheerfolg	
	Modell	P8		A8	
	Schritt	Drohungen		Drohungen	
	Nr. Exogene Variablen	Koeff.	p-Wert	Koeff.	p-Wert
Mon. Bereich	1 Treatment_2	2,020	0,054 *	-0,895	0,120
	2 Treatment_3	3,511	0,001 ***	0,857	0,090 *
K.-Umfang	3 Wortzahl_N	-0,008	0,258	-0,016	0,004 **
	4 Wortzahl_N_Historie	-0,320	0,261	-0,397	0,012 *
	5 Wortzahl_A	0,009	0,880	0,112	<0,001 ***
	6 Wortzahl_A_Historie	1,617	<0,001 ***	0,755	<0,001 ***
K.-Inhalte	7 Prinzipielles	-1,410	0,021 *		
	8 Absprache				
	9 Absprache_unvollstaendig	0,958	0,272	3,848	<0,001 ***
	14 Absprache_vollstaendig				
	15 Keine_Drohung	4,283	<0,001 ***	5,715	<0,001 ***
	16 Drohung	6,222	<0,001 ***	6,479	<0,001 ***
	Wald-Tests	16>15	0,023 *	16>15	0,045 *

*, **, *** = Signifikanzen zum 10%-, 1%- und 0,1%-Niveau
Angabe Wald-Test über Variablennummer

In Summe belegen die Ergebnisse der Hypothesenüberprüfung These II. Konkrete, abgestimmte Aktionen wie vollständige Absprachen und Drohungen sind für die kollusionsförderliche Wirkung von Kommunikation entscheidend, während unkonkrete oder unabgestimmte Absprachen zumindest ökonomisch keine Wirkung entfalten können. Sehr allgemeine prinzipielle Aussagen und Aufforderungen können sich aus Sicht der Anbieter hingegen sogar kontraproduktiv auf das Preisniveau am Markt auswirken.

Hypothesenüberprüfung zum Einfluss der Absprachetypen

Der letzte Abschnitt zeigt, dass durch Drohungen forcierte, konkrete und abgestimmte Absprachen die größte Wirkung entfalten. These III fokussiert näher auf die Frage, inwiefern das gewählte kollusive Mittel das Resultat ebenfalls beeinflusst:

These III: *Preisabsprachen und Marktaufteilungen wirken unterschiedlich auf den funktionalen und ökonomischen Kollusionserfolg.*

Wie in der deskriptiven Analyse in Kapitel 5.1.2 dargelegt, können im vorliegenden Marktmodell Preisabsprachen, Marktaufteilungen sowie kombinierte Absprachen aus beiden Absprachetypen unterschieden werden. Die Hypothesen postulieren für jeden Absprachetyp eine unterschiedliche Wirkung in Bezug auf den funktionalen und ökonomischen Erfolg. Es wird demnach angenommen, dass Marktaufteilungen Vorteile hinsichtlich des funktionalen Kollusionserfolgs aufweisen.

Hypothese III-1: *Absprachen durch Marktaufteilungen sind wahrscheinlicher erfolgreich als durch Preisabsprachen.*

Da lediglich vollständige Absprachen betrachtet werden, zeigen die drei Variablen Preisabsprache, Marktaufteilung und Kombinierte_Absprache in den in Tabelle 25 dargestellten Modellen P9 und A9 erwartungsgemäß einen signifikant positiven Effekt. Für die Überprüfung der Hypothesen werden wiederum einseitige Wald-Tests herangezogen. Wie der Vergleich zwischen Preisabsprache und Marktaufteilung hinsichtlich des Abspracheerfolgs in Modell A9 zeigt, sind Marktaufteilungen signifikant häufiger erfolgreich als Preisabsprachen, was Hypothese III-1 belegt.

Tabelle 25: Modell P9 und A9 – Absprachetyp

	Endogene Variable	Preis		Abspracheerfolg	
	Modell	P9		A9	
	Schritt	Absprachetyp		Absprachetyp	
	Nr. Exogene Variablen	Koeff.	p-Wert	Koeff.	p-Wert
Mon.-Umfang	1 Treatment_2	1,975	0,059 *	-1,039	0,059 *
	2 Treatment_3	3,312	0,001 ***	1,086	0,028 *
K.-Umfang	3 Wortzahl_N	-0,006	0,398	-0,016	0,003 **
	4 Wortzahl_N_Historie	-0,302	0,281	-0,409	0,008 **
	5 Wortzahl_A	-0,006	0,914	0,092	0,001 ***
	6 Wortzahl_A_Historie	1,533	<0,001 ***	0,372	0,040 *
K.-Inhalte	7 Prinzipielles	-1,378	0,024 *		
	8 Absprache				
	9 Absprache_unvollstaendig	0,937	0,283	3,720	<0,001 ***
	14 Absprache_vollstaendig				
A.-Typ	17 Preisabsprache	4,750	<0,001 ***	5,229	<0,001 ***
	18 Marktaufteilung	3,164	0,006 **	7,543	<0,001 ***
	19 Kombinierte_Absprache	7,807	<0,001 ***	7,365	<0,001 ***
Wald-Tests		17>18	0,108 -	18>17	<0,001 ***
		19>18	<0,001 ***	19>17	<0,001 ***

*, **, *** = Signifikanzen zum 10%-, 1%- und 0,1%-Niveau
Angabe Wald-Test über Variablennummer

Marktaufteilungen können gegenüber Preisabsprachen allerdings auch Schwächen aufweisen, womit sich die folgende Hypothese beschäftigt.

Hypothese III-2: *Preise sind bei Preisabsprachen höher als bei Marktaufteilungen.*

Zu Hypothese III-2 lässt sich zunächst keine statistisch signifikante Aussage treffen, da der einseitige Wald-Test zwischen Preisabsprache und Marktaufteilung in

Modell P9 knapp das 10%-Signifikanzniveau verfehlt. Eine differenziertere Betrachtung unter Berücksichtigung der Historie mit der Variable Etablierte_Kollusion offenbart durch denselben Wald-Test einen signifikanten Unterschied, wie Modell P10 in der nachfolgend dargestellten Tabelle 26 zeigt. Die Variable Marktaufteilung verliert in Modell P10 darüber hinaus jegliche Signifikanz.

Betrachtet man die Wirkzusammenhänge hinter den Stärken und Schwächen von Marktaufteilungen und Preissteigerungen, erscheint naheliegend, dass sich die Stärken addieren.

Hypothese III-3: *Kombinierte Preisabsprachen und Marktaufteilungen sind wahrscheinlicher erfolgreich als Preisabsprachen und führen zu höheren Preisen als Marktaufteilungen.*

Die einseitigen Wald-Tests für Kombinierte_Absprache in Modell P9 und P10 sowie A9 und A10 bestätigen Hypothese III-3 eindeutig: Kombinierte Absprachen sind wahrscheinlicher erfolgreich als Preisabsprachen und erzielen ein höheres Preisniveau als Marktaufteilungen, unabhängig davon, ob bereits etablierte Kollusion kontrolliert wird oder nicht.

Die Ergebnisse bestätigen die unterschiedliche Wirkung der Absprachetypen auf den funktionalen und ökonomischen Kollusionserfolg entsprechend These III. Marktaufteilungen sind häufiger erfolgreich als Preisabsprachen, während Preisabsprachen zumindest unter Kontrolle von etablierter Kollusion zu höheren Preisen führen. Durch kombinierte Absprachen lassen sich beide Stärken vereinen.

Hypothesenüberprüfung zum Einfluss der Historie
Der letzte Teil der Hypothesenüberprüfung fokussiert auf Faktoren, welche für die Evolution von Kollusion eine Rolle spielen und somit aus der Historie heraus die aktuelle Marktdynamik beeinflussen:

These IV: *Die Historie der Marktdynamik ist für die Etablierung von Kollusion relevant.*

Zunächst wird die naheliegende Frage beantwortet, inwiefern bereits etablierte Kollusion den ökonomischen und funktionalen Erfolg beeinflusst.

Hypothese IV-1: *Absprachen sind wahrscheinlicher erfolgreich bzw. Preise sind höher, wenn Kollusion bereits etabliert ist.*

Wie Tabelle 26 belegt, ist der Einfluss von Etablierte_Kollusion erwartungsgemäß signifikant positiv, was sowohl auf Preis (Modell P10) als auch den Abspracheerfolg (Modell A10) zutrifft.

Tabelle 26: Modell P10 und A10 – Historie

		Endogene Variable	Preis		Abspracheerfolg	
		Modell	P10		A10	
		Schritt	Historie		Historie	
	Mon.-Bereich	Nr. Exogene Variablen	Koeff.	p-Wert	Koeff.	p-Wert
		1 Treatment_2	2,117	0,044 *	-0,626	0,129
		2 Treatment_3	3,155	0,002 **	0,842	0,030 *
	K.-Umfang	3 Wortzahl_N	-0,005	0,478	-0,015	0,001 ***
		4 Wortzahl_N_Historie	-0,235	0,398	-0,225	0,082 *
		5 Wortzahl_A	0,018	0,726	0,084	<0,001 ***
		6 Wortzahl_A_Historie	1,367	<0,001 ***	0,482	0,005 **
	K.-Inhalte	7 Prinzipielles	-1,429	0,019 *		
		8 Absprache				
		9 Absprache_unvollstaendig	0,686	0,421	3,121	<0,001 ***
		14 Absprache_vollstaendig				
	A.-Typ	17 Preisabsprache	3,877	<0,001 ***	4,165	<0,001 ***
		18 Marktaufteilung	1,378	0,209	5,971	<0,001 ***
		19 Kombinierte_Absprache	5,353	<0,001 ***	5,800	<0,001 ***
	Historie	20 Etablierte_Kollusion	4,083	<0,001 ***	1,218	0,001 ***
		21 Vertrauensbruch_Historie			-1,263	<0,001 ***
		22 Preiskampf_Historie			0,985	0,012 *
Wald-Tests			17>18	0,023 *	18>17	0,001 ***
			19>18	<0,001 ***	19>17	<0,001 ***

*, **, *** = Signifikanzen zum 10%-, 1%- und 0,1%-Niveau
Angabe Wald-Test über Variablennummer

Neben kollusionsförderlichen Einflüssen lassen sich jedoch auch Faktoren identifizieren, die Kollusion verhindern können. Es kann angenommen werden, dass der mit dem Betrug einer Absprache einhergehende Vertrauensverlust die Basis für zukünftige Absprachen zerstört.

Hypothese IV-2: *Absprachen sind weniger wahrscheinlich erfolgreich, wenn es in der Historie einen Vertrauensbruch gab.*

In Modell A10 wird `Vertrauensbruch_Historie` tatsächlich ein signifikant negativer Effekt auf die Wahrscheinlichkeit einer erfolgreichen kollusiven Absprache attestiert. Als letzter dediziert untersuchter Aspekt der Markthistorie wird die Frage untersucht, inwiefern die Erfahrung eines Preiskampfes den Abspracheerfolg beeinflusst.

Hypothese IV-3: *Absprachen sind wahrscheinlicher erfolgreich, wenn es in der Historie einen Preiskampf gab.*

Hypothese IV-3 wird ebenfalls anhand von Modell A10 belegt, welches einen positiven Effekt auf die Erfolgswahrscheinlichkeit von Absprachen für `Preiskampf_Historie` ausweist.

Die Ergebnisse der Untersuchung bestätigen, dass auch nicht auszahlungsrelevante Aspekte der Markthistorie wie etablierte Kollusion, Vertrauensbrüche und die Erfahrung eines Preiskampfes einen relevanten Einfluss auf die Etablierung von Kollusion aufweisen.

5.2.6 Zusammenfassung der Hypothesenüberprüfung

Die Überprüfung der Hypothesen anhand multivariater Regressionsmodelle in den letzten Abschnitten legt nahe, dass die Thesen dieser Untersuchung im Wesentlichen bestätigt werden. Zusammenfassend finden sich die Ergebnisse der Hypothesenüberprüfung in Tabelle 27.

Tabelle 27: Ergebnisübersicht der Hypothesenüberprüfung

Bereich	Hypothese	Preis	Abspr.-erfolg
Monitoring	**These I:** *Neben dem Informationsgehalt ist insbesondere die verzögerungsfreie Verfügbarkeit entscheidend für die kollusionsförderliche Wirkung von Monitoring.*		
	Hypothese I-1: *Absprachen sind wahrscheinlicher erfolgreich bzw. Preise sind höher, wenn Monitoring-Informationen verfügbar sind.*	✓	✗
	Hypothese I-2: *Absprachen sind wahrscheinlicher erfolgreich bzw. Preise sind höher, wenn Monitoring-Informationen verzögerungsfrei verfügbar sind.*	✓	✓

Bereich	Hypothese	Preis	Abspr.-erfolg
Kommuni-kation	**These II:** *Konkrete, abgestimmte Aktionen sind entscheidend für die kollusionsförderliche Wirkung von Kommunikation.*		
	Hypothese II-1: *Absprachen sind wahrscheinlicher erfolgreich bzw. Preise sind umso höher, je mehr die Anbieter miteinander kommunizieren.*	✓	✓
	Hypothese II-2: *Preise sind nicht höher, wenn die Anbieter über Prinzipielles (ohne Absprache) kommunizieren.*	✓	n/a
	Hypothese II-3: *Preise sind höher, wenn die Anbieter eine Absprache treffen.*	✓	n/a
	Hypothese II-4: *Absprachen sind wahrscheinlicher erfolgreich bzw. Preise sind höher, wenn eine Absprache sowohl abgestimmt als auch konkret ist.*	✓	✓
	Hypothese II-5: *Absprachen sind wahrscheinlicher erfolgreich bzw. Preise sind höher, wenn Drohungen ausgesprochen werden.*	✓	✓
Absprache-typen	**These III:** *Preisabsprachen und Marktaufteilungen wirken unterschiedlich auf den funktionalen und ökonomischen Kollusionserfolg.*		
	Hypothese III-1: *Absprachen durch Marktaufteilungen sind wahrscheinlicher erfolgreich als durch Preisabsprachen.*	n/a	✓
	Hypothese III-2: *Preise sind bei Preisabsprachen höher als bei Marktaufteilungen.*	✓[225]	n/a
	Hypothese III-3: *Kombinierte Preisabsprachen und Marktaufteilungen sind wahrscheinlicher erfolgreich als Preisabsprachen und führen zu höheren Preisen als Marktaufteilungen.*	✓	✓
Historie	**These IV:** *Die Historie der Marktdynamik ist für die Etablierung von Kollusion relevant.*		
	Hypothese IV-1: *Absprachen sind wahrscheinlicher erfolgreich bzw. Preise sind höher, wenn Kollusion bereits etabliert ist.*	✓	✓
	Hypothese IV-2: *Absprachen sind weniger wahrscheinlich erfolgreich, wenn es in der Historie einen Vertrauensbruch gab.*	n/a	✓
	Hypothese IV-3: *Absprachen sind wahrscheinlicher erfolgreich, wenn es in der Historie einen Preiskampf gab.*	n/a	✓

✓ = Hypothese bestätigt; ✗ = Hypothese nicht bestätigt; n/a = Aus logischen Gründen keine Untersuchung möglich

---

[225] Hypothese unter Kontrolle der Variable Etablierte_Kollusion bestätigt.

5.2.7 Robustheit der Ergebnisse

Im Rahmen der Wahl des Regressionsmodells werden bereits viele Problemfelder von multivariaten Regressionsanalysen hinsichtlich Autokorrelation, Endogenität und Heteroskedastizität adressiert. Bei der Durchführung der Analyse wird auch auf mögliche Multikollinearität geachtet, wobei der höchste beobachtete Varianz-inflationsfaktor von 5,2 deutlich unterhalb der in der Literatur genannten Grenze von 10 liegt. Auch wenn damit grundsätzlich eine hohe Modellgüte vorliegt, soll anhand von Robustheitstests sichergestellt werden, dass die Ergebnisse nicht nur aufgrund spezieller Eigenschaften der Regressionsmodelle beobachtet werden.

Um die Robustheit zu überprüfen, werden die folgenden Modellspezifikationen auf Basis der detailliertesten Modelle P10 und A10 einer gesonderten Untersuchung unterzogen. Die einzelnen Regressionsergebnisse finden sich in Tabelle 28 und Tabelle 29, während Tabelle 30 anschließend einen kurzen Überblick über diese Robustheitsprüfungen liefert.

1. *Fixed-Effects*-Modell (Modell P10-1 und A10-1)

Wie in Kapitel 5.2.2 dargelegt, eigenen sich *Fixed-Effects*-Modelle als robuste Alternative zu *Random-Effects*-Modellen, wenn eine Korrelation zwischen unbeobachteter Heterogenität und der exogenen Variable vermutet wird. Zwar deutet der Hausman-Test nicht auf eine dahingehende Problematik hin, weshalb das *Random-Effects*-Modell eine effizientere Schätzung liefert, dennoch soll die Robustheit gegenüber der Wahl der Panel-Regressionsmethode abgesichert werden – auch wenn durch *Fixed-Effects*-Modelle keine zeitunabhängigen exogenen Variablen wie die *Treatments* der vorliegenden Untersuchung analysiert werden können. Unter Verwendung eines *Fixed-Effects*-Modells in Modell P10-1 werden von den Kontrollvariablen abgesehen alle Effekte bestätigt. Bei der Untersuchung des Abspracheerfolgs in Modell A10-1 wird ein Großteil der Datenpunkte von der Analyse ausgeschlossen, weil diese keine Variation innerhalb eines Merkmalsträgers aufweisen, d. h. nie oder immer erfolgreiche Absprachen beinhalten und das *Fixed-Effects*-Modell somit von individueller Heterogenität ausgeht. Allein die Reduzierung der Datenpunkte um knapp 70% bedingt vermutlich, dass die Variablen Wortzahl_N, Wortzahl_N_Historie, Etablierte_Kollusion sowie Vertrauensbruch_Historie ihre Signifikanz verlieren. In Summe bestätigt das *Fixed-Effects*-Modell die Ergebnisse des *Random-Effects*-Modells hinsichtlich der Preise, während die Regression auf den Abspracheerfolg deutlich macht, welche Probleme[226] die vorliegende Datenstruktur für ein *Fixed-Effects*-Modell mit sich bringt.

2. **Fixed-Effects-Modell nach Driscoll-Kraay mit Vorrundenpreis (Modell P10-2)**
Da eine verzögerte endogene Variable wie der Vorrundenpreis häufig einen Großteil der Varianz erklären, lassen sich hierbei teilweise die im Fokus stehenden Effekte besser isolieren. Dieser Ansatz kann jedoch, wie in Kapitel 5.2.2 dargelegt, zu Endogenität führen. Um dieser Problematik entgegenzuwirken, wird bei der Hinzunahme der Variable Preis_Vorrunde ein *Fixed-Effects*-Modell mit Driscoll-Kraay-Standardfehlern[227] verwendet, welche robuster gegenüber Querschnittskorrelationen sind (vgl. Hoechle, 2007, S. 281). Modell P10-2 bestätigt die vorliegenden Ergebnisse, wobei die Variable Preis_Vorrunde erwartungsgemäß einen signifikanten Einfluss auf die Preise zeigt. Diese Ergebnisse deuten zudem auf die Richtigkeit der Kausalitätsannahmen hin, weil über Preis_Vorrunde die Ausgangssituation der aktuellen Runde kontrolliert wird[228].

3. **Probit-Modell (Modell A10-3)**
Da die Verteilungsfunktion bei Logit-Modellen auf der Annahme einer logistischen Verteilung fußt, erscheint es naheliegend, die Robustheit der Ergebnisse anhand eines Probit-Modells auf Basis der Standardnormalverteilung zu überprüfen. Der Literatur zufolge sind die Unterschiede jedoch, wie in Kapitel 5.2.2 angesprochen, im Regelfall marginal. Auch in der vorliegenden Regression sind die Änderungen in Folge der alternativen Verteilungsfunktion überschaubar. Lediglich Wortzahl_N_Historie verliert an Signifikanz, während alle anderen Resultate bestätigt werden.

---

[226] Darüber hinaus sind cluster-robuste Standardfehler in der Fixed-Effects-Variante des Stata-Befehls xtlogit nicht implementiert.

[227] Driscoll-Kraay-Standardfehler entsprechend der Arbeiten von Driscoll und Kraay (1998) sind über den Befehl xtscc von Hoechle (2007) in Stata nachträglich implementiert.

[228] Prinzipielles zum Beispiel bleibt signifikant negativ, was darauf hindeutet, dass sich prinzipielle Appelle auch in der aktuellen Runde negativ auf den Preis auswirken. Wäre Prinzipielles unter Kontrolle von Preis_Vorrunde nicht mehr signifikant, hätte argumentiert werden können, dass mit Prinzipielles nur eine ohnehin bereits negative Marktdynamik mit niedrigen Preisen kommentiert wird und somit eine umgekehrte Kausalitätsbeziehung vorliegt.

4. **Ab Runde 2 (Modell P10-4 und A10-4)**

Die erste Runde stellt in Experimenten aus zweierlei Gründen eine Ausnahme dar. Erstens findet in der ersten Runde trotz einer ausführlichen Einführung und der Proberunde in manchen Fällen noch ein gewisser Lernprozess hinsichtlich Spieloberfläche und Marktumfeld statt, was in seltenen Fällen zu Fehlentscheidungen führen kann[229]. Zweitens sind alle Variablen, welche sich auf Ereignisse der Vorrunden betreffen, in der ersten Runde definitionsgemäß 0. Die Regression ab der zweiten Runde ohne Berücksichtigung der ersten Runde bestätigt sowohl hinsichtlich des Preises (Modell P10-4) als auch des Absprache-erfolgs (Modell A10-4) alle Erkenntnisse der Hypothesenüberprüfung.

5. **Erweiterte Ausreißer (Modell P10-5 und A10-5)**

Die vorgestellten Regressionsmodelle bauen auf dem gesamten Datenmaterial mit Ausnahme von Markt 31 auf, welcher aufgrund von Verständnis-schwierigkeiten und dem resultierenden Bankrott aller Anbieter in den Analysen nicht berücksichtigt wird (vgl. Kapitel 5.1.1). Um die Robustheit der Ergebnisse gegenüber einer weitergehenderen Ausreißerbereinigung zu überprüfen, werden außerdem alle Ausreißer entlang der üblichen (vgl. Deep, 2006, S. 290; Spatz, 2010, S. 75), auch bei den Boxplots in Kapitel 5.1.1 angewendeten Definition[230] von der Regression ausgenommen. Erwartungsgemäß ist der Einfluss der Bereinigung marginal und alle Ergebnisse werden in Modell P10-5 und in Modell A10-5 als robust gegenüber der erweiterten Ausreißerbereinigung bestätigt.

6. **Nur Absprachen (Modell A10-6)**

Um zu analysieren, wann sich erfolgreiche Kollusion etablieren kann, werden bei Regressionen auf den Abspracheerfolg grundsätzlich alle Datenpunkte berücksichtigt – auch Transaktionen, für welche die Anbieter überhaupt keine Absprache treffen. Nimmt man wie in Modell A10-7 diese Datenpunkte von der Betrachtung aus und betrachtet die Erfolgswahrscheinlichkeit bei vorhandener Absprache, werden abseits der Kontrollvariablen alle Ergebnisse bestätigt.

---

[229] Beispielsweise verrechnet sich ein Nachfrager in Markt 29 aus nicht näher genannten Gründen und akzeptiert in der ersten Runde Preise oberhalb des Reservationspreises, was er, wie in Anhang A4 dokumentiert, umgehend bemerkt und seinem Handelspartner kommuniziert.

[230] Demnach werden alle Punkte unterhalb des unteren Quartils abzüglich des 1,5-fachen Interquartilabstandes sowie alle Punkte oberhalb des oberen Quartils zuzüglich des 1,5-fachen Interquartilabstandes als Ausreißer betrachtet. In Summe trifft diese Definition auf acht Punkte aus den Märkten 24, 26, 29, 33 und 41 zu.

7. Clusterung über Märkte (Modell A10-7)

Wie in 5.2.1 dargelegt, basieren die einzelnen Datenpunkte auf den Transaktionen. Auch die exogenen Variablen sind mehrheitlich für jede Transaktion individuell definiert[231]. Die endogene Variable Abspracheerfolg ist jedoch, wie in Kapitel 4.3.1 diskutiert, zwangsläufig lediglich auf Marktebene definiert, was als Grund für eine Clusterung auf Marktebene betrachtet werden kann. Insgesamt zeigt Modell A10-7 geringere Signifikanzen, was vermutlich auf die über die Cluster implizit zu geringe Stichprobenzahl (vgl. Herleitung der Stichprobe in Kapitel 4.2.1) zurückzuführen ist, zumal sich die Schätzung bei zu weit gefassten Clustern verschlechtert (vgl. Cameron & Miller, 2015, S. 333). Während die gezeigten Effekte abseits der Kontrollvariablen dennoch mehrheitlich bestätigt werden, sind insbesondere Treatment 3, Wortzahl_N_Historie sowie Preiskampf_Historie nicht länger signifikant.

---

[231] Um die Kausalität sicherzustellen wird bei der Codierung, wie in Kapitel 4.3.1 dargelegt, jede Transaktion individuell betrachtet. Beispielsweise kann innerhalb einer Runde eine Absprache erst ab der zweiten Transaktion getroffen worden sein, weshalb diese Absprache auf die erste Transaktion noch nicht zutrifft.

Tabelle 28: Modell P – Robustheitstests zum Preis

			P10 (Referenz)		P10-1 (Fixed Effects)		P10-2 (FE Vorrundenpreis)		P10-4 (Ab Runde 2)		P10-5 (Erweiterte Ausreißer)	
Bereich	Nr.	Exogene Variablen	Koeff.	p-Wert	Koeff.	p-Wert	Koeff.	p-Wert	Koeff.	p-Wert	Koeff.	p-Wert
Mon.	1	Treatment_2	2,117	0,044 *		n/a		n/a	2,051	0,055 *	2,106	0,043 *
	2	Treatment_3	3,155	0,002 **		n/a		n/a	2,846	0,007 **	3,020	0,003 **
K.-Umfang	3	Wortzahl_N	-0,005	0,478	0,001	0,845	0,001	0,886	0,003	0,644	-0,002	0,803
	4	Wortzahl_N_Historie	-0,235	0,398	0,033	0,931	0,259	0,374	-0,528	0,101	-0,151	0,579
	5	Wortzahl_A	0,018	0,726	0,023	0,666	0,048	0,498	0,067	0,201	-0,004	0,940
	6	Wortzahl_A_Historie	1,367	<0,001 ***	1,179	<0,001 ***	0,947	0,003 **	1,419	<0,001 ***	1,337	<0,001 ***
Kommunikationsinhalte	7	Prinzipielles	-1,429	0,019 *	-1,737	0,007 **	-1,687	0,004 **	-1,452	0,015 *	-1,504	0,010 *
	8	Absprache										
	9	Absprache_unvollstaendig	0,686	0,421	0,683	0,447	0,861	0,190	0,632	0,495	-0,241	0,693
	10	Absprache_UV										
	11	Absprache_UA										
	12	Absprache_KV										
	13	Absprache_UAKV										
	14	Absprache_vollstaendig										
	15	Keine_Drohung										
	16	Drohung										
A.-Typ	17	Preisabsprache	3,877	<0,001 ***	3,638	<0,001 ***	4,122	<0,001 ***	3,880	<0,001 ***	3,725	<0,001 ***
	18	Marktaufteilung	1,378	0,209	1,146	0,331	2,206	0,033 *	1,218	0,221	1,006	0,309
	19	Kombinierte Absprache	5,353	<0,001 ***	4,317	<0,001 ***	4,554	<0,001 ***	5,259	<0,001 ***	5,338	<0,001 ***
Historie	20	Etablierte Kollusion	4,083	<0,001 ***	4,120	<0,001 ***	2,504	0,083 *	3,569	<0,001 ***	4,119	<0,001 ***
	21	Vertrauensbruch_Historie										
	22	Preiskampf_Historie										
Kontrollvariablen	23	Wechsel	-4,884	<0,001 ***	-4,979	<0,001 ***	-5,529	<0,001 ***	-4,740	<0,001 ***	-4,979	<0,001 ***
	24	Buendelung	-0,976	0,073 *	-0,935	0,132	-0,623	0,008 **	-0,941	0,076 *	-0,939	0,065 *
	25	Runde_2	-7,096	<0,001 ***	-7,432	<0,001 ***	-4,455	0,002 **		n/a	-6,898	<0,001 ***
	26	Runde_3	-10,618	<0,001 ***	-10,920	<0,001 ***	-7,083	0,001 ***	-3,228	<0,001 ***	-10,503	<0,001 ***
	27	Runde_4	-11,268	<0,001 ***	-11,466	<0,001 ***	-7,264	0,001 ***	-3,626	<0,001 ***	-11,078	<0,001 ***
	28	Runde_5	-13,096	<0,001 ***	-13,133	<0,001 ***	-8,759	0,001 ***	-5,193	<0,001 ***	-13,014	<0,001 ***
	29	Runde_6	-12,981	<0,001 ***	-12,944	<0,001 ***	-8,589	0,001 ***	-5,049	<0,001 ***	-13,009	<0,001 ***
	30	Runde_7	-11,261	<0,001 ***	-11,071	<0,001 ***	-6,748	0,003 **	-3,409	0,005 **	-12,054	<0,001 ***
	31	Runde_8	-12,479	<0,001 ***	-12,410	<0,001 ***	-8,289	0,001 ***	-4,387	<0,001 ***	-12,634	<0,001 ***
	32	Runde_9	-12,356	<0,001 ***	-12,305	<0,001 ***	-8,185	0,002 **	-4,220	<0,001 ***	-12,555	<0,001 ***
	33	Preis Vorrunde					0,213	0,011 *				
Konstante			60,113		61,535		45,660		53,194		60,120	
Modell			Random Effects		Fixed Effects		Fixed Effects		Random Effects		Random Effects	
Clusterung Standardfehler			A.-N.-Beziehung		A.-N.-Beziehung		Driscoll-Kraay		A.-N.-Beziehung		A.-N.-Beziehung	
Anzahl Beobachtungen			1739		1739		1739		1539		1731	
R² (gesamt)			0,331		0,305				0,339		0,347	
R² (within)			0,301		0,304		0,342		0,311		0,332	
R² (between)			0,283		0,238				0,296		0,288	
Max. VIF			4,7		4,7		5,8		2,7		4,8	
Wald-Tests			17>18 0,023 *		17>18 0,033 *		17>18 0,026 *		17>18 0,013 *		17>18 0,012 *	
			19>18 <0,001 ***		19>18 <0,001 ***		19>18 0,009 **		19>18 <0,001 ***		19>18 <0,001 ***	

*, **, *** = Signifikanzen zum 10%-, 1%- und 0,1%-Niveau; Angabe Wald-Test über Variablennummer; n/a = Keine Untersuchung möglich

Tabelle 29: Modell A – Robustheitstests zum Abspracheerfolg

Abspracheerfolg

Bereich	Nr.	Exogene Variablen	A10 Referenz Koeff.	A10 p-Wert	A10-1 Fixed Effects Koeff.	A10-1 p-Wert	A10-3 Probit Koeff.	A10-3 p-Wert	A10-4 Ab Runde 2 Koeff.	A10-4 p-Wert	A10-5 Erweiterte Ausreißer Koeff.	A10-5 p-Wert	A10-6 Nur Absprachen Koeff.	A10-6 p-Wert	A10-7 Clusterung Märkte Koeff.	A10-7 p-Wert
Mon	1	Treatment_2	-0,626	0,129		n/a	-0,334	0,153	-0,296	0,456	-0,585	0,170	-0,757	0,098 *	-0,626	0,338
	2	Treatment_3	0,842	0,030 *		n/a	0,400	0,061 *	0,970	0,012 *	0,889	0,028 *	0,989	0,023 *	0,842	0,211
K.-Umfang	3	Wortzahl_N	-0,015	0,001 ***	0,004	0,623	-0,009	<0,001 ***	-0,013	0,006 **	-0,015	0,001 ***	-0,014	0,005 **	-0,015	0,010 *
	4	Wortzahl_N_Historie	-0,225	0,082 *	-0,486	0,237	-0,105	0,115	-0,234	0,072 *	-0,222	0,092 *	-0,304	0,055 *	-0,225	0,125
	5	Wortzahl_A	0,084	<0,001 ***	0,132	0,003 **	0,045	0,001 ***	0,076	0,003 **	0,083	0,001 ***	0,095	0,001 ***	0,084	0,005 **
	6	Wortzahl_A_Historie	0,482	0,005 **	1,818	0,001 ***	0,304	0,001 ***	0,467	0,006 **	0,503	0,005 **	0,455	0,029 *	0,482	0,076 *
Kommunikationsinhalte	7	Prinzipielles														
	8	Absprache														
	9	Absprache_unvollstaendig	3,121	<0,001 ***	3,439	0,001 ***	1,405	<0,001 ***	2,940	<0,001 ***	3,055	<0,001 ***	n/a		3,121	<0,001 ***
	10	Absprache_UV														
	11	Absprache_UA														
	12	Absprache_KV														
	13	Absprache_UAKV														
	14	Absprache vollstaendig														
	15	Keine Drohung														
	16	Drohung														
A.-Typ	17	Preisabsprache	4,165	<0,001 ***	4,511	<0,001 ***	1,981	<0,001 ***	4,065	<0,001 ***	4,198	<0,001 ***	1,062	0,014 *	4,165	<0,001 ***
	18	Marktaufteilung	5,971	<0,001 ***	7,133	<0,001 ***	2,981	<0,001 ***	5,826	<0,001 ***	6,020	<0,001 ***	3,176	<0,001 ***	5,971	<0,001 ***
	19	Kombinierte Absprache	5,800	<0,001 ***	6,461	<0,001 ***	2,880	<0,001 ***	5,438	<0,001 ***	5,845	<0,001 ***	2,942	<0,001 ***	5,800	<0,001 ***
Historie	20	Etablierte Kollusion	1,218	<0,001 ***	-0,722	0,160	0,681	0,002 **	1,336	<0,001 ***	1,202	0,001 ***	1,229	0,002 **	1,218	0,020 *
	21	Vertrauensbruch_Historie	-1,263	<0,001 ***	0,039	0,967	-0,708	<0,001 ***	-1,295	<0,001 ***	-1,234	0,001 ***	-1,264	0,001 ***	-1,263	0,023 *
	22	Preiskampf Historie	0,985	0,012 *	3,062	0,007 **	0,520	0,012 *	0,903	0,017 *	0,996	0,014 *	1,273	0,005 **	0,985	0,119
Kontrollvariablen	23	Wechsel														
	24	Buendelung														
	25	Runde_2	-0,007	0,993	-2,709	0,164	-0,235	0,541	-1,477	0,009 **	-0,104	0,892	0,429	0,620	-0,007	0,995
	26	Runde_3	-1,525	0,089 *	-5,480	0,025 *	-1,076	0,023 *	-0,575	0,368	-1,663	0,070 *	-1,138	0,277	-1,525	0,288
	27	Runde_4	-0,600	0,572	-5,050	0,055 *	-0,490	0,359	-1,251	0,021 *	-0,736	0,503	-0,265	0,834	-0,600	0,719
	28	Runde_5	-1,309	0,207	-7,311	0,009 **	-0,990	0,068 *	-1,778	0,006 **	-1,466	0,168	-0,859	0,472	-1,309	0,410
	29	Runde_6	-1,863	0,072 *	-8,324	0,007 **	-1,195	0,026 *	-0,554	0,388	-2,040	0,055 *	-1,610	0,189	-1,863	0,237
	30	Runde_7	-0,633	0,581	-7,803	0,012 *	-0,630	0,296	-1,094	0,101	-0,949	0,418	-0,044	0,974	-0,633	0,697
	31	Runde_8	-1,124	0,337	-9,149	0,005 **	-0,869	0,155	-0,651	0,315	-1,280	0,288	-0,644	0,637	-1,124	0,501
	32	Runde_9	-0,678	0,565	-9,316	0,007 **	-0,666	0,286	n/a		-0,841	0,489	-0,276	0,839	-0,678	0,689
	33	Preis_Vorrunde														
		Konstante	-6,201		-3,097		-3,097		-6,047		-6,249		-3,435		-6,201	
		Modell	Random Effects		Fixed Effects		Random Effects		Random Effects		Random Effects		Random Effects		Random Effects	
		Clusterung Standardfehler	A.-N.-Beziehung		Nicht geclustert		A.-N.-Beziehung		A.-N.-Beziehung		A.-N.-Beziehung		A.-N.-Beziehung		Märkte	
		Anzahl Beobachtungen	1739		533		1739		1539		1731		798		1739	
		R² (gesamt)														
		R² (within)														
		R² (between)														
		Max VIF	5,2		5,2		5,2		3,0		5,3		7,5		5,2	
		Wald-Tests	18>17	0,001 ***	18>17	0,003 **	18>17	<0,001 ***	18>17	0,002 **	18>17	0,001 ***	18>17	0,001 ***	18>17	0,007 **
			19>17	<0,001 ***	19>17	0,011 *	19>17	<0,001 ***	19>17	0,001 ***	19>17	<0,001 ***	19>17	<0,001 ***	19>17	0,005 **

*, **, *** = Signifikanzen zum 10%-, 1%- und 0,1%-Niveau; Angabe Wald-Test über Variablennummer; n/a = Keine Untersuchung möglich

In Summe wird den Regressionsergebnissen eine gute Robustheit bescheinigt. Alle wesentlichen Wirkzusammenhänge werden im Rahmen der Robustheitsprüfungen bestätigt. Lediglich die exogene Variable Wortzahl_N_Historie erscheint in der Regression mit Abspracheerfolg als endogener Variable nicht robust, wird in den Hypothesen jedoch ohnehin nicht verwendet. Eine kurze Zusammenfassung der Robustheit ist nachfolgend in Tabelle 30 dargestellt.

Tabelle 30: Robustheitsprüfungen der Regressionsmodelle

Endogene Variable — Preis: Modelle P10 (Referenz), P10-1 (Fixed Effects), P10-2 (FE Vorrundenpreis), P10-4 (Ab Runde 2), P10-5, Erweiterte Ausreißer, Einschätzung Robustheit. — Abspracheerfolg: Modelle A10 (Referenz), A10-1 (Fixed Effects), A10-3 (Probit), A10-4 (Ab Runde 2), A10-5 (Erweiterte Ausreißer), A10-6 (Nur Absprachen), A10-7 (Clusterung Märkte), Einschätzung Robustheit.

Bereich	Nr.	Exogene Variablen	P10	P10-1	P10-2	P10-4	P10-5	Erw. Ausr.	Einsch. Rob.	A10	A10-1	A10-3	A10-4	A10-5	A10-6	A10-7	Einsch. Rob.
Mon. Bereich	1	Treatment_2	+ *	n/a	n/a	✓	✓	✓	✓	n.s.	n/a	n.s.	n.s.	n.s.	- *	n.s.	n.s.
	2	Treatment_3	+ **	n/a	n/a	✓	✓	✓		+ *	n/a	✓	✓	✓	✓	✗	✓[2]
K.-Umfang	3	Wortzahl_N	n.s.	n.s.	n.s.	n.s.	n.s.	n.s.		- ***	✗	✓	✓**	✓	✓**	✓**	✓[1]
	4	Wortzahl_N_Historie	n.s.	n.s.	n.s.	n.s.	n.s.	n.s.		- *	✗	✗	✓	✓	✓	✗	✗
	5	Wortzahl_A	n.s.	n.s.	n.s.	n.s.	n.s.	n.s.		+ ***	✓	✓	✓**	✓	✓	✓**	✓
	6	Wortzahl_A_Historie	+ ***	✓	✓**	✓	✓	✓		+ **	✓***	✓***	✓	✓	✓	✓*	✓
K.-Inhalte	7	Prinzipielles	- *	✓**	✓**	✓	✓**	✓									
	8	Absprache															
	9	Absprache_unvollstaendig	n.s.	n.s.	n.s.	n.s.	n.s.	n.s.		+ ***	✓	✓	✓	✓	n/a	✓	✓
	14	Absprache_vollstaendig															
A.-Typ	17	Preisabsprache	+ ***	✓	✓	✓	✓	✓		+ ***	✓	✓	✓	✓	✓	✓*	✓
	18	Marktaufteilung	n.s.	✓	+ *	n.s.	✓	n.s.		+ ***	✓	✓	✓	✓	✓	✓	✓
	19	Kombinierte_Absprache	+ ***	✓	✓	✓	✓	✓		+ ***	✓	✓	✓	✓	✓	✓	✓
Historie	20	Etablierte_Kollusion	+ ***	✓	✓*	✓	✓	✓		+ ***	✗	✓**	✓	✓	✓**	✓*	✓[3]
	21	Vertrauensbruch_Historie								- ***	✗	✓	✓	✓	✓	✓	✓
	22	Preiskampf_Historie								+ *	✓**	✓	✓	✓	✓**	✗	✓[2]
Kontrollvariablen	23	Wechsel	- ***	✓	✓	✓											
	24	Buendelung	- *	✗	✓**	✓	✓										
	25	Runde_2	- ***	✓	✓**	n/a	✓			n.s.	n.s.	n.s.	n/a	n.s.	n.s.	n.s.	
	26	Runde_3	- ***	✓	✓**	✓	✓			- *	✓	n.s.	✓**	✓	✗	✗	
	27	Runde_4	- ***	✓	✓	✓	✓			n.s.	- *	n.s.	n.s.	n.s.	n.s.	n.s.	
	28	Runde_5	- ***	✓	✓	✓	✓			- **	- *	- *	n.s.	n.s.	n.s.	n.s.	
	29	Runde_6	- ***	✓	✓**	✓**	✓			- *	✓**	✓	✓**	✓	✗	✗	
	30	Runde_7	- ***	✓	✓**	✓**	✓			n.s.	- *	n.s.	n.s.	n.s.	n.s.	n.s.	
	31	Runde_8	- ***	✓	✓**	✓	✓			n.s.	- **	n.s.	n.s.	n.s.	n.s.	n.s.	
	32	Runde_9	- ***	✓	✓**	✓				n.s.	- **	n.s.	n.s.	n.s.	n.s.	n.s.	
	33	Preis_Vorrunde					+ *										
Wald-Tests			17>18 *	✓	✓	✓	✓	✓	✓	18>17 ***	✓**	✓	✓**	✓	✓	✓**	✓
			19>18 ***	✓**	✓**	✓	✓	✓		19>17 ***	✓*	✓	✓	✓	✓**	✓	

Für jedes Referenzmodell sind das Vorzeichen des Koeffizienten und das Signifikanzniveau angegeben:
*, **, *** = Signifikanzen zum 10%-, 1%- und 0,1%-Niveau; n.s. = nicht signifikant
✓ = Signifikanz bestätigt (bei geändertem Signifikanzniveau wird zusätzlich das neue Signifikanzniveau angegeben)
✗ = Signifikanz nicht bestätigt
n/a = Keine Untersuchung möglich
Angabe Wald-Test über Variablennummer (z. B. 2>1 bezeichnet den einseitigen Wald-Test zwischen Treatment_3 und Treatment_2)
Robustheit bescheinigt bei maximal einer Ausnahme (1 = Nicht robust für Fixed Effects, 2 = Nicht robust für Clusterung Märkte)

5.3 Diskussion und Einordnung der Ergebnisse in die Literatur

Abschließend werden die Ergebnisse der deskriptiven Analyse sowie der Regressionsanalyse synthetisiert, interpretiert und in den Kontext der Literatur gesetzt.

Übergeordnet kann festgehalten werden, dass das vorliegende Marktumfeld
grundsätzlich von einer hohen Wettbewerbsintensität geprägt ist. Für Wechselkostenmärkte typische Verhaltensweisen wie *bargain-then-ripoff*-Strategien, Anbieterwechsel
und Wilderei finden sich auch in den vorliegenden experimentellen Märkten wieder
(vgl. Farrell & Klemperer, 2007; Kroth, 2015, S. 99-114; Paulik, 2016, S. 95-113;
Schatzberg, 1990, S. 360). Aus der Beobachtung, dass die Anbieter viel Zeit für die
Verhandlungen mit den Nachfragern aufwenden, lässt sich ableiten, dass der
Forschungsschwerpunkt Kollusion für die Probanden nicht unmittelbar offensichtlich
ist und der in der Literatur zu Monitoring bisweilen angedeutete Experimentatoreffekt
vermieden werden konnte. Das Marktmodell erscheint vor diesem Hintergrund eine
valide Ausgangsbasis für die Untersuchung kollusiver Verhaltensweisen.

Ergebnisse zum Einfluss von Monitoring

Im Rahmen dieser Untersuchung wird Monitoring entsprechend der Vorhersage von
Stigler (1964) eine kollusionsförderliche Wirkung attestiert. Die Ergebnisse der
deskriptiven Analyse legen nahe, dass hierbei nicht pauschal das allgemeine Preisniveau
angehoben wird, sondern dass sich bei verzögerungsfreiem Monitoring in einigen
Märkten kollusives Verhalten etablieren kann, während sich in anderen Märkten
unabhängig von der Verfügbarkeit von Monitoring-Informationen ein harter
Preiswettbewerb einstellt. Insgesamt kann der kollusionsförderliche Effekt von
Monitoring deutlicher auf das Preisniveau als auf den Abspracheerfolg nachgewiesen
werden. Die Ergebnisse der Hypothesenüberprüfung zeigen, dass über den
Informationsgehalt hinaus die Verzögerungsfreiheit der Monitoring-Information
entscheidend ist – selbst wenn die Verzögerung lediglich darin besteht, die Information
erst am Rundenende zur Verfügung zu stellen.

Die Ergebnisse bestätigen die theoretischen Überlegungen von Overgaard und
Møllgaard (2008, S. 208) sowie Colombo und Labrecciosa (2006, S. 200), dass der Anreiz
eine Absprache zu betrügen bei verzögerter Aufdeckung verstärkt wird. Da diesen
Modellierungen zufolge der Effekt maßgeblich von der Diskontierung abhängt, scheint

dem Diskontfaktor eine Schlüsselrolle in der Entscheidungsfindung zuzukommen. Üblicherweise wird angenommen, dass die Diskontierung die mathematische Verzinsung beschreibt (vgl. Pindyck & Rubinfeld, 2013, S. 756), die marginalen Kapitalkosten eines Unternehmens reflektiert (vgl. Rees, 1993, S. 31) oder in Experimenten die Wahrscheinlichkeit eines Spielabbruchs repräsentiert (vgl. Tirole, 1999, S. 555). Angesichts des deutlich kollusionshemmenden Einflusses von Verzögerungen kann jedoch spekuliert werden, inwiefern der Effekt darüber hinaus von psychologischen Gesichtspunkten in Form von unbewusster, "irrationaler" Ungeduld dominiert wird.

Monitoring kann der Literatur zufolge grundsätzlich auch zu gegenläufigen Effekten führen – Transparenz auf Nachfragerseite[232] etwa (vgl. Schultz, 2005) kann genauso wie Imitationsverhalten der Anbieter (vgl. Altavilla et al., 2003; Huck et al., 1999, 2000; Vega-Redondo, 1997) zu niedrigeren Preisen führen. Das eindeutige Resultat ist jedoch als klarer Indikator dafür zu werten, dass Monitoring in Kontraktmärkten primär die Aufdeckung von Betrug verbessert und somit zur Stabilität von Kollusion beiträgt. Dieses Resultat ergänzt somit die Arbeiten von Fouraker und Siegel (1963), Davis und Holt (1998), Kroth (2015) sowie Thomas und Wilson (2005), welche ebenfalls eine vorwiegend kollusionsförderliche Wirkung von Monitoring in ähnlichem Marktumfeld feststellen.

Übergreifend wird These I, dass Kollusion aus funktionaler und ökonomischer Sicht insbesondere von verzögerungsfreiem Monitoring profitiert, bestätigt. Insgesamt führt Monitoring im vorliegenden Marktumfeld zu einer niedrigeren Wettbewerbsintensität.

Ergebnisse zum Einfluss von Kommunikation
Hinsichtlich der Kommunikation lässt sich zunächst feststellen, dass die Möglichkeit sich unverbindlich mit den anderen Anbietern auszutauschen ungeachtet der theoretisch nicht nachvollziehbaren Glaubwürdigkeit (vgl. Farrell & Rabin, 1996, S. 114) fast immer genutzt wird. Sowohl die Kommunikation der aktuellen Runde als auch die Kommunikation aller Vorrunden zeigt hierbei einen signifikant positiven Effekt auf das

---

[232] Monitoring ist, wie in Kapitel 4.1.4 definiert, in dieser Untersuchung immer symmetrisch auf Anbieter- und Nachfragerseite implementiert. Monitoring-Informationen stehen somit Nachfragern wie Anbietern gleichermaßen zur Verfügung.

Preisniveau ebenso wie den Erfolg von Absprachen. Die nach Farrell und Rabin (1996, S. 103) zitierte, humoristische Äußerung von Yogi Berra, "*A verbal contract isn't worth the paper it's written on*", wird in diesem Kontext klar widerlegt: Unverbindlicher *Cheap Talk* lässt sich in multilateralen Kontraktverhandlungen durchaus in messbaren Kollusionserfolg umsetzen. Dieses Ergebnis bestätigt die Schlussfolgerung in der experimentellen Literatur von beispielsweise Holt (1995, S. 409-411), Sally (1995), Crawford (1998), Kühn (2001) und Balliet (2010), die unverbindlicher Kommunikation einen Effekt attestieren, selbst wenn die formalen Kriterien für glaubwürdige Kommunikation nicht gegeben sind. Die Auswertung der Kommunikation mit den Nachfragern legt den Schluss nahe, dass langfristiger Beziehungsaufbau wichtiger ist als kurzfristige Äußerungen. Im Vergleich zur Anbieterkommunikation spielt die Verhandlung mit den Nachfragern eine untergeordnete Rolle, wobei der bereits bei Paulik (2016, S. 123-126) in der ersten Spielhälfte beobachtete Effekt bestätigt wird, dass Preise niedriger sind, je mehr kommuniziert wird.

Eine nähere Betrachtung der Inhalte der Anbieterkommunikation offenbart ein differenzierteres Bild. Prinzipielle Appelle und allgemeine Kooperationsabsichten zeigen in diesem Experiment nicht nur wie bei Cooper und Kühn (2014, S. 265-268) keine positive, sondern sogar eine signifikant negative Wirkung. Über mögliche Gründe kann nur spekuliert werden. Möglicherweise deutet die mangelnde Konkretheit eines prinzipiellen Appells darauf hin, dass die betreffenden Anbieter keine konkrete Strategie verfolgen und prinzipielle Äußerungen daher als Symptom eines fehlenden strategischen Weitblicks zu interpretieren sind. Denkbar ist auch, dass prinzipielle Aussagen als mangelnde Kompetitivität ausgelegt werden und damit zu aggressiverem Wettbewerbsverhalten der Konkurrenten verleiten. Die Vermutung, dass prinzipielle Äußerungen lediglich eine bereits negative Marktdynamik kommentieren, erscheint hingegen unbegründet, da sich die Effekte auch unter Kontrolle der Ausgangssituation durch Vorrundenpreis und bereits etablierter Kollusion bestätigen.

Bei Absprachen hingegen werden trotz deren Unverbindlichkeit erwartungsgemäß höhere Preise erzielt, was an die Ergebnisse von Isaac und Walker (1985, S. 149-152) anknüpft, die bei kollusivem Verhalten höhere Preise beobachten ohne dies statistisch zu verifizieren. Wie die deskriptive Analyse andeutet, liegt das Preisniveau nicht nur bei eingehaltenen Absprachen, sondern auch bei gebrochenen Absprachen höher als wenn überhaupt keine Absprache getroffen wird. Daraus kann geschlussfolgert werden, dass das höhere Preisniveau bei Absprachen nicht allein durch einen gewissen Anteil an erfolgreichen Absprachen zurückzuführen ist, sondern dass auch das Abschöpfen von Gewinnen unter dem Schirm vorgeblicher Kollusion zu einem insgesamt höheren Preisniveau führt.

Bei kollusiven Absprachen zeigt sich jedoch, dass diese nur dann ihre Wirkung entfalten können, wenn sie konkret und abgestimmt sind. Sowohl fehlende Konkretheit als auch fehlende Abstimmung beeinträchtigen den Kollusionserfolg deutlich, was darauf hindeutet, dass beide Dimensionen gleichermaßen wichtig sind. Wird der ökonomische mit dem funktionalen Kollusionserfolg in Bezug gesetzt, offenbaren sich im Detail zwei bemerkenswerte Erkenntnisse: Erstens werden einige Absprachen der deskriptiven Analyse zufolge auf sehr niedrigem Niveau getroffen – beispielsweise lediglich auf Höhe der Grenzkosten zur Vermeidung von Verlusten. Während sich dadurch selbstverständlich kein nennenswerter ökonomischer Erfolg erzielen lässt, etabliert sich funktional gesehen erfolgreiche Kollusion, welche perspektivisch die Basis auch für ökonomischen Erfolg bilden kann. Zweitens zeigt sich, dass unvollständige Absprachen zwar keinen signifikant messbaren ökonomischen Erfolg erzielen, aber dennoch zum Teil eingehalten werden. Eine Interpretation dieser konträren Resultate könnte darin bestehen, dass unvollständige Absprachen ebenso wie Absprachen auf sehr niedrigem Preisniveau häufig als Wegbereiter für erfolgreiche Kollusion fungieren. In der "Findungsphase" stellt die vollständige Konkretisierung und Abstimmung einer kollusiven Absprache unter allen Beteiligten eine mitunter schwierige koordinative Herausforderung dar, weshalb Absprachen teilweise nur unzureichend definiert werden. In diesem Falle ist es unwahrscheinlich, dass diese unvollständige Absprache bereits zu einem ökonomischen Erfolg führt – allerdings ist es durchaus denkbar, dass sich die Konkurrenten als Signal des Vertrauens auch an eine rudimentäre Absprache halten und damit die Basis für erfolgreiche Kollusion schaffen.

Vollständige Absprachen mit Drohungen sind den Ergebnissen zufolge die effektivste Strategie, um Kollusion zu etablieren und zu stabilisieren, was die inhaltsanalytischen Ergebnisse von Cooper und Kühn (2014, S. 268) bestätigt. Vor dem Hintergrund, dass es ohne die Androhung von Strafmaßnahmen aus spieltheoretischer Sicht keine Anreize gibt, sich an eine kollusive Absprache zu halten (vgl. Kapitel 2.3.2), ist jedoch bemerkenswert, dass lediglich etwa jede dritte Absprache mittels einer Drohung forciert wird. Dass Drohungen eine eher selten angewendete Strategie sind, findet sich auch in Ergebnissen der Literatur wieder (vgl. Cooper & Kühn, 2014, S. 262; Fonseca & Normann, 2012, S. 1769). Dies wirft die Frage auf, welche Anreize für das kollusive Verhalten der Anbieter darüber hinaus ausschlaggebend sind.

Zusammenfassend lässt sich feststellen, dass unverbindliche Kommunikation eine kollusionsförderliche Wirkung aufweist und dass bei detaillierterer Betrachtung entsprechend These II insbesondere konkrete, abgestimmte Aktionen wie Absprachen und Drohungen zu einer Steigerung des Preisniveaus führen, während allgemeine prinzipielle Äußerungen und unkonkrete oder unabgestimmte Absprachen keine positive Wirkung zeigen.

Ergebnisse zum Einfluss der Absprachetypen

Hinsichtlich der Absprachetypen kann zunächst konstatiert werden, dass Preisabsprachen im Vergleich zu Marktaufteilungen das deutlich häufiger angewendete Mittel sind, um Kollusion operativ umzusetzen. Die vorläufigen Ergebnisse der deskriptiven Auswertung bestätigen sich in der Regressionsanalyse: Marktaufteilungen sind deutlich stabiler, erzielen jedoch niedrigere Preise als Preisabsprachen. Preisabsprachen erreichen gegenüber Marktaufteilungen ein signifikant höheres Preisniveau, werden allerdings seltener eingehalten. Dass sich zumindest unter Kontrolle von etablierter Kollusion das höhere Preisniveau bei Preisabsprachen statistisch nachweisen lässt, ist umso bemerkenswerter, als dass Preisabsprachen deutlich seltener erfolgreich sind und daher wesentlich höhere Preise erzielen müssen, um im Durchschnitt die geringere funktionale Erfolgsrate kompensieren zu können. Diese Ergebnisse bestätigen die Beobachtungen von Fonseca und Normann (2012, S. 1768), dass sich Marktaufteilungen in Form von Bieterrotationen als sehr stabil erweisen.

Es kann spekuliert werden, inwiefern dies drauf zurückzuführen ist, dass Marktaufteilungen entlang der Argumentation von Andersen und Rogers (1999, S. 348) jedem Anbieter *ex ante* einen akzeptablen Marktanteil garantieren. Bei Preisabsprachen hingegen kann ein Teil der Anbieter mitunter auch erfolglos nach Kunden suchen, selbst wenn sich alle Anbieter an den vereinbarten Preispunkt halten. Kunden treffen bei identischen Preisen aus Sicht der Anbieter bestenfalls eine zufällige Entscheidung und beziehen schlimmstenfalls aus verhandlungstaktischen Gründen alle Einheiten von einem Anbieter, um die vermutete Preiskollusion zu destabilisieren. Darüber hinaus erscheint es in den *Treatments* mit unvollkommenem Monitoring einfacher, Betrug bei einer Marktaufteilung aufzudecken, da offensichtlich ist, wenn Bestandskunden ihre Nachfrage anderweitig befriedigt haben. Der im Erfolgsfall deutlich höhere ökonomische Erfolg von Preisabsprachen lässt sich möglicherweise darauf zurückführen, dass die Abstimmung eines Preispunktes eine aktive Auseinandersetzung der Anbieter mit dem optimalen Preisniveau mit sich bringt. Wie Brown Kruse und Schenk (2000, S. 76) schlüssig argumentieren, bedarf es lediglich eines aktiven Anbieters, der seine Konkurrenten von substanziellen Preissteigerungen überzeugt, statt dass diese Aufgabe von jedem Anbieter individuell gelöst werden muss.

Bemerkenswert ist das Ergebnis, dass Preisabsprachen lediglich dann zu signifikant höheren Preisen führen, wenn etablierte Kollusion kontrolliert wird. Eine mögliche Erklärung für dieses Ergebnis liegt darin begründet, dass Marktaufteilungen mittel- bis langfristig ebenfalls zu einem höheren Preisniveau führen können. Neu getroffene Marktaufteilungen scheinen jedoch primär den Markt zu stabilisieren ohne dies direkt in höhere Preise umsetzen zu können. Der höhere ökonomische Erfolg von Preisabsprachen lässt sich möglicherweise dadurch erklären, dass der Fokus der Anbieter schneller auf die Steigerung der Preise gelenkt wird, statt zunächst Zeit und Energie auf die Revierbildung oder die Entwicklung des Modus einer Bieterrotation aufzuwenden.

Kombinierte Absprachen vereinen die Stärken beider Absprachetypen und sind statistisch signifikant häufiger erfolgreich als Preisabsprachen und führen zu signifikant höheren Preisen als Marktaufteilungen, wobei der Effekt weitestgehend unabhängig davon ist, ob neue oder bereits etablierte Absprachen betrachtet werden.

In Summe zeigen die Ergebnisse, dass die Absprachetypen entsprechend These III unterschiedlich auf den funktionalen und ökonomischen Kollusionserfolg wirken. Preisabsprachen erzielen höhere Preise während Marktaufteilungen häufiger eingehalten werden. Preisabsprachen scheinen zudem ihr kollusives Potential schneller in ökonomischen Erfolg umsetzen zu können, während Marktaufteilungen erst mit einer gewissen Verzögerung auch zu höheren Preisen führen. Kombinierte Absprachen vereinen die Stärken beider Absprachetypen.

Ergebnisse zum Einfluss der Historie

Die deskriptive Analyse der Evolution von Kollusion macht deutlich, dass sich die Marktdynamik nicht in allen Märkten gleicht, sondern häufig typischen Mustern folgt. In einigen Märkten etabliert sich bereits zu Beginn Kollusion und bleibt auch im Spielverlauf weitestgehend stabil. Es ist anzunehmen, dass entsprechend der Annahme von Levenstein (1996, S. 130) Erfahrung mit Kollusion und eine solide Vertrauensbasis entlang der Ausführungen von Pindyck und Rubinfeld (2013, S. 635) sowie Ullrich (2004, S. 162-164) hierbei wesentliche Faktoren sind, welche den Kollusionserfolg begünstigen. In Bezug auf den ökonomischen Erfolg ist unter unvollständiger Information darüber hinaus davon auszugehen, dass es die Anbieter bei bereits etablierter Kollusion sukzessive schaffen die Preise anzuheben, um sich dem Monopolpreis zu nähern, was ebenfalls zu einem höheren Preisniveau bei etablierter Kollusion beiträgt. Diese Faktoren führen dazu, dass Märkte mit bereits etablierter Kollusion sich wahrscheinlicher erneut erfolgreich absprechen können und signifikant höhere Preise erzielen.

Andere Märkte liefern sich andauernde Preiskämpfe, von denen sie sich auch im Laufe der Zeit nicht erholen können. Wenn es in der Historie eines Marktes einen Vertrauensbruch gab, werden statistisch signifikant niedrigere Preise erzielt. Es kann daher spekuliert werden, inwiefern frühe Vertrauensverluste die Basis für zukünftige kollusive Strategien zerstören und damit zu der aus Anbietersicht destruktiven Marktdynamik beitragen. Daher erscheint es für die Anbieter sinnvoll, Vertrauen einen hohen Stellenwert einzuräumen und nondiskrepantes Verhalten zu vermeiden, wie Ullrich (2004, S. 162-164) darlegt.

In einer weiteren Art von Märkten herrscht zunächst ebenfalls harter Wettbewerb, aus welchem sich die Anbieter jedoch nach dem Durchschreiten dieses "Tals der Tränen" im Laufe des Experiments befreien können. Mögliche Erklärungen hierfür sind vielfältig: Einerseits können Preiszyklen, wie in Kapitel 2.3.6 thematisiert, Teil einer kollusiven Strategie sein (Green & Porter, 1984; Maskin & Tirole, 1988b, 574-577, S. 587-589), womit Preiskämpfe nicht grundsätzlich als Gegenpol zu Kollusion zu betrachten sind. Wird die Marktdynamik hingegen als Ergebnis eines Erkenntnisprozesses begriffen, lässt sich nachvollziehen, dass ein Preiskampf durch ausbleibende Gewinne zu Handlungsdruck führt. Dieser schafft den Anreiz, die bisherige Wahl der Strategie in

Frage zu stellen, was bei den gleichzeitig geringen Opportunitätskosten für das Ausprobieren neuer Strategien dazu führen kann, dass kollusive Absprachen nach einem Preiskampf verstärkt in den Fokus rücken. Das verstärkte Ausprobieren neuer Strategien bei unterdurchschnittlichen Preisen wird auch von Altavilla et al. (2003) berichtet. Statistisch signifikant lässt sich nachweisen, dass die Erfahrung eines Preiskampfes in der Historie die Wahrscheinlichkeit erhöht, dass zukünftige Absprachen eingehalten werden.

Abschließend lässt sich feststellen, dass entsprechend These IV die Historie der Marktdynamik für die Etablierung von Kollusion durchaus relevant ist. Faktoren wie etablierte Kollusion oder die Erfahrung eines Preiskampfes erhöhen die Wahrscheinlichkeit eines kollusiven Erfolges, während Vertrauensbrüche die Basis für zukünftige Kollusion zerstören. Die Evolution von Kollusion folgt dabei nicht immer demselben, eindeutigen Pfad, sondern läuft entlang einiger typischer Muster ab.

6 Abschließende Überlegungen

Um den Rahmen zur Einleitung herzustellen werden die Ergebnisse kurz zusammengefasst und mit den eingangs formulierten Zielen abgeglichen. Ein kritischer Blick auf die vorliegende Arbeit dient als Basis für den Ausblick und weiteren Forschungsbedarf. Abschließend wird die Relevanz der Arbeit für die Praxis anhand der Implikationen für Unternehmen und Wettbewerbsbehörden herausgearbeitet.

6.1 Zusammenfassung und Zielabgleich

Die Motivation hinter der vorliegenden Untersuchung bestand darin, das Verständnis für die Evolution von Kollusion weiterzuentwickeln. Die zentrale Forschungsfrage fokussierte auf die Wirkzusammenhänge, welche die Evolution von expliziter Kollusion im Kontext von Kontraktmärkten bestimmen. Konkret wurden in Frageform vier übergreifende Ziele definiert:

I. Welchen Einfluss zeigt **Monitoring** im Hinblick auf Kollusion und Wettbewerbsintensität?

II. Welche **Kommunikationsinhalte** bestimmen über den Erfolg von kollusiven Strategien?

III. Welche Charakteristika weisen die unterschiedlichen kollusiven **Absprache-typen** auf?

IV. Auf welche Art und Weise entfaltet sich die Evolution von Kollusion und welche Faktoren beeinflussen den Kollusionserfolg aus der **Historie** heraus?

Wie im Stand der Forschung ausführlich dargelegt, werden viele dieser Fragen von der Literatur bestenfalls indikativ oder nur teilweise beantwortet. Um zur Schließung der resultierenden Forschungslücken beizutragen, wurden basierend auf der vorhandenen Literatur mit den oben genannten Zielen korrespondierende Thesen sowie die dazugehörigen Hypothesen abgeleitet. Zur Untersuchung der Hypothesen wurde ein Marktmodell zur Abbildung von B2B-Kontraktmärkten entwickelt. Besonderes Augenmerk wurde darauf gelegt, einen zielführenden Kompromiss aus Realitätsbezug und hinreichender Allgemeingültigkeit für viele Branchen und Industrien zu gewährleisten. Auf der Grundlage dieses Marktmodells wurde ein Experiment mit 255 Teilnehmern durchgeführt, womit das Datenmaterial dieser Untersuchung unter kontrollierten Laborbedingungen generiert wurde. Da zur Überprüfung der Hypothesen quantitative Daten erforderlich waren, wurden die Kommunikationsinhalte zwischen den Anbietern mittels einer Inhaltsanalyse messbar gemacht. Ein übergreifendes Verständnis für das vorhandene Datenmaterial wurde anhand deskriptiver Analysen entwickelt. Insgesamt war eine hohe Wettbewerbsintensität zu beobachten, wobei das Marktumfeld von für Wechselkostenmärkte typischen Verhaltensweisen wie *bargain-then-ripoff*-Strategien und Wilderei geprägt war. Zur statistischen Hypothesenüberprüfung wurde eine multivariate Regressionsanalyse mit Panelmodellen eingesetzt, welche abgesichert durch verschiedenste Robustheitstests zu den in Kapitel 5.3 im Kontext der Literatur diskutierten Resultaten führt. Die zentralen Ergebnisse werden nachfolgend kurz entlang der übergreifenden vier Thesen zusammengefasst.

Die Ergebnisse zeigen, dass **Monitoring** zu höheren Preisen führt. Entsprechend These I offenbart sich, dass insbesondere die verzögerungsfreie Verfügbarkeit entscheidend für die kollusionsförderliche Wirkung von Monitoring ist. Wie in Abbildung 25 angedeutet, schränken bereits leicht verzögerte Monitoring-Informationen zum Rundenende den Erfolg von Kollusion deutlich ein.

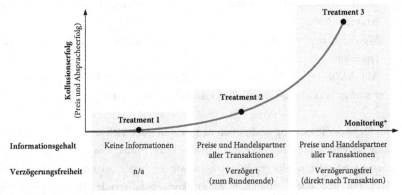

Abbildung 25: Wirkung von Monitoring auf den Kollusionserfolg (konzeptionell)

Der kollusionsförderliche Effekt von Monitoring durch die einfachere Aufdeckung von Betrug scheint gegenüber Imitationsverhalten oder der Preistransparenz auf Nachfragerseite im vorliegenden Marktumfeld zu dominieren.

Die Untersuchung bestätigt, dass **Kommunikation** zwischen den Anbietern zu einer verringerten Wettbewerbsintensität führt. Eine differenziertere Betrachtung zeigt, wie in These II postuliert, dass insbesondere konkrete, abgestimmte Aktionen wie Absprachen und Drohungen entscheidend für die kollusionsförderliche Wirkung von Kommunikation sind (vgl. Abbildung 26). Unkonkrete oder unabgestimmte Absprachen hingegen sind deutlich weniger erfolgreich, während sich sehr allgemeine prinzipielle Appelle und Kooperationsabsichten sogar negativ auswirken können. Die Ergebnisse deuten darauf hin, dass Absprachen auf sehr niedrigem Preisniveau oder das Einhalten von unvollständigen Absprachen gewissermaßen als Wegbereiter bei der Etablierung von Kollusion fungieren können. Am effektivsten sind konkrete und abgestimmte Absprachen, wenn sie durch Drohungen forciert werden. Bemerkenswert ist hierbei, dass diese Strategie vergleichsweise selten[233] zur Anwendung kommt.

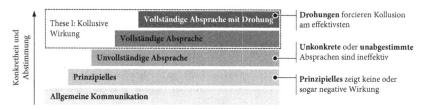

Abbildung 26: Wirkung von Kommunikation nach Konkretheit und Abstimmung (konzeptionell)

---

[233] Vollständige Absprachen mit Drohungen werden, wie in Kapitel 5.1.2 dargelegt, lediglich in 16% der Fälle angewendet. Es sei darauf hingewiesen, dass sich der Prozentsatz nicht ohne Weiteres auf reale Märkte übertragen lässt, da der Wert von den Gegebenheiten eines konkreten Oligopolmarktes abhängt und außerdem durch legale Rahmenbedingungen reduziert wird.

Unterschiedliche **Absprachetypen** wirken, wie in Abbildung 27 angedeutet, entsprechend These III unterschiedlich auf den Erfolg von Kollusion. Preisabsprachen sind ökonomisch erfolgreicher als Marktaufteilungen und erreichen ein durchschnittlich höheres Preisniveau. Marktaufteilungen hingegen spielen in funktionaler Hinsicht ihre Stärken aus und führen daher häufiger zu stabiler Kollusion, ohne dass Absprachen gebrochen werden.

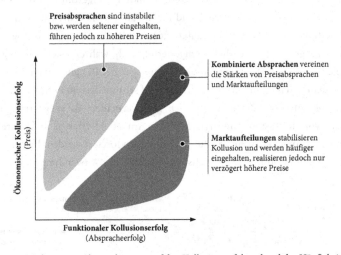

Abbildung 27: Wirkung von Absprachetypen auf den Kollusionserfolg anhand der Häufigkeitsverteilung der Absprachetypen nach funktionalem und ökonomischem Erfolg (konzeptionell)

Preisabsprachen können ihr ökonomisches kollusives Potential dabei schneller realisieren als Marktaufteilungen, welche erst mit einer gewissen Verzögerung zu höheren Preisen führen, jedoch schnell zur Stabilisierung von Kollusion beitragen. Am effektivsten hinsichtlich der Erfolgswahrscheinlichkeit einer Absprache und dem erzieltem Preisniveau ist die Kombination aus einer Preisabsprache und einer Aufteilung des Marktes, welche die Stärken beider Absprachetypen vereint.

Die **Historie** spielt entsprechend These IV eine relevante Rolle bei der Etablierung von Kollusion. Wie in Abbildung 28 konzeptionell dargestellt, erhöht bereits etablierte Kollusion die Wahrscheinlichkeit, dass Absprachen erneut eingehalten werden, weshalb sich Märkte mit früh erfolgreich etablierter Kollusion häufig auch langfristig stabil erweisen. Vertrauensbrüche zerstören die Basis für zukünftige Kollusion, weshalb sich einige Märkte nicht von einem anfänglichen Preiskampf erholen und dauerhaft nur Preise auf Höhe der Grenzkosten realisieren können. Grundsätzlich erhöht ein Preiskampf jedoch die Wahrscheinlichkeit, dass eine Absprache eingehalten wird: Der Handlungsdruck infolge eines Preiskampfes kann die Etablierung von Kollusion fördern, worauf die Anbieter nach Durchschreiten eines "Tals der Tränen" in einigen Märkten doch noch erfolgreich Kollusion etablieren.

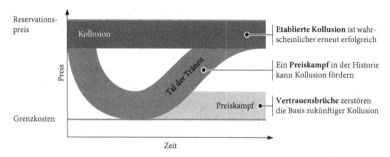

Abbildung 28: Verlaufspfade und korrespondierende Einflussfaktoren der Historie (konzeptionell)

Aus methodischer Sicht lieferte die Inhaltsanalyse einen entscheidenden Beitrag zu diesen Erkenntnissen, was einen Blick unter die "Oberfläche" der Kommunikation erlaubte. Da Inhaltsanalysen in der experimentellen Oligopolforschung noch kaum Beachtung finden, ist dieses Werkzeug zur Komplementierung der in diesem Forschungszweig üblicherweise betrachteten ökonomischen Größen prädestiniert. Darüber hinaus kann festgehalten werden, dass die im Rahmen dieser Untersuchung entwickelte Methodik, nicht allein den ökonomischen Erfolg von Kollusion in Form des Preises, sondern auch den funktionalen Erfolg von Kollusion im Sinne der Einhaltung von Absprachen zu messen, sich als überaus aufschlussreich erwiesen hat. Nur durch die Kombination beider Erfolgskriterien kann beispielsweise die Rolle von unvollständigen Absprachen oder neuen Marktaufteilungen in der frühen Phase der Evolution von Kollusion beobachtet werden.

In Summe lässt sich konstatieren, dass die eingangs definierten vier Fragen durch die vorliegende Untersuchung zielkonform beantwortet wurden:

I. Die verzögerungsfreie Verfügbarkeit ist entscheidend für die kollusions-förderliche Wirkung von **Monitoring**, was insgesamt zu einer niedrigeren Wettbewerbsintensität führt.

II. Hinsichtlich der **Kommunikationsinhalte** sind konkrete, abgestimmte Aktionen wie Absprachen und Drohungen das effektivste Mittel um den Erfolg von Kollusion sicherzustellen.

III. Preisabsprachen erzielen höhere Preise während Marktaufteilungen stabiler sind, wobei sich die Stärken beider **Absprachetypen** durch kombinierte Absprachen vereinen lassen.

IV. Kollusion entwickelt sich entlang typischer Verlaufspfade, wobei die Wahrscheinlichkeit erfolgreicher Absprachen aus der **Historie** heraus von etablierter Kollusion und Preiskämpfen gesteigert wird, während Vertrauensbrüche zukünftiger Kollusion abträglich sind.

Zu der zentralen Forschungsfrage, welche Wirkzusammenhänge die Evolution von expliziter Kollusion im Kontext von Kontraktmärkten bestimmen, konnte damit ein relevanter Beitrag über den aktuellen Stand der Forschung hinaus geleistet werden.

6.2 Kritische Würdigung und Ausblick

Je relevanter der Forschungsbeitrag, desto wichtiger erscheint eine differenzierte Betrachtung der Untersuchung, um mögliche Grenzen und Verbesserungs-möglichkeiten aufzuzeigen. Entlang der in Kapitel 4 vorgestellten Kriterien der internen und externen Validität lassen sich mögliche Einschränkungen sowie der weitere Forschungsbedarf identifizieren.

Die **interne Validität** kann nach Huber et al. (2014, S. 39) als gesichert angenommen werden, "wenn die Variation der abhängigen Variable einzig und allein auf die Manipulation der unabhängigen Variable zurückgeführt werden kann." Im Kontext dieser Untersuchung erscheinen insbesondere Kausalitätsbeziehungen, die Operationalisierung der Verhandlungsinhalte sowie die Methoden der statistischen

Auswertung als mögliche Faktoren, welche die interne Validität der Ergebnisse einschränken könnten.

- Diverse Maßnahmen werden zur Sicherstellung der **Kausalitätsbeziehungen** eingesetzt. In Bezug auf Monitoring erlaubt der Einsatz von *Treatments* einen eindeutigen *ceteris paribus* Vergleich. In den Regressionen werden aus der Literatur bekannte Kontrollvariablen und Faktoren inkludiert, was das Risiko von unbeobachteten relevanten Einflüssen minimiert. Hinsichtlich der Kommunikationsinhalte wird Kausalität durch einen sequentiellen Ablauf bei Experiment und Codierung sichergestellt, indem die endogenen Variablen Preis und Abspracheerfolg definitionsgemäß immer das Ende einer Codiereinheit bestimmen. Dennoch könnte argumentiert werden, dass beispielsweise prinzipielle Äußerungen eine bereits negative Marktdynamik kommentieren und daher nicht als Ursache betrachtet werden können. Unter Kontrolle des Vorrundenpreises und bereits etablierter Kollusion bestätigen sich jedoch die gezeigten Effekte, was darauf hindeutet, dass diese unabhängig von der Ausgangssituation Bestand haben. Darüber hinaus sind die Hypothesen der vorliegenden Untersuchung fest in der Literatur verankert, was das Risiko umgekehrter Kausalitätsbeziehungen minimiert.

- Für die **Operationalisierung der Verhandlungsinhalte** wurde, wie in Kapitel 4.3.2 dargelegt, auf Basis der aus der Literatur abgeleiteten Hypothesen ein Codierschema für die Inhaltsanalyse entwickelt. Zwar basiert das Schema dank dieser Vorgehensweise auf der Literatur, dennoch lässt sich die Frage aufwerfen, inwiefern dieses Codierschema bereits alle wesentlichen Kategorien zur Identifizierung von kollusiven Wirkzusammenhängen in sich vereint. Im Gegensatz etwa zur dyadischen Verhandlungsforschung existieren mit Ausnahme des Schemas von Cooper und Kühn (2014) keine Referenzen, welche eine Beantwortung dieser Frage erlauben würden. Vor diesem Hintergrund muss das entwickelte Codierschema vielmehr als Grundstein für weitere Untersuchungen betrachtet werden. Transkriptionsfehlern wurde durch eine automatisierte Aufzeichnung von allen relevanten Experimentdaten vorgebeugt. Einer möglichen Kritik an subjektiven Einflüssen bei der Codierung wurde *ex ante* durch den Einsatz von drei unabhängigen Codierern und einem stringenten Codierprozess erfolgreich begegnet, was der Codierung *ex post* anhand einer guten bis exzellenten Reliabilität attestiert wurde.

- Hinsichtlich der **statistischen Auswertung** anhand einer multivariaten Regressionsanalyse wurden bereits bei der Überprüfung der Annahmen in Kapitel 5.2.2 mögliche Problemfelder wie Autokorrelation, Heteroskedastizität, Multikollinearität oder Endogenität adressiert. Um die Wahl kritischer Parameter des Regressionsmodells abzusichern wurden im Rahmen der Robustheitsprüfungen in Kapitel 5.2.7 darüber hinaus mögliche Alternativen gerechnet. Nicht betrachtet wurden jedoch weitere, theoretisch denkbare Erweiterungen wie die Untersuchung nichtlinearer Zusammenhänge oder dynamische Regressionsmodelle.

Auf Basis der ausgezeichneten Möglichkeiten im Experimentallabor, alle relevanten Einflüsse zu kontrollieren, kann in Verbindung mit diversen Maßnahmen zur Sicherstellung der Kausalitätsbeziehungen, einer hohen Reliabilität der Inhaltsanalyse und der robusten Statistik eine hohe interne Validität der Ergebnisse bescheinigt werden.

Die **externe Validität** der Ergebnisse ist Huber et al. (2014, S. 40) zufolge dann gegeben, "wenn ihre Ergebnisse über die besonderen Bedingungen der Untersuchungssituation und über die untersuchten Personen hinausgehend verallgemeinerbar sind." Hierbei rücken insbesondere die üblichen Kritikpunkte an experimentellen Untersuchungen wie Komplexitätsreduktion, die Robustheit der Modellannahmen sowie die Teilnehmerauswahl in den Fokus, welche auch auf die vorliegende Untersuchung zutreffen.

- Bezogen auf die starke **Komplexitätsreduktion** in ökonomischen Experimenten meint Holt (1995, S. 352), "*a skeptical reader must wonder whether effective simplification is possible, that is, if laboratory experiments will yield any useful insights.*" Davis und Holt (1993, S. 199) geben zu bedenken, dass es sich dabei um keine Kritik speziell an Experimenten, sondern vielmehr an der ökonomischen Theorie an sich handle und dass Theorien zwangsläufig "*extremely simplified characterizations of the complicated natural world*" darstellen. Den Zielkonflikt aus Realitätsbezug und Allgemeingültigkeit können Experimente nicht auflösen, jedoch kann eine für die Forschungsfrage zugeschnittene Positionierung in diesem Spannungsfeld getroffen werden. Da die vorliegende Untersuchung von realen Märkten motiviert ist, wurden die wesentlichen Charakteristika der im Fokus stehenden B2B-Kontraktmärkte wie Wechselkosten, Preisdifferenzierung und die Marktinstitution multilateraler Kontraktverhandlungen implementiert.

Die Ergebnisse können somit als Indikationen für eine breite Auswahl an realen B2B-Kontraktmärkten betrachtet werden[234].

• Die **Robustheit der Modellannahmen** fokussiert auf die Frage, inwiefern die Ergebnisse auch bei Änderungen des Marktmodells Bestand haben. Holt (1995, S. 360) unterstreicht die Wichtigkeit dieser Details, da "*seemingly small variations in the market institution can have large effects*". Neben der Marktinstitution könnten auch die Anzahl der Anbieter und Nachfrager, Preiselastizitäten, Asymmetrien, Investitionen und Fixkosten, schrumpfende und wachsende Märkte, Markteintritte und vieles mehr variiert werden. Eine erste Indikation der Auswirkungen gibt die Aufstellung der Kollusion beeinflussenden Faktoren in Kapitel 2.3.5. Da das in den vorliegenden experimentellen Märkten beobachtete Verhalten im Wesentlichen mit den Vorhersagen aus der Theorie übereinstimmt und darüber hinaus Erfahrungen aus der Praxis bestätigt, ist jedoch anzunehmen, dass die Erkenntnisse auch für in gewissen Grenzen variierte Rahmenbedingungen gelten. Belastbare Aussagen zu konkreten Modelländerungen lassen sich letztlich jedoch nur über zukünftige Untersuchungen generieren, welche die entsprechenden Änderungen modellieren.

• Hinsichtlich der **Teilnehmerauswahl** bringen Davis und Holt (1993, S. 199) die verbreitete Kritik auf den Punkt: "*Subjects are too naive.*" Auch wenn es nahe liegen mag anzunehmen, dass professionelle Experten besser verhandeln und anspruchsvollere Strategien anwenden, lässt sich in der überwältigenden Mehrheit der Experimente zur Teilnehmerauswahl kein signifikanter Unterschied beobachten, weshalb die Auswahl der Probanden als unkritisch erachtet wird (vgl. Croson, 2005, S. 137-139; Davis & Holt, 1993, S. 200; Friedman & Cassar, 2004a, S. 66; Holt, 1995, S. 353). Selbst unter der hypothetischen Annahme, dass Experten komplexere Strategien anwenden und weiter voraus denken, ist anzunehmen, dass rational zielführende Strategien wie die Androhung von Strafen tendenziell häufiger zum Einsatz kommen. Auch in

---

[234] Im Einzelfall können Marktmodelle eines ganz konkreten Marktes belastbarere Aussagen für genau diesen Markt treffen, wobei die Allgemeingültigkeit jedoch weiter eingeschränkt wird. Im Gegenzug lässt sich die Allgemeingültigkeit erhöhen, indem von den Merkmalen von B2B-Märkten abstrahiert wird und beispielsweise Preisdifferenzierung und Wechselkosten nicht berücksichtig werden. Die Wahl eines Kompromisses im Spannungsfeld zwischen Realitätsbezug und Allgemeingültigkeit richtet sich somit nach der Forschungsfrage und bringt zwangsläufig Einschränkungen in der einen oder anderen Richtung mit sich.

Bezug auf Monitoring erscheint es wahrscheinlicher, dass Experten die durch das Monitoring verbesserte Aufdeckung von Betrug zu antizipieren wissen statt auf das eher primitive, der evolutionären Spieltheorie entstammende Imitationsverhalten zurückzufallen. Die in der vorliegenden Untersuchung gezeigten Effekte erscheinen vor diesem Hintergrund konservativ.

Im Hinblick auf die Teilnehmerauswahl kann festgehalten werden, dass dies keine Einschränkung der externen Validität darstellt. Für Märkte mit abweichenden Charakteristika kann diese Untersuchung zugunsten der Allgemeingültigkeit zwangsläufig lediglich als Indikation betrachtet werden. Um beispielsweise Kartellrechtsentscheidungen für eine konkrete Industrie wie die eingangs angesprochenen Getränkeabfüller oder den Lebensmitteleinzelhandel zu fällen erscheint es sinnvoll, weitere Experimente mit den spezifischen Gegebenheiten durchzuführen.

Übergreifend lässt sich konstatieren, dass die Erkenntnisse dieser experimentellen Untersuchung im Rahmen der vorangehend dargelegten Einschränkungen als intern und extern valide betrachtet werden können. Damit leistet die vorliegende Untersuchung einen relevanten Beitrag zum Stand der Forschung, um ein besseres Verständnis für die Wirkzusammenhänge bei der Evolution von Kollusion zu schaffen. Während die Literatur sich mehrheitlich gewissermaßen an der Oberfläche damit beschäftigt, ob bestimmte Faktoren wie die in Kapitel 2.3.5 dargelegten Elemente überhaupt einen Einfluss haben, konnten durch die Analyse der Kommunikationsinhalte einige aufschlussreiche Einblicke generiert werden, auf welche Art und Weise sich die Kollusion tatsächlich etabliert. Gegenüber den wenigen existierenden Untersuchungen (vgl. Kapitel 2.3.7), welche ebenfalls einen Blick auf die Kommunikationsinhalte werfen, unterscheidet sich die vorliegende Untersuchung insbesondere darin, dass über anekdotische Indizien hinaus statistisch belastbare Aussagen generiert wurden.

Potential für weitergehende Untersuchungen lässt sich an verschiedenen Ansatzpunkten identifizieren. In der deskriptiven Analyse der Evolution von Kollusion wurden Verlaufspfade identifiziert, welche aufgrund des explorativen Charakters der Analyse jedoch noch nicht durch statistisch belastbare Zusammenhänge belegt sind. Eine dedizierte Untersuchung der Wirkzusammenhänge dieser Verlaufspfade könnte substantiell zum Verständnis der Evolution von Kollusion beitragen. Darüber hinaus

bietet die bemerkenswert seltene Anwendung von Drohungen Raum für weitere Untersuchungen, welche Faktoren stattdessen maßgeblich zur Etablierung von Kollusion
führen. Insbesondere eine differenziertere Betrachtung des Vertrauensaufbaus
verspricht aufschlussreiche Einblicke in kollusives Verhalten.

6.3 Implikationen der Ergebnisse

Auch wenn in dieser Untersuchung prinzipiell das Verständnis von grundlegenden
Zusammenhängen bei der Evolution von Kollusion im Vordergrund stand, sind aus der
Perspektive des strategischen Managements immer auch die Implikationen für die
Praxis von Interesse. Abschließend werden daher einige konkrete Implikationen für
Anbieter und Nachfrager[235] sowie die Wettbewerbsbehörden aus den Forschungs-
ergebnissen abgeleitet.

Abseits wettbewerbsrechtlicher Restriktionen könnte es sich für Anbieter lohnen, zur
Verbesserung des Monitorings beispielsweise über Veröffentlichungen von Branchenverbände zu einer höheren Transparenz über Marktpreise beizutragen – auch wenn dies
aus der individuellen Perspektive eines einzelnen Unternehmens zunächst kontra-
intuitiv wirken mag. Entscheidend ist hierbei nicht nur die Transparenz, sondern dass
diese möglichst verzögerungsfrei zur Verfügung gestellt wird, was sich etwa durch
regelmäßige Publikationen erreichen lässt. In der Kommunikation mit anderen
Anbietern erscheint es angeraten, auf Allgemeinplätze und schwammige Absichts-
erklärungen zu verzichten und stattdessen möglichst konkrete Aktionen zu definieren
und mit allen Beteiligten abzustimmen. Darüber hinaus ist es von Vorteil, auch die
Konsequenzen im Falle eines Betrugs klar zu artikulieren bzw. anzudrohen. Im Hinblick
auf den Typ der Absprache gilt es für die Oligopolisten, nicht allein auf die Festlegung
eines einheitlichen Preisniveaus oder die Aufteilung von Revieren abzuzielen, sondern
beide Ansätze zu kombinieren. Instabilitäten infolge von möglicherweise asym-
metrischen Marktanteilen bei einer Preisabsprache sollten antizipiert und durch eine
begleitende Aufteilung der Märkte adressiert werden. Ein koordiniertes Vorgehen bei
der Preissetzung erscheint auch bei etablierten Marktaufteilungen von Vorteil, da sich

---

[235] Mit Anbietern sind in diesem Kontext die kolludierenden Unternehmen gemeint, während
Nachfrager die Unternehmen auf der durch mögliche Kollusion benachteiligten Seite darstellen. Je
nach Marktumfeld kann kollusives Verhalten jedoch auch auf Nachfragerseite eine Rolle spielen.

auf Basis des kollektiven Marktwissens der Anbieter vermutlich optimalere Preispunkte identifizieren lassen, zumal große Preisunterschiede auf Nachfragerseite in realen Märkten kaum auf Akzeptanz stoßen werden. Darüber hinaus sollten Vertrauensbrüche vorsichtig abgewogen werden, da diese langfristige, destruktive Nachwirkungen mit sich ziehen können. Im Falle eines ausufernden Preiskampfes könnte es zielführend sein, den Konkurrenten den resultierenden Handlungsdruck sowie die geringen Opportunitätskosten für kollusives Verhalten nahe zu bringen. Selbstverständlich kann an dieser Stelle nicht differenziert werden, welche dieser Implikationen in der jeweiligen lokalen Rechtsprechung eines Marktes im legalen Rahmen liegen und damit tatsächlich handlungsleitend im Management Anwendung finden können.

Relevante Implikationen lassen sich auch aus Sicht der Nachfrager identifizieren. Wenngleich die Nachfrager von transparenteren Monitoring-Strukturen profitieren, gilt es diese Transparenz soweit möglich nur auf Nachfragerseite, beispielsweise durch internen Datenaustausch unter den Nachfragern, herzustellen. Verhandlungstaktiken, welche die glaubwürdige Weitergabe von Angeboten anderer Anbieter zur Erzielung weiterer Konzessionen beinhalten, könnten sich über den kurzfristigen Vorteil hinaus als kontraproduktiv erweisen, weil hierbei unfreiwillig bei der Aufdeckung von Betrug assistiert wird. Heimliche Preisreduzierungen werden für die Anbieter unattraktiver, wenn ihre Konkurrenten aller Voraussicht nach davon erfahren. Langfristige Vertragsbeziehungen sollten hinterfragt werden, da vermeintlich attraktive "Stammkundenrabatte" auch Symptome einer kollusiven Revierbildung sein könnten. Werden Preisabsprachen vermutet, kann die eingeschränkte Stabilität dieses Absprachetyps gezielt ausgenutzt werden, indem bewusst asymmetrische Marktanteile durch konzertierte Einkäufe von nur einem Anbieter provoziert werden. Darüber hinaus könnte eruiert werden, inwiefern eine zielführende Einkaufsstrategie auch die Vermeidung extremer Preiskämpfe einschließen sollte, um die Opportunitätskosten der Anbieter ausreichend hoch zu halten und keinen Handlungsdruck zu schaffen, um den "Tal der Tränen"-Effekt zu vermeiden. Welche der genannten Implikationen für die Nachfrager im konkreten Fall relevant oder umsetzbar sind, muss im Einzelfall abgewogen werden.

Da volkswirtschaftliche Aspekte in der vorliegenden Arbeit nicht im Fokus standen[236], lassen sich auf Basis des vorliegenden Marktmodells keine direkten Schlüsse zur ökonomischen Wohlfahrt und damit keine wettbewerbsrechtlichen Empfehlungen ableiten. Unter der Annahme, dass kollusives Verhalten der Wertschöpfung abträglich ist[237], können dennoch einige Implikationen aus der Perspektive der Wettbewerbsbehörden formuliert werden. Transparenzfördernde Maßnahmen in Bezug auf Monitoring-Informationen erscheinen als kaum zielführendes Instrument, selbst wenn dadurch auch die Transparenz auf Nachfragerseite gesteigert wird. Jegliche Anstrengungen der Anbieter, eine höhere Transparenz zu schaffen, sollten kritisch hinterfragt werden. Kommunikations- und Abstimmungsmöglichkeiten sollten so weit möglich unterbunden werden, wie es bereits in vielen Rechtsprechungen umgesetzt wird. Preisabsprachen stehen ebenso wie Marktaufteilungen ohnehin im Fokus der Wettbewerbsbehörden, weshalb sich aus deren Charakteristika keine unmittelbaren Implikationen ableiten. Jedoch sollten Märkte mit vielen statischen Handelsbeziehungen zwischen Nachfragern und Anbietern selbst bei augenscheinlich kompetitiven Preisen genau verfolgt werden, da dies auf die Etablierung einer Marktaufteilung hindeuten kann, welche erst verzögert zu einem höheren Preisniveau oder anderen wettbewerbsschädigenden Auswirkungen führt. Angesichts dessen, dass ein Preiskampf zukünftige Kollusion begünstigen kann, sollten die Wettbewerbsbehörden auch Märkte mit einem augenscheinlich niedrigen Preisniveau nicht aus dem Blickfeld verlieren. Es sei jedoch angemerkt, dass diese Betrachtungen ohne weiterreichende Untersuchungen insbesondere zur ökonomischen Wohlfahrt keine abschließenden Empfehlungen darstellen können.

Diese Implikationen zeigen, dass die Erforschung der Evolution von Kollusion eine hohe Relevanz für die Praxis hat. Sowohl auf Anbieter-, als auch Nachfragerseite kann das Verständnis für Rahmenbedingungen, Anreize und Verhaltensweisen im Zusammenhang mit Kollusion den Unterschied zwischen einem hochprofitablen Unternehmen und dem Bankrott bedeuten.

---

[236] Wie in Kapitel 4.1.2 dargelegt, stellt das vorliegende Marktmodell in Hinblick auf die ökonomische Wohlfahrt im Wesentlichen ein Konstantsummenspiel dar, woraus sich keine volkswirtschaftlichen Schäden ableiten lassen.

[237] Es soll keine Allgemeingültigkeit dieser Annahme suggeriert werden. Vielmehr sollten die positiven oder negativen Auswirkungen von Kooperation auf die ökonomische Wohlfahrt von den Wettbewerbsbehörden im Einzelfall überprüft werden (vgl. Schmidtchen, 2003, S. 68).

Anhang

A1 Details zur Durchführung des Experiments

A1.1 Einführungsdokument inkl. Bildschirminhalte

Auf den folgenden Seiten finden sich die Einführungsdokumente[238] für alle drei *Treatments*, welche in Anlehnung an die bewährten Dokumente von Paulik (2016) entstanden. Die Dokumente sind weitestgehend identisch und unterscheiden sich lediglich an den Treatment-spezifischen Stellen. Um die Replizierbarkeit zu gewährleisten und da sich auch die Bildschirminhalte je nach *Treatment* unterscheiden, werden alle drei Einführungsdokumente vorgestellt.

Auf eine separate Vorstellung der Bildschirminhalte wird verzichtet, da diese bereits in den Einführungsdokumenten ausführlich dargestellt werden.

---

[238] Von Abbildungsunterschriften wird an dieser Stelle abgesehen, da es sich nicht um einzelne Abbildungen, sondern vollständige Dokumente handelt.

Treatment 1

Einführung in das Experiment

Agenda

- Einführung inkl. Spieloberfläche   10 min
- Durchführung der Proberunde   10 min
- Durchführung des Experiments   Nach Bedarf
- Auszahlung des erspielten Gewinns   Im Anschluss

Marktsituation

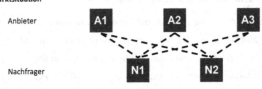

Anbieter

Nachfrager

- — Preisverhandlungen

Sie befinden sich auf einem Markt mit 3 Anbietern und 2 Nachfragern, die über mehrere Runden miteinander um Güter handeln. Welche Rolle Sie haben, können Sie dem separaten Handout entnehmen. Diese Information (ebenso wie alle anderen Informationen auf dem Handout) darf im Vorfeld nicht mit anderen Spielern geteilt werden.

Jeder **Nachfrager** kann je Spielrunde 2 Einheiten kaufen. Die beiden Einheiten können von einem oder von unterschiedlichen Anbietern bezogen werden. Jede Einheit hat für einen Nachfrager einen fixen Wert. Preise unterhalb dieses Wertes führen zu Gewinnen, Preise oberhalb des Wertes führen zu Verlusten.

Wechselt ein Nachfrager den Anbieter beim Kauf einer Einheit, fallen Kosten zur Umrüstung von Maschinen an. Die Wechselkosten werden beim Nachfrager automatisch vom Gewinn abgezogen. Kauft der Nachfrager diese Einheit in der Folgerunde wieder vom selben Anbieter, fallen keine weiteren Wechselkosten an. Die Wechselkosten sind an die Einheiten gebunden, d.h. wenn ein Nachfrager mit beiden Einheiten wechselt, müssen die Wechselkosten für jede Einheit separat bezahlt werden.

Beispiel Nachfrager:

Einheit 1		**Einheit 2**	
Wert	15 Taler	Wert	15 Taler
Kaufpreis	8 Taler	Kaufpreis	16 Taler
Wechselkosten	2 Taler	Keine Wechselkosten	
Gewinn (15-8-2=)	5 Taler	Verlust (15-16-0=)	-1 Taler

Jeder **Anbieter** kann beliebig viele Einheiten liefern, d.h. jeder Anbieter kann insgesamt zwischen 0 und 4 Einheiten je Runde verkaufen. Zum Zeitpunkt des Verkaufs werden dem Anbieter automatisch Produktionskosten abgezogen. Preise oberhalb der Produktionskosten führen zu Gewinnen, Preise unterhalb der Produktionskosten führen zu Verlusten.

Beispiel Anbieter:

Einheit 1		**Einheit 2**	
Verkaufspreis	8 Taler	Verkaufspreis	16 Taler
Produktionskosten	10 Taler	Produktionskosten	10 Taler
Verlust (8-10=)	-2 Taler	Gewinn (16-10=)	6 Taler

Die Höhe der Produktionskosten ist nur dem Anbieter bekannt, der Wert einer Einheit nur dem Nachfrager. Die Wechselkosten sind allen Spielern bekannt. Die für das Spiel relevanten Zahlen finden Sie auf dem separaten Handout. Bitte bewahren Sie Ihr Handout bis zum Ende des Experiments auf.

Ausgangssituation

Zu Beginn des Spiels hat jeder Anbieter bereits 1 oder 2 Nachfrager an sich binden können, d.h. für bestimmte Handelsbeziehungen fallen bereits in der ersten Runde keine Wechselkosten an. Welche Handelsbeziehungen aktuell bereits bestehen können Sie Ihrem Handout entnehmen und wird außerdem auf der Spieloberfläche angezeigt.

Spielablauf

Die Preisverhandlungen zwischen Anbietern und Nachfragern finden in privaten Chats statt. Die Nachrichten können nur vom beteiligten Anbieter und Nachfrager gesehen werden. Die Anbieter haben darüber hinaus die Möglichkeit, sich in einem privaten Anbieterchat zu dritt untereinander auszutauschen. Dieser Anbieterchat kann von den Nachfragern nicht eingesehen werden. Die Nachfrager können untereinander nicht kommunizieren.

Um eine Transaktion abzuschließen muss der Preis von einem der Beteiligten im Handelsbereich als Angebot[1] unterbreitet werden. Dieses Angebot kann daraufhin vom Verhandlungspartner angenommen werden. Ein neues Angebot überschreibt das vorherige Angebot, d.h. es kann immer nur das letzte, aktuelle Angebot angenommen werden. Abgegebene Angebote können nicht zurückgenommen werden; Sie können das aktuelle Angebot allerdings jederzeit mit einem neuen überschreiben. Informationen aus dem Chat (z.B. im Chat vereinbarte Transaktionen) werden bei der Berechnung des Gewinns nicht berücksichtigt.

---

[1] Bzw. Gebot im Falle des Nachfragers

T11

Spieloberfläche

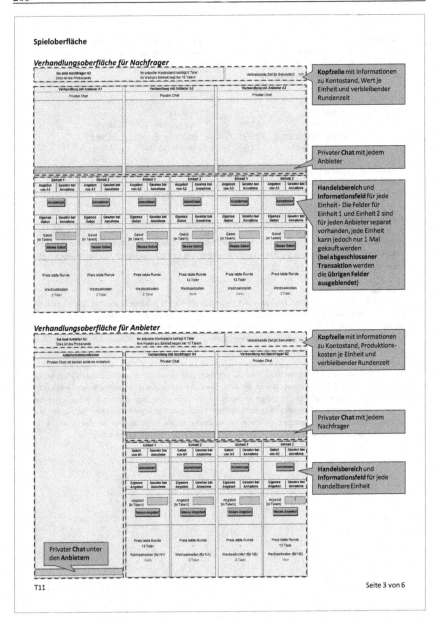

Detailansicht: Handelsbereich und Informationsfeld für Nachfrager (Anbieter analog)

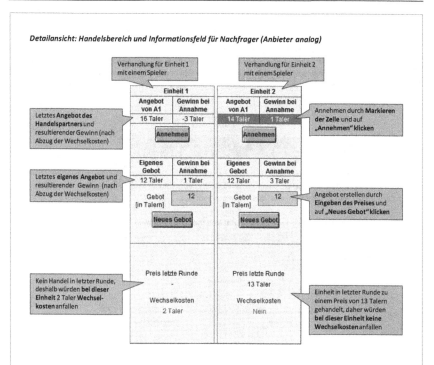

Eine Runde ist beendet, sobald beide Nachfrager jeweils 2 Einheiten gekauft haben oder die Rundenzeit abgelaufen ist. Läuft die Rundenzeit ab und ein Nachfrager hat weniger als 2 Einheiten gekauft, erhält für die nicht gekauften Einheiten niemand einen Gewinn. **Führen Sie die Transaktionen rechtzeitig aus,** da eine Runde aufgrund von Zeitverzögerungen im Netzwerk bereits wenige Sekunden vor Ablauf der Zeit beendet sein kann. Um Sie auf das nahende Rundenende hinzuweisen, erhalten sie 1 Minute vor Ende sowie in den letzten Sekunden jeweils einen Warnhinweis:

Nach Ende jeder Runde erscheint eine Übersicht über die Ergebnisse der letzten Runden. Jeder Spieler kann nur seine eigenen Spieldaten sehen. Wenn alle bereit für die nächste Runde sind, spätestens jedoch nach einer halben Minute wird automatisch die nächste Runde gestartet.

Informationsübersicht zwischen den Runden für Anbieter (Nachfrager analog)

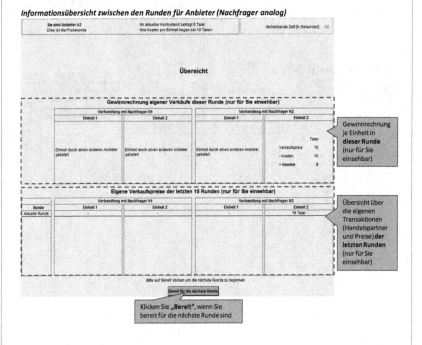

Ziel des Spiels

Ziel ist es den Gewinn zu maximieren (Summe aller Rundengewinne). Am Ende des Spiels wird Ihnen der finale Kontostand umgerechnet in EUR ausbezahlt. Jeder zusätzlich verdiente Taler führt zu einer entsprechend höheren Auszahlung für Sie. Zudem erhalten Sie 5 EUR für die Teilnahme.[2] Die Anzahl der gehandelten Einheiten hat ebenso wie jegliche Absprachen in Chatfenstern keinerlei Auswirkung auf das Ergebnis bzw. den ausbezahlten Geldbetrag.

Nach Abschluss des Experiments erscheint auf dem Bildschirm ein kurzer Fragebogen. Bitte füllen Sie diesen aus. Der Fragebogen hat keinen Einfluss auf die Auszahlung.

Regeln

Folgende Regeln sind einzuhalten

1. Im Spiel ist Anonymität zu wahren
2. Kommunikation ist ausschließlich über den Chat erlaubt

Proberunde

Bitte führen Sie in der Proberunde folgende Aktionen aus:

1. Informationen in der Kopfzeile anschauen
2. Informationsfeld mit Preis der letzten Runde anschauen
3. Eine Chat-Nachricht an jeden Verhandlungspartner schicken
4. Jedem Verhandlungspartner ein Angebot machen
5. Ein Angebot markieren (!) und annehmen
6. Lesen der Informationen auf dem Handout

Die Werte in der Proberunde sind willkürlich gewählt und haben keinen Bezug zu den Werten auf Ihren Handouts, welche für das eigentliche Experiment gelten. Die Ergebnisse der Proberunde werden nach der Proberunde verworfen. Bitte richten Sie sich darauf ein, dass nach Beginn der Proberunde keine Unterbrechungen geplant sind.

---

[2] Der Auszahlungsbetrag wird auf volle 10 Cent aufgerundet und ist inkl. der 5 EUR für die Teilnahme auf 30 EUR limitiert. Bei einem Spielabbruch werden 5 EUR für die Teilnahme ausbezahlt.

Treatment 2

Einführung in das Experiment

Agenda
- Einführung inkl. Spieloberfläche   10 min
- Durchführung der Proberunde   10 min
- Durchführung des Experiments   Nach Bedarf
- Auszahlung des erspielten Gewinns   Im Anschluss

Marktsituation

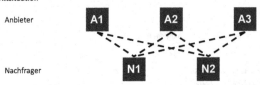

Anbieter

Nachfrager

- — Preisverhandlungen

Sie befinden sich auf einem Markt mit 3 Anbietern und 2 Nachfragern, die über mehrere Runden miteinander um Güter handeln. Welche Rolle Sie haben, können Sie dem separaten Handout entnehmen. Diese Information (ebenso wie alle anderen Informationen auf dem Handout) darf im Vorfeld nicht mit anderen Spielern geteilt werden.

Jeder **Nachfrager** kann je Spielrunde 2 Einheiten kaufen. Die beiden Einheiten können von einem oder von unterschiedlichen Anbietern bezogen werden. Jede Einheit hat für einen Nachfrager einen fixen Wert. Preise unterhalb dieses Wertes führen zu Gewinnen, Preise oberhalb des Wertes führen zu Verlusten.

Wechselt ein Nachfrager den Anbieter beim Kauf einer Einheit, fallen Kosten zur Umrüstung von Maschinen an. Die Wechselkosten werden beim Nachfrager automatisch vom Gewinn abgezogen. Kauft der Nachfrager diese Einheit in der Folgerunde wieder vom selben Anbieter, fallen keine weiteren Wechselkosten an. Die Wechselkosten sind an die Einheiten gebunden, d.h. wenn ein Nachfrager mit beiden Einheiten wechselt, müssen die Wechselkosten für jede Einheit separat bezahlt werden.

Beispiel Nachfrager:

Einheit 1		**Einheit 2**	
Wert	15 Taler	Wert	15 Taler
Kaufpreis	8 Taler	Kaufpreis	16 Taler
Wechselkosten	2 Taler	Keine Wechselkosten	
Gewinn (15-8-2=)	5 Taler	Verlust (15-16-0=)	-1 Taler

Jeder **Anbieter** kann beliebig viele Einheiten liefern, d.h. jeder Anbieter kann insgesamt zwischen 0 und 4 Einheiten je Runde verkaufen. Zum Zeitpunkt des Verkaufs werden dem Anbieter automatisch Produktionskosten abgezogen. Preise oberhalb der Produktionskosten führen zu Gewinnen, Preise unterhalb der Produktionskosten führen zu Verlusten.

Beispiel Anbieter:

Einheit 1		**Einheit 2**	
Verkaufspreis	8 Taler	Verkaufspreis	16 Taler
Produktionskosten	10 Taler	Produktionskosten	10 Taler
Verlust (8-10=)	-2 Taler	Gewinn (16-10=)	6 Taler

Die Höhe der Produktionskosten ist nur dem Anbieter bekannt, der Wert einer Einheit nur dem Nachfrager. Die Wechselkosten sind allen Spielern bekannt. Die für das Spiel relevanten Zahlen finden Sie auf dem separaten Handout. Bitte bewahren Sie Ihr Handout bis zum Ende des Experiments auf.

Ausgangssituation
Zu Beginn des Spiels hat jeder Anbieter bereits 1 oder 2 Nachfrager an sich binden können, d.h. für bestimmte Handelsbeziehungen fallen bereits in der ersten Runde keine Wechselkosten an. Welche Handelsbeziehungen aktuell bereits bestehen können Sie Ihrem Handout entnehmen und wird außerdem auf der Spieloberfläche angezeigt.

Spielablauf
Die Preisverhandlungen zwischen Anbietern und Nachfragern finden in privaten Chats statt. Die Nachrichten können nur vom beteiligten Anbieter und Nachfrager gesehen werden. Die Anbieter haben darüber hinaus die Möglichkeit, sich in einem privaten Anbieterchat zu dritt untereinander auszutauschen. Dieser Anbieterchat kann von den Nachfragern nicht eingesehen werden. Die Nachfrager können untereinander nicht kommunizieren.

Um eine Transaktion abzuschließen muss der Preis von einem der Beteiligten im Handelsbereich als Angebot[1] unterbreitet werden. Dieses Angebot kann daraufhin vom Verhandlungspartner angenommen werden. Ein neues Angebot überschreibt das vorherige Angebot, d.h. es kann immer nur das letzte, aktuelle Angebot angenommen werden. Abgegebene Angebote können nicht zurückgenommen werden; Sie können das aktuelle Angebot allerdings jederzeit mit einem neuen überschreiben. Informationen aus dem Chat (z.B. im Chat vereinbarte Transaktionen) werden bei der Berechnung des Gewinns nicht berücksichtigt.

---

[1] Bzw. Gebot im Falle des Nachfragers

Spieloberfläche

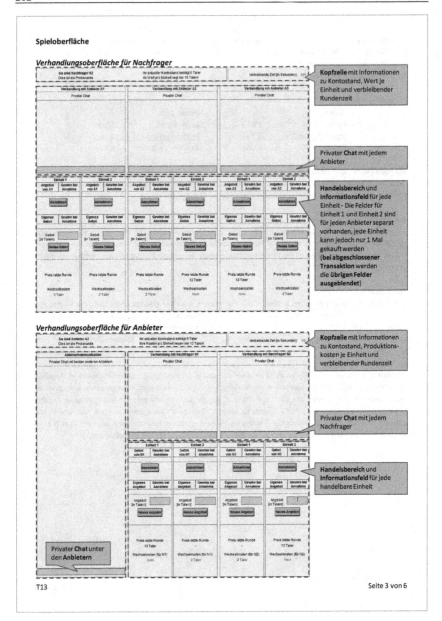

Detailansicht: Handelsbereich und Informationsfeld für Nachfrager (Anbieter analog)

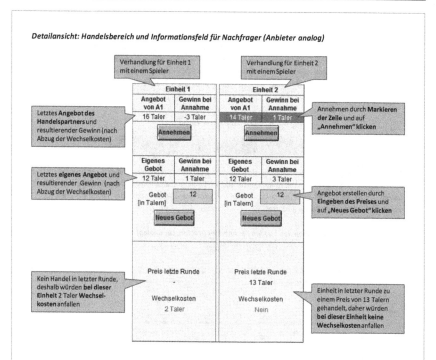

Eine Runde ist beendet, sobald beide Nachfrager jeweils 2 Einheiten gekauft haben oder die Rundenzeit abgelaufen ist. Läuft die Rundenzeit ab und ein Nachfrager hat weniger als 2 Einheiten gekauft, erhält für die nicht gekauften Einheiten niemand einen Gewinn. **Führen Sie die Transaktionen rechtzeitig aus,** da eine Runde aufgrund von Zeitverzögerungen im Netzwerk bereits wenige Sekunden vor Ablauf der Zeit beendet sein kann. Um Sie auf das nahende Rundenende hinzuweisen, erhalten sie 1 Minute vor Ende sowie in den letzten Sekunden jeweils einen Warnhinweis:

Nach Ende jeder Runde erscheint eine Übersicht über die Ergebnisse der letzten Runden. Es ist jeweils vermerkt, welche der gezeigten Informationen für alle Spieler einsehbar sind und welche nur Sie privat gezeigt bekommen. Wenn alle bereit für die nächste Runde sind, spätestens jedoch nach einer halben Minute wird automatisch die nächste Runde gestartet.

Informationsübersicht zwischen den Runden für Anbieter (Nachfrager analog)

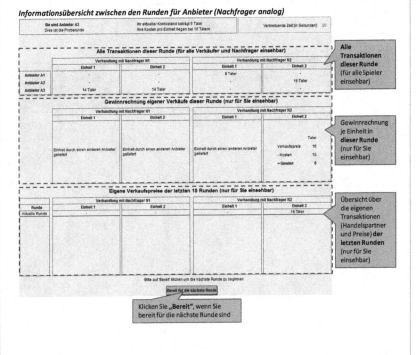

Ziel des Spiels

Ziel ist es den Gewinn zu maximieren (Summe aller Rundengewinne). Am Ende des Spiels wird Ihnen der finale Kontostand umgerechnet in EUR ausbezahlt. Jeder zusätzlich verdiente Taler führt zu einer entsprechend höheren Auszahlung für Sie. Zudem erhalten Sie 5 EUR für die Teilnahme.[2] Die Anzahl der gehandelten Einheiten hat ebenso wie jegliche Absprachen in Chatfenstern keinerlei Auswirkung auf das Ergebnis bzw. den ausbezahlten Geldbetrag.

Nach Abschluss des Experiments erscheint auf dem Bildschirm ein kurzer Fragebogen. Bitte füllen Sie diesen aus. Der Fragebogen hat keinen Einfluss auf die Auszahlung.

Regeln

Folgende Regeln sind einzuhalten

1. Im Spiel ist Anonymität zu wahren
2. Kommunikation ist ausschließlich über den Chat erlaubt

Proberunde

Bitte führen Sie in der Proberunde folgende Aktionen aus:

1. Informationen in der Kopfzeile anschauen
2. Informationsfeld mit Preis der letzten Runde anschauen
3. Eine Chat-Nachricht an jeden Verhandlungspartner schicken
4. Jedem Verhandlungspartner ein Angebot machen
5. Ein Angebot markieren (!) und annehmen
6. Lesen der Informationen auf dem Handout

Die Werte in der Proberunde sind willkürlich gewählt und haben keinen Bezug zu den Werten auf Ihren Handouts, welche für das eigentliche Experiment gelten. Die Ergebnisse der Proberunde werden nach der Proberunde verworfen. Bitte richten Sie sich darauf ein, dass nach Beginn der Proberunde keine Unterbrechungen geplant sind.

---

[2] Der Auszahlungsbetrag wird auf volle 10 Cent aufgerundet und ist inkl. der 5 EUR für die Teilnahme auf 30 EUR limitiert. Bei einem Spielabbruch werden 5 EUR für die Teilnahme ausbezahlt.

Treatment 3

Einführung in das Experiment

Agenda
- Einführung inkl. Spieloberfläche   10 min
- Durchführung der Proberunde   10 min
- Durchführung des Experiments   Nach Bedarf
- Auszahlung des erspielten Gewinns   Im Anschluss

Marktsituation

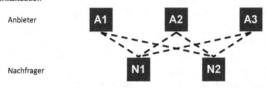

Anbieter

Nachfrager

· — Preisverhandlungen

Sie befinden sich auf einem Markt mit 3 Anbietern und 2 Nachfragern, die über mehrere Runden miteinander um Güter handeln. Welche Rolle Sie haben, können Sie dem separaten Handout entnehmen. Diese Information (ebenso wie alle anderen Informationen auf dem Handout) darf im Vorfeld nicht mit anderen Spielern geteilt werden.

Jeder **Nachfrager** kann je Spielrunde 2 Einheiten kaufen. Die beiden Einheiten können von einem oder von unterschiedlichen Anbietern bezogen werden. Jede Einheit hat für einen Nachfrager einen fixen Wert. Preise unterhalb dieses Wertes führen zu Gewinnen, Preise oberhalb des Wertes führen zu Verlusten.

Wechselt ein Nachfrager den Anbieter beim Kauf einer Einheit, fallen Kosten zur Umrüstung von Maschinen an. Die Wechselkosten werden beim Nachfrager automatisch vom Gewinn abgezogen. Kauft der Nachfrager diese Einheit in der Folgerunde wieder vom selben Anbieter, fallen keine weiteren Wechselkosten an. Die Wechselkosten sind an die Einheiten gebunden, d.h. wenn ein Nachfrager mit beiden Einheiten wechselt, müssen die Wechselkosten für jede Einheit separat bezahlt werden.

Beispiel Nachfrager:

Einheit 1		**Einheit 2**	
Wert	15 Taler	Wert	15 Taler
Kaufpreis	8 Taler	Kaufpreis	16 Taler
Wechselkosten	2 Taler	Keine Wechselkosten	
Gewinn (15-8-2=)	5 Taler	Verlust (15-16-0=)	-1 Taler

Jeder **Anbieter** kann beliebig viele Einheiten liefern, d.h. jeder Anbieter kann insgesamt zwischen 0 und 4 Einheiten je Runde verkaufen. Zum Zeitpunkt des Verkaufs werden dem Anbieter automatisch Produktionskosten abgezogen. Preise oberhalb der Produktionskosten führen zu Gewinnen, Preise unterhalb der Produktionskosten führen zu Verlusten.

Beispiel Anbieter:

Einheit 1		**Einheit 2**	
Verkaufspreis	8 Taler	Verkaufspreis	16 Taler
Produktionskosten	10 Taler	Produktionskosten	10 Taler
Verlust (8-10=)	-2 Taler	Gewinn (16-10=)	6 Taler

Die Höhe der Produktionskosten ist nur dem Anbieter bekannt, der Wert einer Einheit nur dem Nachfrager. Die Wechselkosten sind allen Spielern bekannt. Die für das Spiel relevanten Zahlen finden Sie auf dem separaten Handout. Bitte bewahren Sie Ihr Handout bis zum Ende des Experiments auf.

Ausgangssituation

Zu Beginn des Spiels hat jeder Anbieter bereits 1 oder 2 Nachfrager an sich binden können, d.h. für bestimmte Handelsbeziehungen fallen bereits in der ersten Runde keine Wechselkosten an. Welche Handelsbeziehungen aktuell bereits bestehen können Sie Ihrem Handout entnehmen und wird außerdem auf der Spieloberfläche angezeigt.

Spielablauf

Die Preisverhandlungen zwischen Anbietern und Nachfragern finden in privaten Chats statt. Die Nachrichten können nur vom beteiligten Anbieter und Nachfrager gesehen werden. Die Anbieter haben darüber hinaus die Möglichkeit, sich in einem privaten Anbieterchat zu dritt untereinander auszutauschen. Dieser Anbieterchat kann von den Nachfragern nicht eingesehen werden. Die Nachfrager können untereinander nicht kommunizieren.

Um eine Transaktion abzuschließen muss der Preis von einem der Beteiligten im Handelsbereich als Angebot[1] unterbreitet werden. Dieses Angebot kann daraufhin vom Verhandlungspartner angenommen werden. Ein neues Angebot überschreibt das vorherige Angebot, d.h. es kann immer nur das letzte, aktuelle Angebot angenommen werden. Abgegebene Angebote können nicht zurückgenommen werden; Sie können das aktuelle Angebot allerdings jederzeit mit einem neuen überschreiben. Informationen aus dem Chat (z.B. im Chat vereinbarte Transaktionen) werden bei der Berechnung des Gewinns nicht berücksichtigt.

---

[1] Bzw. Gebot im Falle des Nachfragers

Spieloberfläche

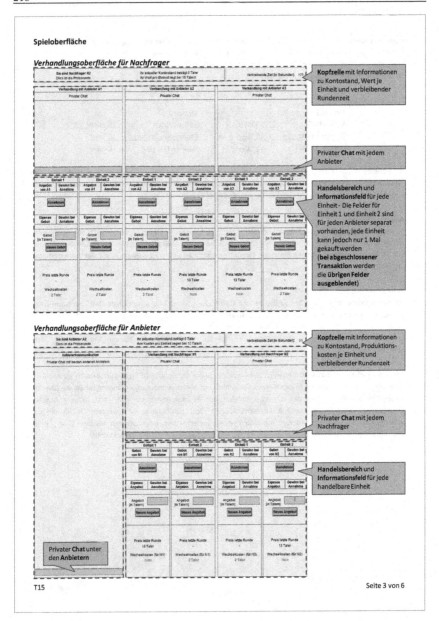

Detailansicht: Handelsbereich und Informationsfeld für Nachfrager (Anbieter analog)

Detailansicht: Übersicht abgeschlossener Transaktionen für Anbieter (Nachfrager analog)

Eine Runde ist beendet, sobald beide Nachfrager jeweils 2 Einheiten gekauft haben oder die Rundenzeit abgelaufen ist. Läuft die Rundenzeit ab und ein Nachfrager hat weniger als 2 Einheiten gekauft, erhält für die nicht gekauften Einheiten niemand einen Gewinn. **Führen Sie die Transaktionen rechtzeitig aus**, da eine Runde aufgrund von Zeitverzögerungen im Netzwerk bereits wenige Sekunden vor Ablauf der Zeit beendet sein kann. Um Sie auf das nahende Rundenende hinzuweisen, erhalten sie 1 Minute vor Ende sowie in den letzten Sekunden jeweils einen Warnhinweis:

Nach Ende jeder Runde erscheint eine Übersicht über die Ergebnisse der letzten Runden. Es ist jeweils vermerkt, welche der gezeigten Informationen für alle Spieler einsehbar sind und welche nur Sie privat gezeigt bekommen. Wenn alle bereit für die nächste Runde sind, spätestens jedoch nach einer halben Minute wird automatisch die nächste Runde gestartet.

Informationsübersicht zwischen den Runden für Anbieter (Nachfrager analog)

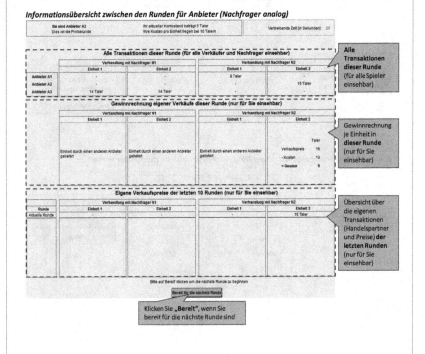

Ziel des Spiels

Ziel ist es den Gewinn zu maximieren (Summe aller Rundengewinne). Am Ende des Spiels wird Ihnen der finale Kontostand umgerechnet in EUR ausbezahlt. Jeder zusätzlich verdiente Taler führt zu einer entsprechend höheren Auszahlung für Sie. Zudem erhalten Sie 5 EUR für die Teilnahme.[2] Die Anzahl der gehandelten Einheiten hat ebenso wie jegliche Absprachen in Chatfenstern keinerlei Auswirkung auf das Ergebnis bzw. den ausbezahlten Geldbetrag.

Nach Abschluss des Experiments erscheint auf dem Bildschirm ein kurzer Fragebogen. Bitte füllen Sie diesen aus. Der Fragebogen hat keinen Einfluss auf die Auszahlung.

Regeln

Folgende Regeln sind einzuhalten

1. Im Spiel ist Anonymität zu wahren
2. Kommunikation ist ausschließlich über den Chat erlaubt

Proberunde

Bitte führen Sie in der Proberunde folgende Aktionen aus:

1. Informationen in der Kopfzeile anschauen
2. Informationsfeld mit Preis der letzten Runde anschauen
3. Eine Chat-Nachricht an jeden Verhandlungspartner schicken
4. Jedem Verhandlungspartner ein Angebot machen
5. Ein Angebot markieren (!) und annehmen
6. Lesen der Informationen auf dem Handout

Die Werte in der Proberunde sind willkürlich gewählt und haben keinen Bezug zu den Werten auf Ihren Handouts, welche für das eigentliche Experiment gelten. Die Ergebnisse der Proberunde werden nach der Proberunde verworfen. Bitte richten Sie sich darauf ein, dass nach Beginn der Proberunde keine Unterbrechungen geplant sind.

---

[2] Der Auszahlungsbetrag wird auf volle 10 Cent aufgerundet und ist inkl. der 5 EUR für die Teilnahme auf 30 EUR limitiert. Bei einem Spielabbruch werden 5 EUR für die Teilnahme ausbezahlt.

A1.2 Handout

Die Handouts mit privaten Informationen werden für jeden einzelnen Markt mit dem zufällig generierten Skalierungsfaktor angepasst. Untenstehend findet sich beispielhaft ein Handout für einen Anbieter und ein Handout für einen Nachfrager.

Handout

Spielerrolle	Anbieter (A1)
Gruppe	1
Produktionskosten je Einheit	45 Taler
Wechselkosten für Nachfrager	7 Taler
Wechselkurs	1 EUR = 50 Taler
Ausgangssituation	In letzter Runde Handel mit N1 zu 75 Taler

Die Informationen auf Ihrem Handout dürfen im Vorfeld des Spiels nicht geteilt werden.
Bitte bewahren Sie Ihr Handout bis zum Ende des Experiments auf.

Abbildung 29: Handout Anbieter

Handout

Spielerrolle	Nachfrager (N1)
Gruppe	1
Wert je Einheit	95 Taler
Wechselkosten	7 Taler
Wechselkurs	1 EUR = 50 Taler
Ausgangssituation	Handel in letzter Runde mit A1 und A2 zu je 75 Taler

Die Informationen auf Ihrem Handout dürfen im Vorfeld des Spiels nicht geteilt werden.
Bitte bewahren Sie Ihr Handout bis zum Ende des Experiments auf.

Abbildung 30: Handout Nachfrager

A1.3 Fragebogen

Im Folgenden wird der im Anschluss an das Experiment gestellte Fragebogen kurz vorgestellt. Alle fünf Teile mit Ausnahme des dritten Teils mit Auswahlmöglichkeiten zur Spielstrategie waren für Anbieter und Nachfrager identisch.

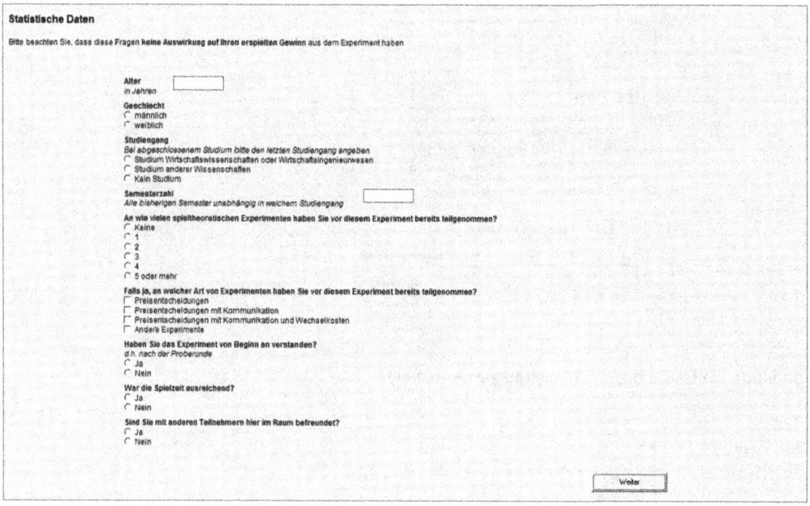

Statistische Daten

Bitte beachten Sie, dass diese Fragen **keine Auswirkung auf Ihren erspielten Gewinn** aus dem Experiment haben

Alter
in Jahren

Geschlecht
- männlich
- weiblich

Studiengang
Bei abgeschlossenem Studium bitte den letzten Studiengang angeben
- Studium Wirtschaftswissenschaften oder Wirtschaftsingenieurwesen
- Studium anderer Wissenschaften
- Kein Studium

Semesterzahl
Alle bisherigen Semester unabhängig in welchem Studiengang

An wie vielen spieltheoretischen Experimenten haben Sie vor diesem Experiment bereits teilgenommen?
- Keine
- 1
- 2
- 3
- 4
- 5 oder mehr

Falls ja, an welcher Art von Experimenten haben Sie vor diesem Experiment bereits teilgenommen?
- Preisentscheidungen
- Preisentscheidungen mit Kommunikation
- Preisentscheidungen mit Kommunikation und Wechselkosten
- Andere Experimente

Haben Sie das Experiment von Beginn an verstanden?
d.h. nach der Proberunde
- Ja
- Nein

War die Spielzeit ausreichend?
- Ja
- Nein

Sind Sie mit anderen Teilnehmern hier im Raum befreundet?
- Ja
- Nein

Weiter

Abbildung 31: Fragebogen – Statistische Daten

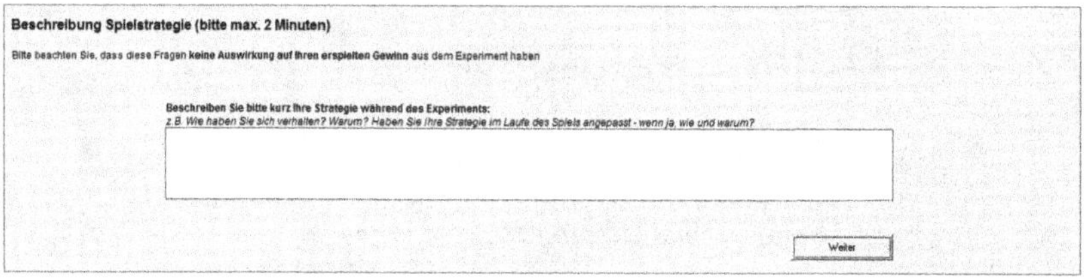

Beschreibung Spielstrategie (bitte max. 2 Minuten)

Bitte beachten Sie, dass diese Fragen **keine Auswirkung auf Ihren erspielten Gewinn** aus dem Experiment haben

Beschreiben Sie bitte kurz Ihre Strategie während des Experiments:
z.B. Wie haben Sie sich verhalten? Warum? Haben Sie Ihre Strategie im Laufe des Spiels angepasst - wenn ja, wie und warum?

Weiter

Abbildung 32: Fragebogen – Beschreibung Spielstrategie

Spielstrategie

Bitte beachten Sie, dass diese Fragen **keine Auswirkung auf Ihren erspielten Gewinn** aus dem Experiment haben

Inwiefern stimmen Sie folgenden Aussagen zu?

Verhalten gegenüber Nachfragern — Trifft nicht zu … Trifft voll zu — Keine Angabe

Ich habe versucht Vertrauen zu den Nachfragern aufzubauen

Am Ende habe ich (mindestens) eine vertrauensvolle Handelbeziehung aufgebaut

Ich war ehrlich gegenüber den Nachfragern

Ich habe über den Chat Vereinbarungen über Folgeperioden getroffen, um Nachfrager zu binden

Ich habe mich an Vereinbarungen gehalten

Ich habe mich auf einen bestimmten Nachfrager konzentriert

Ich habe versucht über Dumpingpreise an neue Nachfrager zu verkaufen

Ich habe gezielt höhere Preise bei Bestandskunden verlangt

Ich habe (teilweise) mit Begründungen argumentiert, die im Spiel selbst nicht existieren
z.B. "Bessere Qualität", "Familie ernähren", etc.

Verhalten gegenüber Anbietern — Trifft nicht zu … Trifft voll zu — Keine Angabe

Ich habe versucht Vertrauen zu den anderen Anbietern aufzubauen

Am Ende herrschte unter den Anbietern eine vertrauensvolle Zusammenarbeit

Unter den Anbietern herrschte zumindest zeitweise eine negative (Droh-) Atmosphäre

Ich war ehrlich gegenüber den anderen Anbietern

Durch Preisabsprachen haben wir bessere Preise am Markt erzielt

Falls nein: Woran lag es, dass keine Preisabsprachen zustande kamen?

Ich habe mich (größtenteils) an Preisabsprachen gehalten

Welche öffentliche Übersicht über alle Transaktionen der aktuellen Runde würde Ihnen den größten Vorteil verschaffen?
- Private Information - Jeder kann nur seine eigenen Transaktionen sehen
- Öffentliche Transaktionen - Alle sehen, wer mit wem gehandelt hat, aber ohne Preise
- Öffentliche Preise - Alle sehen, wer mit wem zu welchem Preis gehandelt hat

Weiter

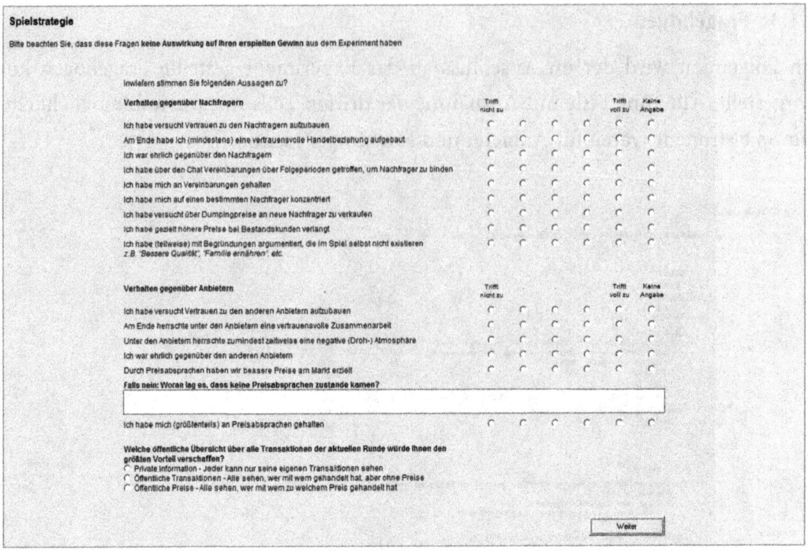

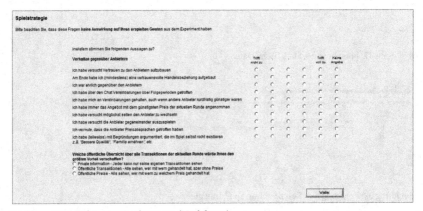

Abbildung 33: Fragebogen – Spielstrategie (Anbieter)

Spielstrategie

Bitte beachten Sie, dass diese Fragen **keine Auswirkung auf Ihren erspielten Gewinn** aus dem Experiment haben

Inwiefern stimmen Sie folgenden Aussagen zu?

Verhalten gegenüber Anbietern — Trifft nicht zu … Trifft voll zu — Keine Angabe

Ich habe versucht Vertrauen zu den Anbietern aufzubauen

Am Ende habe ich (mindestens) eine vertrauensvolle Handelsbeziehung aufgebaut

Ich war ehrlich gegenüber den Anbietern

Ich habe über den Chat Vereinbarungen über Folgeperioden getroffen

Ich habe mich an Vereinbarungen gehalten, auch wenn andere Anbieter kurzfristig günstiger waren

Ich habe immer das Angebot mit dem günstigsten Preis der aktuellen Runde angenommen

Ich habe versucht möglichst selten den Anbieter zu wechseln

Ich habe versucht die Anbieter gegeneinander auszuspielen

Ich vermute, dass die Anbieter Preisabsprachen getroffen haben

Ich habe (teilweise) mit Begründungen argumentiert, die im Spiel selbst nicht existieren
z.B. "Bessere Qualität", "Familie ernähren", etc.

Welche öffentliche Übersicht über alle Transaktionen der aktuellen Runde würde Ihnen den größten Vorteil verschaffen?
- Private Information - Jeder kann nur seine eigenen Transaktionen sehen
- Öffentliche Transaktionen - Alle sehen, wer mit wem gehandelt hat, aber ohne Preise
- Öffentliche Preise - Alle sehen, wer mit wem zu welchem Preis gehandelt hat

Weiter

Abbildung 34: Fragebogen – Spielstrategie (Nachfrager)

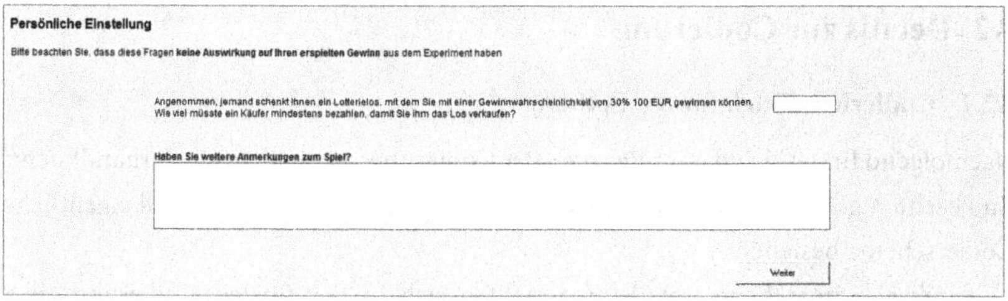

Persönliche Einstellung

Bitte beachten Sie, dass diese Fragen keine Auswirkung auf Ihren erspielten Gewinn aus dem Experiment haben

Angenommen, jemand schenkt Ihnen ein Lotterielos, mit dem Sie mit einer Gewinnwahrscheinlichkeit von 30% 100 EUR gewinnen können. Wie viel müsste ein Käufer mindestens bezahlen, damit Sie ihm das Los verkaufen?

Haben Sie weitere Anmerkungen zum Spiel?

Weiter

Abbildung 35: Fragebogen – Persönliche Einstellung

A2 Details zur Codierung

A2.1 Codierhandbuch für die Codierer

Nachfolgend findet sich das im Rahmen der Codierung verwendete Codierhandbuch[239]. Zu beachten gilt, dass aus drei Gründen geringfügige Abweichungen zum eigentlichen Codierschema bestehen:

- Zwei vorgesehene Detailstufen stellten sich in der finalen Codierung als zu granular heraus, d. h. wurden für eine sinnvolle Auswertung zu selten codiert (Modus einer Marktaufteilung und Arten von Drohungen). Analog der Vorgehensweise von Cooper und Kühn (2014, S. 261) werden diese Kategorien nicht weiter berücksichtigt (vgl. Fußnote 178).

- Aus didaktischen Gründen sind einige wenige Bezeichnungen geringfügig abgewandelt (Beispielsweise "Subjektiver Kollusionserfolg" statt "Absprache-erfolg" zur Vermeidung zusätzlicher Definitionen bei unvollständigen Absprachen, vgl. Fußnote 176 auf S. 118).

- Zur Fehlervermeidung werden zusätzliche Kategorien aufgenommen, welche in der Auswertung nicht berücksichtigt werden (Beispielsweise werden Startpreis-absprachen nur codiert, um die Verwechslungsgefahr mit Mindestpreis-absprachen zu unterbinden, vgl. Fußnote 196 auf S. 138).

---

[239] Von Abbildungsunterschriften wird an dieser Stelle abgesehen, da es sich nicht um einzelne Abbildungen, sondern vollständige Dokumente handelt.

Evolution of Collusion in Multilateral Negotiations

Kodierung

Stuttgart, 20. August 2015

Jonathan Kopf

Agenda

- **1** Prozess/Termine
- **2** Marktmodell
- **3** Kodierschema
- **4** Erläuterungen zur Kodierung
- **5** Beispielkodierung

2

1 Prozess/Termine

Kick-Off	Kalibrierungs-workshop I	Kalibrierungs-workshop II	Finalisierungs-workshop

- Kodierschema veranschaulichen
- Kodierablauf klären

- Abgleich der einzelnen Kodierungen
- Klärung von Unklarheiten und Angleichen des Verständnisses
- Erfassung Änderungs-bedarfe bei der Kodieroberfläche

- Abgleich der einzelnen Kodierungen
- Klärung von letzten Unklarheiten und Angleichen des Verständnisses

- Diskussion der unterschiedlichen Kodierungen
- Klärung der Differenzen
- Erstellung der endgültigen Version

Montag, 17.08.2015   Mittwoch, 19.08.2015   Freitag, 21.08.2015   Sonntag, 13.09.2015

Kodierung von 4 Märkten — bis Dienstag, 18.08.2015 eod

Kodierung von 4 Märkten[2] — bis Donnerstag, 20.08.2015 eod

Kodierung der restlichen 45 Märkte — bis Freitag, 04.09.2015

1 Davon zur Verständniskontrolle 2 bereits bekannt

3

2 Marktmodell

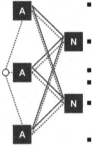

- Simultane, mehrperiodige Privatverhandlungen über Preise in bilateralen Double Auctions
- Nachfrage beschränkt, Anbieter ohne Kapazitäts-beschränkung
- Einheitliche Kosten für alle
- Kein klares Gleichgewicht aufgrund von Wechselkosten
- Hoher Wettbewerbsdruck (Privatverhandlung; # A > # N; Preis < Grenzkosten erlaubt)
- Spiel über 9 Runden

A Anbieter — Double Auction bzw. Chat + Posted Offer
N Nachfrager ···· Kommunikation

4

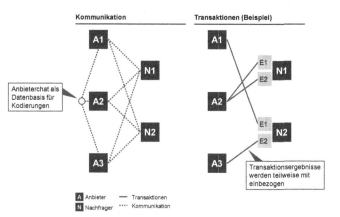

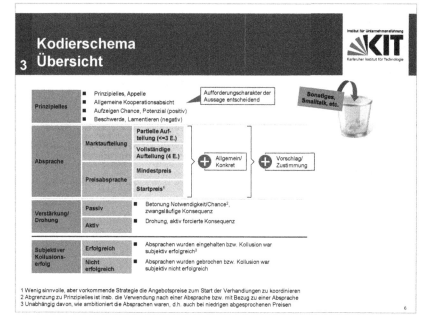

Prinzipielles
3 Beispiele

Institut für Unternehmensführung
Karlsruher Institut für Technologie

Anb.	Beispiele	Code	Erklärung
A1	Wir sollten uns nicht so stark unterbieten!	Prinzipielles	Appell
A1	Lasst uns zusammenarbeiten!	Prinzipielles	Allgemeine Kooperationsabsicht
A1	Leute, wie wäre es mit einem Kartell?	Prinzipielles	Allgemeine Kooperationsabsicht
A1	Lass uns Preise erhöhen damit wir auch was verdienen!	Prinzipielles NICHT Absprache	Aufzeigen Chance, noch keine Absprache
A1	Preisniveau hochhalten!	Prinzipielles NICHT Absprache	Aufzeigen Chance, noch keine Absprache
A1	Bei den Preisen geht doch alles den Bach runter!	Prinzipielles	Beschwerde, Lamentieren (negativ) mit Aufforderungscharakter
A1	Wollen wir uns absprechen?	Prinzipielles NICHT Absprache	Allgemeine Kooperationsabsicht ohne Typ der Absprache
A1	So machen wir den Markt kaputt!	Prinzipielles	Beschwerde, welche Mitspieler aufrütteln soll (je nach Kontext auch Verstärkung)
A1	Wir sollten den Chat hier gut nutzen	Prinzipielles	Grenzwertig, aber ggf. als Appell zu betrachten
A1	Oh Mann, Leute...	- NICHT Prinzip.	Beschwerde, aber resignierend, ohne jeden Aufforderungscharakter
A1	Hätt ich auch zu Hause bleiben können	- NICHT Prinzip.	Keinerlei Aufforderungscharakter

7

Kodierschema
3 Mögliche Formen von Absprachen

Institut für Unternehmensführung
Karlsruher Institut für Technologie

Prinzipielles			■ Prinzipielles, Appelle ■ Allgemeine Kooperationsabsicht ■ Aufzeigen Chance, Potenzial (positiv) ■ Beschwerde, Lamentieren (negativ) mit Aufforderungscharakter
Absprache	Marktaufteilung	Partielle Aufteilung (<=3 E.)	■ Jeder Anbieter erhält einen Stammkunden/-einheit, letzte Einheit ungeklärt – egal, ob auf "fremde" Einheiten gar nicht oder hoch geboten wird
		Vollständige Aufteilung (4 E.)	■ S.o. + letzte Einheit wird durchgewechselt, umgekämpft oder bleibt dauerhaft unfair ■ Alle Einheiten werden jede Runde komplett durchgewechselt
	Preisabsprache	Mindestpreis	■ Preisuntergrenze wird festgelegt, mit oder ohne Wechselkosten ■ Feste Angebotspreise werden definiert
		Startpreis[1]	■ Angebotspreis zum Start der Verhandlungen wird festgelegt (egal, wie weit danach heruntergehandelt wird), mit oder ohne Wechselkosten
Vorsatz/Kampf Drohung	Passiv		■ Betonung Notwendigkeit/Chance[2], zwangsläufige Konsequenz
	Aktiv		■ Drohung, aktiv forcierte Konsequenz
Subjektiver Kollusions- erfolg	Erfolgreich		■ Absprachen wurden eingehalten bzw. Kollusion war subjektiv erfolgreich[3]
	Nicht erfolgreich		■ Absprachen wurden gebrochen bzw. Kollusion war subjektiv nicht erfolgreich

1 Wenig sinnvolle, aber vorkommende Strategie die Angebotspreise zum Start der Verhandlungen zu koordinieren
2 Abgrenzung zu Prinzipielles ist insb. die Verwendung nach einer Absprache bzw. mit Bezug zu einer Absprache
3 Unabhängig davon, wie ambitioniert die Absprachen waren, d.h. auch bei niedrigen abgesprochenen Preisen

8

Die Kodierung von Vorschlag/Zustimmung sollte die Situation widerspiegeln, 3 nicht formale Kriterien

✓ Zustimmung[1]
? Keine Reaktion
✗ Ablehnung

Zustimmung A1	A2	A3	Historie	Kodierung
✓	✓	✓	-	Zustimmung
✓	✓	✗	-	Ablehnung
✓	✓	?	Etablierte Kollusion	Zustimmung oft wahrscheinlich, ansonsten Vorschlag
✓	?	?		
✓	✓	?	Keine funktionierende Zusammenarbeit	Meist eher Vorschlag, Zustimmung ab und zu möglich
✓	?	?		

Fallabhängige, individuelle Einschätzung: Auf Historie, "Stimmung", Implizites achten – Wie würdet ihr persönlich in dieser Situation als Anbieter die Zustimmung einschätzen?

1 Bzw. entspricht Vorschlag bei erstem Anbieter

9

Absprachen – Vorschlag/Zustimmung 3 Beispiele

Anb.	Beispiele	Kode	Erklärung
A1	Keiner geht unter 100 Taler!	Mindestpreisabsprache, Konkret, Zustimmung	Alle 3 stimmen zu
A2	Okay		
A3	Passt		
A1	Jeder behält seine Nachfrager!	-	A3 wird sich voraussichtlich nicht an die Abmachung halten, Absprache damit hinfällig
A2	Okay		
A3	Hält sich doch sowieso keiner dran		*Inhalt geht vor "Zeitpunkt"*
A1	Keiner geht nächste Runde unter 100 Taler!	-	Kodierung Mindestpreisabsprache, Konkret, Zustimmung – allerdings erst für **nächste Runde**
A2	Okay		
A3	Passt		*Regel: Gültiges z vor v*
A1	Lasst uns jetzt 120 Taler statt 100 Taler vereinbaren!	Zustimmung	Situation: Absprache aus Vorrunde war erfolgreich, daher keinen "Rückschritt" als Vorschlag kodieren
A1	Hab alle für 300 drin	Konkret, Vorschlag	Kann je nach Kontext durchaus ein Vorschlag für einen konkreten Mindestpreis sein
A1	Lasst uns die Preise absprechen!	Allgemein, Zust. + Konkret, Vorschlag – oder, evtl. – Konkret, Zustimmung	Grundregeln
A2	Okay		■ **Konkret** schlägt **Allgemein**
A3	Passt		■ **Zustimmung** schlägt **Vorschlag**
A1	Vorschlag: Keiner unter 150		■ Marktaufteilungen: **Alle 4** schlägt <=3
			Bei **unklaren** Rangfolgen **beides** kodieren

10

Verstärkung/Drohung
3 Beispiele

Passive Verstärkungen/Drohungen sind oft **identisch** zur Kategorie **Prinzipielles** – entscheidend ist die **Verwendung als Verstärkung** zu einer **Absprache** (häufig daher nach einer Absprache) oder der Notwendigkeit, sich **Abzusprechen**

Anb.	Beispiele	Code	Erklärung
A1	Super, wenn wir so weiter machen, verdienen wir irgendwann gar nix	Verstärkung/ Drohung, Passiv	Betonung Notwendigkeit/zwangsläufige Konsequenz
A1	Wenn wir uns dran halten verdienen wir auch endlich was	Verstärkung/ Drohung, Passiv	Betonung Chance
A1	Wenn du dich nicht daran hältst dann gibt's Preiskampf	Verstärkung/ Drohung, Aktiv	Mit "gibt's" zwar passiv formuliert, aber klar, dass aktive Reaktion dahintersteht
A1	Haltet euch dran oder ich biete nächste Runde 45 Taler auf alles!	Verstärkung/ Drohung, Aktiv	Deutlicher Indikator für aktive Drohung ist meist "ich" oder "wir"
A1	A3, wenn ich herausfinde wo du sitzt haue ich dich	- NICHT Verstärk.	Meist keine glaubwürdige Drohung
A1	Haltet euch dran oder ich biete nächste Runde 45 Taler auf alles :))	- NICHT Verstärk.	Smileys deuten meist auf nicht ernst gemeinte Drohung hin – persönlich einschätzen
A1	Entweder wir sprechen uns ab oder es endet im Preiskamp	Verstärkung/ Drohung, Passiv	Situation: 1. Runde, bisher keine Absprache diskutiert – trotzdem als Verstärkung kodieren, da Bezug zu einer noch zu definierenden Absprache deutlich

Verstärkungen/Drohungen manchmal schwierig zu entdecken – **tendenziell häufiger kodieren** – kausale Wörter ("entweder/oder", "sonst", "dann") deuten oft auf Drohungen hin

11

3 Subjektiver Kollusionserfolg

Datenbasis | Absprachen im Chat | + | Transaktions- ergebnisse | + | Reaktionen im Folgechat

✓ Erfolgreich
✗ Nicht erfolgreich

Leitfragen: Sind Absprachen eingehalten worden? Würde ein Anbieter die Kollusion subjektiv als erfolgreich betrachten? – Unabhängig davon, wie ambitioniert die Absprachen waren, d.h. auch bei niedrigen abgesprochenen Preisen

Situation	Kodierung	Begründung
■ Preise entsprechen weitestgehend Preisabsprache	✓	⎫
■ Einheiten wurden entsprechend der abgesprochenen Marktaufteilung verteilt	✓	⎬ Eindeutig
■ Preise liegen (deutlich) unterhalb der abgesprochenen Mindestpreise	✗	⎪
■ Keinerlei Absprachen getroffen	✗	⎭
■ Preisabsprache und Marktaufteilung abgesprochen, aber nur eine der beiden Absprachen funktioniert	✓	Zählt, da Preiskampf vermieden
■ Mehrheit der Einheiten nach Preisabsprache gehandelt, aber 1 oder 2 Einheiten aus Versehen niedriger	✓	Versehen wird ignoriert, solange nicht dominierend
■ Kollusion entsteht gerade – aber 1 oder 2 Einheit(en) schon vor Absprache gehandelt, der Rest nach Absprache	✓	Einzelne Einheiten ignoriert, solange nicht dominierend
■ Kollusion besteht bereits – ein Teil der Einheiten folgt Absprache, ein Teil wird (deutlich) darunter verkauft	✗	Falls Anzeichen für bröckelndes Kartell
■ Absprache auf Preiserhöhung funktioniert nicht, aber vorangehende Preisabsprache wird eingehalten	✓	Preiskampf vermieden
■ Transaktionen kommen (teilweise) nicht zustande, weil sowohl Nachfrager, als auch Anbieter hart auf ihrer Position beharren	✓	Lediglich **grobe Richtlinien** - Fallabhängige, **individuelle Einschätzung** notwendig!

12

Subjektiver Kollusionserfolg
3 Definition bei bestimmten Absprachen

Absprache	Herausforderung
■ Preisabsprache, allgemein	■ Nicht definierter Preis kann logischerweise nicht eingehalten werden
■ Startpreis, allgemein/konkret	■ Information über erste Angebotspreis anderer Anbieter im Spiel für Anbieter nicht verfügbar ■ Information für Kodierer ebenfalls nicht verfügbar ■ Einhaltung Startpreisabsprache mit Endresultat Preiskampf für Anbieter subjektiv trotzdem kein Erfolg

> Bewertung erfolgt über
> ■ **Reaktion im Folgechat** oder
> ■ Erzielte **Preiserhöhung** oder **Stabilisierung auf hohem Niveau** im Vergleich zum Vorrundenpreis

Treatment	Herausforderung
■ 1 – Ohne öffentliche Informationen	■ Gebrochene Absprachen werden aufgrund mangelnder Transparenz nicht immer entdeckt, d.h. subjektive Einschätzung unterschiedlicher Anbieter konträr

> Bewertung erfolgt **primär über Transaktionsergebnisse**, nicht Reaktionen im Folgechat

13

Zur Sicherstellung der Kausalität wird immer nur die Kommunikation bis zum
4 Transaktionsabschluss berücksichtigt

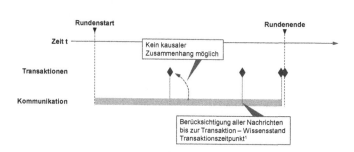

1 Beispiel: Wird eine Preisabsprache erst nach der 1. Transaktion getroffen, wird diese erst für die 2. Transaktion als effektiv betrachtet

14

Kodierabschnitte ergeben sich aus
4 Runden und Transaktionen

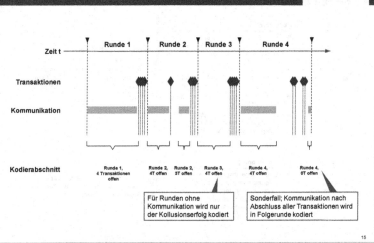

Für Runden ohne Kommunikation wird nur der Kollusionserfolg kodiert

Sonderfall; Kommunikation nach Abschluss aller Transaktionen wird in Folgerunde kodiert

15

Absprachen sind so lange gültig,
4 bis sie gebrochen werden

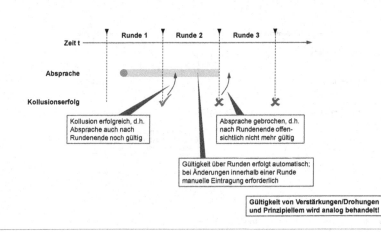

Kollusion erfolgreich, d.h. Absprache auch nach Rundenende noch gültig

Absprache gebrochen, d.h. nach Rundenende offensichtlich nicht mehr gültig

Gültigkeit über Runden erfolgt automatisch; bei Änderungen innerhalb einer Runde manuelle Eintragung erforderlich

Gültigkeit von Verstärkungen/Drohungen und Prinzipiellem wird analog behandelt!

16

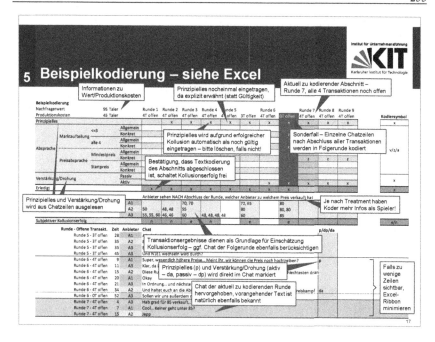

A3 Details zur deskriptiven Analyse

A3.1 Detaillierte Analyse der Verlaufspfade

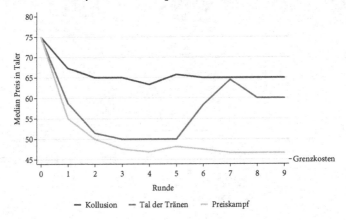

Abbildung 36: Mittlerer Preis nach Runden und Verlaufspfad

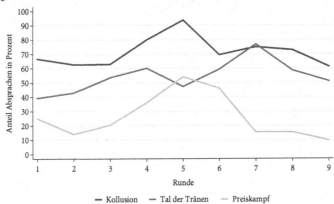

Abbildung 37: Anteil versuchter Absprachen nach Runden und Verlaufspfad

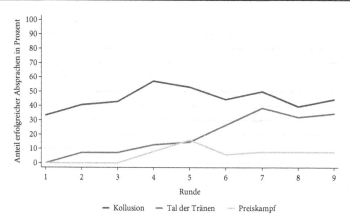

Abbildung 38: Anteil erfolgreicher Absprachen nach Runden und Verlaufspfad

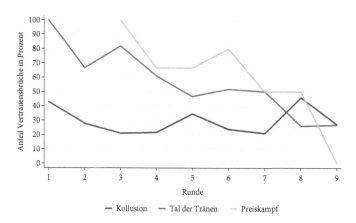

Abbildung 39: Anteil Vertrauensbrüche nach Runden und Verlaufspfad

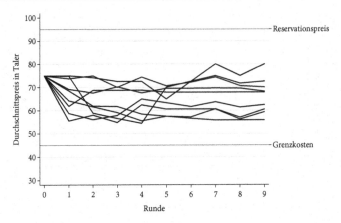

Abbildung 40: Preise nach Runden für Märkte des Verlaufspfads "Kollusion"

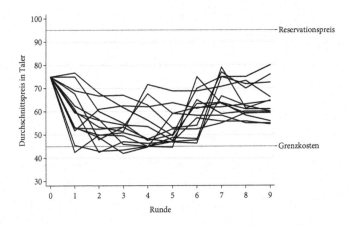

Abbildung 41: Preise nach Runden für Märkte des Verlaufspfads "Tal der Tränen"

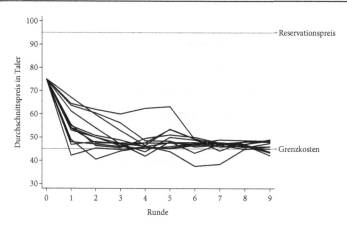

Abbildung 42: Preise nach Runden für Märkte des Verlaufspfads "Preiskampf"

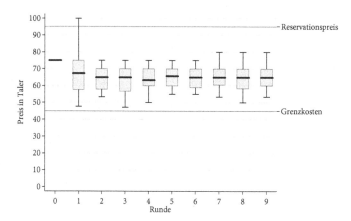

Abbildung 43: Boxplot der Preise nach Runden für Verlaufspfad "Kollusion"

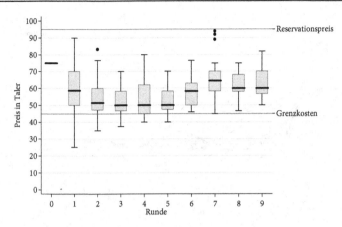

Abbildung 44: Boxplot der Preise nach Runden für Verlaufspfad "Tal der Tränen"

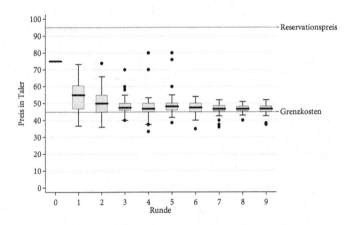

Abbildung 45: Boxplot der Preise nach Runden für Verlaufspfad "Preiskampf"

A3.2 Statistik der codierten Kommunikationsinhalte

Tabelle 31: Häufigkeit und Preise der codierten Kommunikationsinhalte

Ebene	Codierung	Häufigkeit in Prozent	Durchschnittspreis in Taler
Allgemein		–	56,1
Ebene 2	Keine codierte Kommunikation	42	53,3
	Prinzipielles	38	58,4
	Prinzipielles ohne Absprache	11	52,7
	Absprache	46	59,5
	Drohung	22	59,9
	Drohung mit Absprache	16	62,4
Ebene 3	Preisabsprache	40	59,9
	Marktaufteilung	22	62,0
Ebene 4	Keine Absprache	54	53,2
	Unkonkreter Vorschlag	2	54,8
	Unkonkrete, abgestimmte Absprache	1	55,8
	Konkreter Vorschlag	8	54,4
	Unkonkrete, abgestimmte Absprache mit konkretem Vorschlag	2	58,3
	Konkrete, abgestimmte (vollständige) Absprache	31	61,4

Tabelle 32: Häufigkeit, Anteil und Durchschnittspreis erfolgreicher Absprachen nach Absprachetyp

Kategorie	Absprachetyp	Häufigkeit in Prozent	Anteil erfolgreicher Absprachen in Prozent	Durchschnittspreis erfolgreicher Absprachen in Taler
Alle	Preisabsprache	52	17	65,4
	Marktaufteilung	13	44	55,4
	Kombinierte Absprache	35	62	67,4
Neu	Preisabsprache	45	13	63,7
	Marktaufteilung	8	22	55,4
	Kombinierte Absprache	15	31	64,4
Etabliert	Preisabsprache	6	48	68,6
	Marktaufteilung	5	80	55,4
	Kombinierte Absprache	21	84	68,2

A3.3 Beispiele für die Korrelation von funktionalem und ökonomischem Erfolg

Die folgenden Beispiele zeigen aufschlussreiche Situationen aus dem Experiment zur Korrelation von ökonomischem und funktionalem Kollusionserfolg. Schreibfehler in den Chatprotokollen sind unverändert übernommen.

Markt 47 – Beispiel für hohe Preise trotz fehlender expliziter Absprache

In Markt 47 verzichten die Anbieter auf jegliche Kommunikation untereinander, womit explizite Kollusion per Definition nicht existiert. Auch stillschweigende Kollusion im engeren Sinne ist unwahrscheinlich, da es keinen Grund gibt, kollusive Strategien mit der Möglichkeit zur Kommunikation mühsam durch non-verbale Signale umzusetzen, was durch eingeschränktes Monitoring zusätzlich erschwert wird. Dennoch bewegen sich die Preise in der ersten Hälfte des Experiments bei einem Nachfrager mit etwa 70 bis 80 Talern auf deutlich überdurchschnittlichem Niveau.

Markt 33 – Beispiel für funktionierende Kollusion auf niedrigem Preisniveau

Die Anbieter in Markt 33 treffen bereits ab der zweiten Runde eine explizite kollusive Absprache und halten diese konsequent bis zum Ende des Experiments ein. Allerdings nähern sich die Anbieter hierbei von einem niedrigen Preisniveau von unter 45 Talern aus kommend vergleichsweise langsam in Richtung des Reservationspreises der Nachfrager, sodass die Anbieter in Summe nur geringe Gewinne realisieren können, welche selbst gegen Ende des Spiels noch immer deutlich unterhalb der Nachfragergewinne liegen. Dennoch erscheint es angesichts der funktionierenden kollusiven Strukturen sinnvoll, dieses Marktverhalten als kollusiv zu bewerten.

Markt 23, Runde 4 – Beispiel für eine erfolgreiche Absprache auf Höhe der Grenzkosten

Um eine drohende Preisspirale in Folge von *bargain-then-ripoff*-Strategien aufzuhalten wird in Markt 23 in der vierten Runde eine Absprache zu einer Preisuntergrenze auf Höhe der Grenzkosten vereinbart:

A4:   wir machen kein Verlust

A4:   einverstanden?

A5:   ja

A3:   ok

Das Einhalten der Absprache ist eindeutig als Erfolg gegenüber dem Alternativszenario eines ruinösen Preiskampfes unterhalb der Grenzkosten zu werten und klar die Folge einer expliziten kollusiven Absprache. Dieser potentielle Startpunkt einer auch ökonomisch erfolgreichen Kollusion wäre mit dem Preis als indirektem Indikator allein nicht messbar.

A4 Auszüge aus der Kommunikation im Experiment

Die Auszüge aus der Kommunikation dienen lediglich als anekdotische Anhaltspunkte für das Verhalten im Experiment. Schreibfehler in den Chatprotokollen sind unverändert übernommen.

Markt 29, Runde 1 – Rechenfehler bei Preis oberhalb des Reservationspreises

N2:   habs grad verbockt und micht verrechnet :D

N2:   hab also verluste gemacht :/

Markt 27, Runde 7 – Vollständige Absprache mit Drohung[240]

A2:   okay leute

A2:   püreise wieder hochschrauben??

A3:   ich versteh nicht warum ihr den presi so niedrig macht

A1:   also 170 minimum 150

A2:   geht klar!

A3:   alles klar

A1:   falls das nicht klappt biete ich in jeder folgenden runde 90

---

[240] Der Skalierungsfaktor in Markt 27 liegt bei 2, d. h. 90 Taler entsprechend den Grenzkosten der Anbieter.

Literaturverzeichnis

Abreu, D. (1986). Extremal Equilibria of Oligopolistic Supergames. Journal of Economic Theory, 39 (1), 191-225.

Abreu, D. (1988). On the Theory of Infinitely Repeated Games with Discounting. Econometrica, 56 (2), 383-396.

Adair, W. L. & Brett, J. M. (2005). The Negotiation Dance: Time, Culture, and Behavioral Sequences in Negotiation. Organization Science, 16 (1), 33-51.

Albæk, S., Møllgaard, H. P. & Overgaard, P. B. (1997). Government-Assisted Oligopoly Coordination? A Concrete Case. The Journal of Industrial Economics, 45 (4), 429-443.

Altavilla, C., Luini, L. & Sbriglia, P. (2003). Information and Learning in Bertrand and Cournot Experimental Duopolies. University of Siena Economics Working Paper Nr. 406.

Altman, D. G. (1991). Practical Statistics for Medical Research (1. Aufl.). London, New York: Chapman & Hall/CRC.

Andersen, W. R. & Rogers, C. P. (1999). Antitrust law. Policy and practice (Casebook Series, 3. Aufl.). New York: Matthew Bender.

Anderson, S. P. & Renault, R. (1999). Pricing, product diversity, and search costs: a Bertrand-Chamberlin-Diamond model. The RAND Journal of Economics, 30 (4), 719-735.

Andersson, O. & Wengström, E. (2007). Do Antitrust Laws Facilitate Collusion? Experimental Evidence on Costly Communication in Duopolies. Scandinavian Journal of Economics, 109 (2), 321-339.

Angelmar, R. & Stern, L. W. (1978). Development of a Content Analytic System for Analysis of Bargaining Communication in Marketing. Journal of Marketing Research, 15 (1), 93-102.

Aoyagi, M. (2003). Bid rotation and collusion in repeated auctions. Journal of Economic Theory, 112 (1), 79-105.

Aoyagi, M. & Fréchette, G. R. (2009). Collusion as public monitoring becomes noisy: Experimental evidence. Journal of Economic Theory, 144 (3), 1135-1165.

Asplund, M., Eriksson, R. & Strand, N. (2008). Price Discrimination in Oligopoly. Evidence from Regional Newspapers. The Journal of Industrial Economics, 56 (2), 333-346.

Athey, S. & Bagwell, K. (2008). Collusion with Persistent Cost Shocks. Econometrica, 76 (3), 493-540.

Aumann, R. (1990). Nash equilibria are not self-enforcing. In: Gabszewicz, J. J., Richard, J.-F., Wolsey, L. A. & Drèze, J. H. (Hrsg.), Economic Decision-Making. Games, Econometrics and Optimisation (S. 201-206). Amsterdam, Oxford: North-Holland.

Awaya, Y. & Krishna, V. (2014). On Tacit versus Explicit Collusion. Working Paper, Penn State University.

Awaya, Y. & Krishna, V. (2016). On Communication and Collusion. American Economic Review, 106 (2), 285-315.

Axelrod, R. (2009). Die Evolution der Kooperation (Scientia Nova, 7. Aufl.). München: Oldenbourg.

Baliga, S. & Morris, S. (2002). Co-ordination, Spillovers, and Cheap Talk. Journal of Economic Theory, 105 (2), 450-468.

Balliet, D. (2010). Communication and Cooperation in Social Dilemmas. A Meta-Analytic Review. Journal of Conflict Resolution, 54 (1), 39-57.

Barrmeyer, K. (2016). Negotiations with Interim Contracts: Integrative and Distributive Focus under Time Pressure. Unv. Dissertation, Karlsruher Institut für Technologie.

Bartholomae, F. & Wiens, M. (2016). Spieltheorie. Ein anwendungsorientiertes Lehrbuch (1. Aufl.). Wiesbaden: Springer Gabler.

Beggs, A. & Klemperer, P. (1992). Multi-Period Competition with Switching Costs. Econometrica, 60 (3), 651-666.

Benson, B. L. & Feinberg, R. M. (1988). An Experimental Investigation of Equilibria Impacts of Information. Southern Economic Journal, 54 (3), 546-561.

Berninghaus, S., Ehrhart, K.-M. & Güth, W. (2010). Strategische Spiele. Eine Einführung in die Spieltheorie (Springer-Lehrbuch, 3. Aufl.). Berlin, Heidelberg: Springer.

Bertrand, J. L. F. (1883). Théorie des Richesses: Revue de théories mathématiques de la richesse sociale par Léon Walras et Recherches sur les principes mathématiques de la théorie des richesses par Augustin Cournot. Journal des Savants, 67, 499-508.

Bohnet, I. (1997). Kooperation und Kommunikation. eine ökonomische Analyse individueller Entscheidungen (Die Einheit der Gesellschaftswissenschaften, Bd. 98). Tübingen: Mohr Siebeck.

Bornewasser, M. (2009). Organisationsdiagnostik und Organisationsentwicklung (Organisation & Führung). Stuttgart: Kohlhammer.

Bosch-Domènech, A. & Vriend, N. J. (2003). Imitation of successful behaviour in cournot markets. The Economic Journal, 113 (487), 495-524.

Brehm, J. W. (1956). Postdecision changes in the desirability of alternatives. The Journal of Abnormal and Social Psychology, 52 (3), 384-389.

Brett, J. M., Shapiro, D. L. & Lytle, A. L. (1998). Breaking the bonds of reciprocity in negotiations. Academy of Management Journal, 41 (4), 410-424.

Brokesova, Z., Deck, C. & Peliova, J. (2014). Experimenting with Behavior Based Pricing. ESI Working Papers 14-12.

Brown Kruse, J. & Schenk, D. J. (2000). Location, cooperation and communication. An experimental examination. International Journal of Industrial Organization, 18 (1), 59-80.

Bruhn, M. (2014). Commodities im Dienstleistungsbereich. In: Enke, M., Geigenmüller, A. & Leischnig, A. (Hrsg.), Commodity Marketing. Grundlagen - Besonderheiten - Erfahrungen (3. Aufl., S. 51-70). Wiesbaden: Springer Gabler.

Bruneckienė, J., Pekarskienė, I., Guzavičius, A., Palekienė, O. & Šovienė, J. (2015). The Impact of Cartels on National Economy and Competitiveness. A Lithuanian Case Study. Cham: Springer.

Bühner, M. & Ziegler, M. (2009). Statistik für Psychologen und Sozialwissenschaftler (Ps Psychologie). München: Pearson.

Camera, G., Casari, M. & Bigoni, M. (2011). Communication, Commitment, and Deception in Social Dilemmas. Experimental Evidence. Quaderni DSE Working Paper Nr. 751.

Camerer, C. F., Nave, G. & Smith, A. (2015). Dynamic unstructured bargaining with private information and deadlines: theory and experiment. Caltech HSS Working Paper.

Cameron, A. C. & Miller, D. L. (2015). A Practitioner's Guide to Cluster-Robust Inference. Journal of Human Resources, 50 (2), 317-372.

Cameron, A. C. & Trivedi, P. K. (2010). Microeconometrics Using Stata. College Station: Stata Press.

Cason, T. N. & Friedman, D. (2002). A Laboratory Study of Customer Markets. Advances in Economic Analysis & Policy, 2 (1), 1-43.

Cason, T. N., Friedman, D. & Milam, G. H. (2003). Bargaining versus posted price competition in customer markets. International Journal of Industrial Organization, 21 (2), 223-251.

Chamberlin, E. H. (1948). An Experimental Imperfect Market. Journal of Political Economy, 56 (2), 95-108.

Charness, G. & Dufwenberg, M. (2006). Promises and Partnership. Econometrica, 74 (6), 1579-1601.

Chen, P.-Y. & Hitt, L. M. (2002). Measuring Switching Costs and the Determinants of Customer Retention in Internet-Enabled Businesses. A Study of the Online Brokerage Industry. Information Systems Research, 13 (3), 255-274.

Chen, Y. (1997). Paying customers to switch. Journal of Economics & Management Strategy, 6 (4), 877-897.

Chen, Y. (2005). Oligopoly Price Discrimination by Purchase History. In: The Pros and Cons of Price Discrimination (S. 101-129). Stockholm: The Swedish Competition Authority.

Cleff, T. (2008). Deskriptive Statistik und moderne Datenanalyse. Eine computergestützte Einführung mit Excel, SPSS und STATA (1. Aufl.). Wiesbaden: Gabler.

Cohen, J. (1960). A Coefficient of Agreement for Nominal Scales. Educational and psychological measurement, 20 (1), 37-46.

Colombo, L. & Labrecciosa, P. (2006). Optimal punishments with detection lags. Economics Letters, 92 (2), 198-201.

Cooper, D. J. & Kühn, K.-U. (2014). Communication, Renegotiation, and the Scope for Collusion. American Economic Journal: Microeconomics, 6 (2), 247-278.

Corts, K. S. (1998). Third-Degree Price Discrimination in Oligopoly: All-Out Competition and Strategic Commitment. The RAND Journal of Economics, 29 (2), 306-323.

Cournot, A.-A. (1838). Recherches sur les Principes Mathématiques de la Théorie des Richesses. Paris: L. Hachette.

Crawford, V. P. (1998). A Survey of Experiments on Communication via Cheap Talk. Journal of Economic Theory, 78, 286-298.

Crawford, V. P. & Sobel, J. (1982). Strategic Information Transmission. Econometrica, 50 (6), 1431-1451.

Croson, R. (2005). The Method of Experimental Economics. International Negotiation, 10 (1), 131-148.

Daft, R. L. & Lengel, R. H. (1986). Organizational Information Requirements, Media Richness and Structural Design. Management Science, 32 (5), 554-571.

Daughety, A. F. & Forsythe, R. (1987). The Effects of Industry-Wide Price Regulation on Industrial Organization. Journal of Law, Economics, & Organization, 3 (2), 397-434.

Davis, D. D. & Holt, C. A. (1993). Experimental Economics: Methods, Problems, and Promise. Estudios Económicos, 8 (2), 179-212.

Davis, D. D. & Holt, C. A. (1998). Conspiracies and Secret Discounts in Laboratory Markets. The Economic Journal, 108 (448), 736-756.

Davis, D. D. & Holt, C. A. (2008). The Effects of Collusion in Laboratory Experiments. In: Plott, C. R. & Smith, V. L. (Hrsg.), Handbook of Experimental Economics Results (Bd. 1, 1. Aufl., S. 170-177). Amsterdam, Oxford: North-Holland.

Day, G. S., Reibstein, D. J. & Gunther, R. E. (1997). Wharton on Dynamic Competitive Strategy. New York: Wiley.

Deep, R. (2006). Probability and Statistics. with Integrated Software Routines. Oxford: Academic Press.

Diamond, P. A. (1971). A model of price adjustment. Journal of Economic Theory, 3 (2), 156-168.

Diller, H. & Herrmann, A. (Hrsg.). (2003). Handbuch Preispolitik. Strategien - Planung - Organisation - Umsetzung (1. Aufl.). Wiesbaden: Gabler.

Dolbear, F. T., Lave, L. B., Bowman, G., Lieberman, A., Prescott, E., Rueter, F. et al. (1968). Collusion in oligopoly: an experiment on the effect of numbers and information. The Quarterly Journal of Economics, 240-259.

Donohue, W. A., Diez, M. E. & Hamilton, M. (1984). Coding naturalistic negotiation interaction. Human Communication Research, 10 (3), 403-425.

Driscoll, J. C. & Kraay, A. C. (1998). Consistent Covariance Matrix Estimation with Spatially Dependent Panel Data. Review of Economics and Statistics, 80 (4), 549-560.

Dubé, J.-P., Hitsch, G. J. & Rossi, P. E. (2009). Do Switching Costs Make Markets Less Competitive? Journal of Marketing Research, 46 (4), 435-445.

Duckek, K. (2010). Ökonomische Relevanz von Kommunikationsqualität in elektronischen Verhandlungen (1. Aufl.). Wiesbaden: Gabler.

Eckel, D. (1968). Das Kartell. Ein Modell der Verhaltenskoordination. Berlin: Duncker & Humblot.

Edgeworth, F. Y. (1925). The Pure Theory of Monopoly. In: Edgeworth, F. Y. (Hrsg.), Papers Relating to Political Economy (Bd. 1, S. 111-142). London: Macmillan.

Fabra, N. & García, A. (2015). Dynamic Price Competition with Switching Costs. Dynamic Games and Applications, 5 (4), 540-567.

Farrell, J. (1986). A note on inertia in market share. Economics Letters, 21 (1), 73-75.

Farrell, J. (1987). Cheap Talk, Coordination, and Entry. The RAND Journal of Economics, 18 (1), 34-39.

Farrell, J. (1988). Communication, coordination and Nash equilibrium. Economics Letters, 27 (3), 209-214.

Farrell, J. & Klemperer, P. (2007). Coordination and Lock-In: Competition with Switching Costs and Network Effects. In: Armstrong, M. & Porter, R. H. (Hrsg.), Handbook of Industrial Organization (Bd. 3, S. 1967-2072). Amsterdam: North-Holland.

Farrell, J. & Maskin, E. (1989). Renegotiation in repeated games. Games and Economic Behavior, 1 (4), 327-360.

Farrell, J. & Rabin, M. (1996). Cheap talk. The Journal of Economic Perspectives, 10 (3), 103-118.

Feinberg, R. M. & Snyder, C. (2002). Collusion with secret price cuts: an experimental investigation. Economics Bulletin, 3 (6), 1-11.

Fischbacher, U. (2007). z-Tree. Zurich toolbox for ready-made economic experiments. Experimental Economics, 10 (2), 171-178.

Fleiss, J. L. (1971). Measuring nominal scale agreement among many raters. Psychological Bulletin, 76 (5), 378-382.

Fleiss, J. L. (1981). Statistical Methods for Rates and Proportions (2. Aufl.). New York: Wiley.

Fonseca, M. A. & Normann, H. (2012). Explicit vs. tacit collusion—The impact of communication in oligopoly experiments. European Economic Review, 56 (8), 1759-1772.

Fouraker, L. E. & Siegel, S. (1963). Bargaining Behavior. New York: McGraw-Hill.

Friedman, D. & Cassar, A. (2004a). Do it: running a laboratory session. In: Friedman, D. & Cassar, A. (Hrsg.), Economics Lab. An intensive course in experimental economics (S. 65-74). London: Routledge.

Friedman, D. & Cassar, A. (2004b). Economists go to the laboratory: who, what, when, and why. In: Friedman, D. & Cassar, A. (Hrsg.), Economics Lab. An intensive course in experimental economics (S. 12-22). London: Routledge.

Friedman, D. & Cassar, A. (2004c). First principles: induced value theory. In: Friedman, D. & Cassar, A. (Hrsg.), Economics Lab. An intensive course in experimental economics (S. 25-31). London: Routledge.

Friedman, D. & Cassar, A. (2004d). The art of experimental design. In: Friedman, D. & Cassar, A. (Hrsg.), Economics Lab. An intensive course in experimental economics (S. 32-37). London: Routledge.

Friedman, D. & Sunder, S. (1994). Experimental Methods. A Primer for Economists. Cambridge: Cambridge University Press.

Friedman, J. W. (1971). A Non-cooperative Equilibrium for Supergames. The Review of Economic Studies, 38 (1), 1-12.

Frigge, M., Hoaglin, D. C. & Iglewicz, B. (1989). Some Implementations of the Boxplot. The American Statistician, 43 (1), 50-54.

Frohlich, N. & Oppenheimer, J. (1998). Some consequences of e-mail vs. face-to-face communication in experiment. Journal of Economic Behavior & Organization, 35 (3), 389-403.

Früh, W. (2011). Inhaltsanalyse. Theorie und Praxis (UTB, Bd. 2501, 7. Aufl.). Konstanz, München: UVK.

Fudenberg, D. & Tirole, J. (1984). The Fat-Cat Effect, the Puppy-Dog Ploy, and the Lean and Hungry Look. The American Economic Review, 74 (2), 361-366.

Fudenberg, D. & Tirole, J. (1989). Noncooperative Game Theory for Industrial Organization. An Introduction and Overview. In: Schmalensee, R. & Willig, R. D. (Hrsg.), Handbook of Industrial Organization (Bd. 1, S. 259-327). Amsterdam, Oxford: North-Holland.

Fudenberg, D. & Tirole, J. (2000). Poaching and Brand Switching. The RAND Journal of Economics, 31 (4), 634-657.

Fudenberg, D. & Villas-Boas, J. M. (2006). Behavior-Based Price Discrimination and Customer Recognition. In: Hendershott, T. (Hrsg.), Economics and Information Systems (Handbooks in information systems, Bd. 1, S. 377-436). Bingley: Emerald.

Gehrig, T., Shy, O. & Stenbacka, R. (2011). History-based price discrimination and entry in markets with switching costs. A welfare analysis. European Economic Review, 55 (5), 732-739.

Gehrig, T., Shy, O. & Stenbacka, R. (2012). A Welfare Evaluation of History-Based Price Discrimination. Journal of Industry, Competition and Trade, 12 (4), 373-393.

Gilovich, T., Savitsky, K. & Medvec, V. H. (1998). The illusion of transparency. Biased assessments of others' ability to read one's emotional states. Journal of Personality and Social Psychology, 75 (2), 332-346.

Green, E. J. & Porter, R. H. (1984). Noncooperative Collusion under Imperfect Price Information. Econometrica, 52 (1), 87-100.

Greiner, B. (2015). Subject pool recruitment procedures. Organizing experiments with ORSEE. Journal of the Economic Science Association, 1 (1), 114-125.

Gwet, K. L. (2014). Handbook of Inter-Rater Reliability. The Definitive Guide to Measuring the Extent of Agreement Among Raters (4. Aufl.). Gaithersburg: Advanced Analytics, LLC.

Haan, M. A., Schoonbeek, L. & Winkel, B. M. (2009). Experimental results on collusion. In: Hinloopen, J. & Normann, H. (Hrsg.), Experiments and Competition Policy (S. 9-33). Cambridge: Cambridge University Press.

Hall, R. L. & Hitch, C. J. (1939). Price Theory and Business Behaviour. Oxford Economic Papers (2), 12-45.

Harris, H. S. (2001). Competition Laws Outside the United States (Bd. 1). Chicago: American Bar Association, Section of Antitrust Law.

Harsanyi, J. C. (1967). Games with Incomplete Information Played by "Bayesian" Players, I-III. Part I. The Basic Model. Management Science, 14 (3), 159-182.

Harsanyi, J. C. (1968a). Games with Incomplete Information Played by "Bayesian" Players, I-III. Part II. Bayesian Equilibrium Points. Management Science, 14 (5), 320-334.

Harsanyi, J. C. (1968b). Games with Incomplete Information Played by "Bayesian" Players, I-III. Part III. The Basic Probability Distribution of the Game. Management Science, 14 (7), 486-502.

Hausman, J. A. (1978). Specification Tests in Econometrics. Econometrica, 46 (6), 1251-1271.

Hay, G. A. & Kelley, D. (1974). An Empirical Survey of Price Fixing Conspiracies. The Journal of Law & Economics, 17 (1), 13-38.

Heister, J. (1997). Der internationale CO2-Vertrag. Strategien zur Stabilisierung multilateraler Kooperation zwischen souveränen Staaten (Kieler Studien, Bd. 282). Tübingen: Mohr Siebeck.

Hine, M. J., Murphy, S. A., Weber, M. & Kersten, G. E. (2009). The Role of Emotion and Language in Dyadic E-negotiations. Group Decision and Negotiation, 18 (3), 193-211.

Hirschey, M. (2009). Fundamentals of Managerial Economics (9. Aufl.). Mason: South-Western.

Hoechle, D. (2007). Robust standard errors for panel regressions with cross-sectional dependence. Stata Journal, 7 (3), 281-312.

Höfer, J. (2016). Determinanten der Zukunftsorientierung in der Berichterstattung deutscher Aktiengesellschaften. Eine panelökonometrische Untersuchung der HDAX-Unternehmen von 2003 bis 2012 (Schriften zu Management, Organisation und Information, Bd. 49). München, Mering: Rainer Hampp Verlag.

Holcomb, J. H. & Nelson, P. S. (1997). The role of monitoring in duopoly market outcomes. The Journal of Socio-Economics, 26 (1), 79-93.

Holland-Cunz, M. (2016). Zur Bedeutung strategiebezogener Begründungen für Aktienempfehlungen. Eine empirische Unterschung von Analystenreports zu deutschen Aktiengesellschaften. Dissertation, Karlsruher Institut für Technologie.

Holler, M. J. & Illing, G. (2006). Einführung in die Spieltheorie (6. Aufl.). Berlin, Heidelberg, New York: Springer.

Holmes, T. J. (1989). The Effects of Third-Degree Price Discrimination in Oligopoly. The American Economic Review, 79 (1), 244-250.

Holt, C. A. (1995). Industrial Organization: A Survey of Laboratory Research. In: Kagel, J. H. & Roth, A. E. (Hrsg.), The Handbook of Experimental Economics (S. 349-444). Princeton: Princeton University Press.

Holt, C. A. & Davis, D. D. (1990). The effects of non-binding price announcements on posted-offer markets. Economics Letters, 34 (4), 307-310.

Holt, C. A. & Laury, S. K. (2002). Risk Aversion and Incentive Effects. American Economic Review, 92 (5), 1644-1655.

Hong, J. T. & Plott, C. R. (1982). Rate filing policies for inland water transportation: an experimental approach. The Bell Journal of Economics, 13 (1), 1-19.

Hotelling, H. (1929). Stability in Competition. The Economic Journal, 39 (153), 41-57.

Huber, F., Meyer, F. & Lenzen, M. (2014). Grundlagen der Varianzanalyse. Konzeption - Durchführung - Auswertung. Wiesbaden: Springer Gabler.

Huck, S., Normann, H. & Oechssler, J. (1999). Learning in Cournot Oligopoly – an Experiment. The Economic Journal, 109 (454), 80-95.

Huck, S., Normann, H. & Oechssler, J. (2000). Does information about competitors' actions increase or decrease competition in experimental oligopoly markets? International Journal of Industrial Organization, 18 (1), 39-57.

Huck, S., Normann, H. & Oechssler, J. (2004). Two are few and four are many. Number effects in experimental oligopolies. Journal of Economic Behavior & Organization, 53 (4), 435-446.

Isaac, R. M. & Plott, C. R. (1981). The opportunity for conspiracy in restraint of trade. Journal of Economic Behavior & Organization, 2 (1), 1-30.

Isaac, R. M., Ramey, V. & Williams, A. W. (1984). The effects of market organization on conspiracies in restraint of trade. Journal of Economic Behavior & Organization, 5 (2), 191-222.

Isaac, R. M. & Walker, J. M. (1985). Information and conspiracy in sealed bid auctions. Journal of Economic Behavior & Organization, 6 (2), 139-159.

Isaac, R. M. & Walker, J. M. (1988). Communication And Free-Riding Behavior: The Voluntary Contribution Mechanism. Economic Inquiry, 585-608.

Jacquemin, A. & Slade, M. E. (1989). Cartels, Collusion, and Horizontal Merger. In: Schmalensee, R. & Willig, R. D. (Hrsg.), Handbook of Industrial Organization (Bd. 1, S. 415-473). Amsterdam, Oxford: North-Holland.

Jauch, L. R., Osborn, R. N. & Martin, T. N. (1980). Structured Content Analysis of Cases. A Complementary Method for Organizational Research. Academy of Management Review, 5 (4), 517-526.

Johnson, J. (1993). Is Talk Really Cheap? Prompting Conversation Between Critical Theory and Rational Choice. The American Political Science Review, 87 (1), 74-86.

Kagel, J. H. (1995). Auctions: A Survey of Experimental Research. In: Kagel, J. H. & Roth, A. E. (Hrsg.), The Handbook of Experimental Economics (S. 501-585). Princeton: Princeton University Press.

Kantzenbach, E., Kottmann, E. & Krüger, R. (1996). Kollektive Marktbeherrschung. Neue Industrieökonomik und Erfahrungen aus der europäischen Fusionskontrolle (HWWA Studien, Bd. 28). Baden-Baden: Nomos.

Kantzenbach, E. & Kruse, J. (1989). Kollektive Marktbeherrschung (Wirtschaftspolitische Studien, Bd. 75). Göttingen: Vandenhoeck & Ruprecht.

Kapp, T. (2013). Kartellrecht in der Unternehmenspraxis. Was Unternehmer und Manager wissen müssen (2. Aufl.). Wiesbaden: Springer Gabler.

Kersten, G. E., Pontrandolfo, P., Vahidov, R. & Gimon, D. (2013). Negotiation and Auction Mechanisms: Two Systems and Two Experiments. In: Shaw, M. J., Zhang, D. & Yue, W. T. (Hrsg.), E-Life. Web-Enabled Convergence of Commerce, Work, and Social Life (Lecture Notes in Business Information Processing, Bd. 108, S. 399-412). Berlin, Heidelberg: Springer.

Kersten, G. E., Wachowicz, T. & Kersten, M. (2013). Multi-attribute Reverse Auctions and Negotiationswith Verifiable and Not-verifiable Offers. In: Ganzha, M., Maciaszek, L. & Paprzycki, M. (Hrsg.), 2013 Federated Conference on Computer Science and Information Systems (S. 1095-1102). Los Alamitos: IEEE Computer Society Press.

Kersten, G. E., Wachowicz, T. & Kersten, M. (2016). Competition, Transparency, and Reciprocity. A Comparative Study of Auctions and Negotiations. Group Decision and Negotiation, 25 (4), 693-722.

Kim, M., Kliger, D. & Vale, B. (2003). Estimating switching costs. The case of banking. Journal of Financial Intermediation, 12 (1), 25-56.

Kimbrough, E. O., Smith, V. L. & Wilson, B. J. (2008). Historical Property Rights, Sociality, and the Emergence of Impersonal Exchange in Long-Distance Trade. The American Economic Review, 98 (3), 1009-1039.

Kirchsteiger, G., Niederle, M. & Potters, J. (2005). Endogenizing market institutions: An experimental approach. European Economic Review, 49 (7), 1827-1853.

Klemperer, P. (1987a). Markets with Consumer Switching Costs. The Quarterly Journal of Economics, 102 (2), 375-394.

Klemperer, P. (1987b). The Competitiveness of Markets with Switching Costs. The RAND Journal of Economics, 18 (1), 138-150.

Klemperer, P. (1995). Competition when Consumers have Switching Costs. An Overview with Applications to Industrial Organization, Macroeconomics, and International Trade. The Review of Economic Studies, 62 (4), 515-539.

Knieps, G. (2008). Wettbewerbsökonomie. Regulierungstheorie, Industrieökonomie, Wettbewerbspolitik (Springer-Lehrbuch, 3. Aufl.). Berlin, Heidelberg: Springer.

Koeszegi, S. T., Pesendorfer, E.-M. & Vetschera, R. (2011). Data-Driven Phase Analysis of E-negotiations. An Exemplary Study of Synchronous and Asynchronous Negotiations. Group Decision and Negotiation, 20 (4), 385-410.

Kohler, U. & Kreuter, F. (2012). Datenanalyse mit Stata. Allgemeine Konzepte der Datenanalyse und ihre praktische Anwendung (4. Aufl.). München: Oldenbourg.

Kornmeier, M. (2007). Wissenschaftstheorie und wissenschaftliches Arbeiten. Eine Einführung für Wirtschaftswissenschaftler (BA kompakt). Heidelberg: Physica-Verlag.

Kray, L. J. & Thompson, L. (2004). Gender stereotypes and negotiation performance. An examination of theory and research. Research in Organizational Behavior, 26, 103-182.

Kreps, D. M., Milgrom, P., Roberts, J. & Wilson, R. (1982). Rational cooperation in the finitely repeated prisoners' dilemma. Journal of Economic Theory, 27 (2), 245-252.

Kreps, D. M. & Scheinkman, J. A. (1983). Quantity precommitment and Bertrand competition yield Cournot outcomes. The Bell Journal of Economics, 14 (2), 326-337.

Kreps, D. M. & Wilson, R. (1982a). Reputation and imperfect information. Journal of Economic Theory, 27 (2), 253-279.

Kreps, D. M. & Wilson, R. (1982b). Sequential Equilibria. Econometrica, 50 (4), 863-894.

Krippendorff, K. H. (1970). Bivariate Agreement Coefficients for Reliability of Data. Sociological Methodology, 2, 139-150.

Krippendorff, K. H. (2004). Reliability in Content Analysis. Human Communication Research, 30 (3), 411-433.

Krippendorff, K. H. (2013). Content Analysis. An Introduction to Its Methodology (3. Aufl.). Los Angeles, London, New Delhi, Singapore, Washington DC: SAGE.

Krishna, V. & Serrano, R. (1996). Multilateral bargaining. The Review of Economic Studies, 63 (1), 61-80.

Kroth, M. D. (2015). Wettbewerbsintensität bei Preisdifferenzierung und Ex-post-Information. Ein Fall von "Mutual Forbearance" auf B2B-Kontraktmärkten mit Wechselkosten. Dissertation, Karlsruher Institut für Technologie.

Kruse, J. B., Rassenti, S., Reynolds, S. S. & Smith, V. L. (1994). Bertrand-Edgeworth Competition in Experimental Markets. Econometrica, 62 (2), 343-371.

Kühl, S. (2009). Experiment. In: Kühl, S., Strodtholz, P. & Taffertshofer, A. (Hrsg.), Handbuch Methoden der Organisationsforschung. Quantitative und Qualitative Methoden (1. Aufl., S. 534-557). Wiesbaden: VS Verlag für Sozialwissenschaften.

Kühn, K.-U. (2001). Fighting collusion by regulating communication between firms. Economic Policy, 16 (32), 168-204.

Lande, R. H. & Marvel, H. P. (2000). The Three Types of Collusion: Fixing Prices, Rivals, and Rules. Wisconsin Law Review, 941-999.

Landis, J. R. & Koch, G. G. (1977). The Measurement of Observer Agreement for Categorical Data. Biometrics, 33 (1), 159-174.

LeBlanc, D. C. (2004). Statistics. Concepts and Applications for Science. Boston: Jones and Bartlett.

Ledyard, J. O. (1995). Public Goods: A Survey of Experimental Research. In: Kagel, J. H. & Roth, A. E. (Hrsg.), The Handbook of Experimental Economics (S. 111-194). Princeton: Princeton University Press.

Leininger, W. (1996). Mikroökonomik. In: Von Hagen, J., Börsch-Supan, A. & Welfens, P. J. J. (Hrsg.), Springers Handbuch der Volkswirtschaftslehre 1. Grundlagen (S. 1-42). Berlin, Heidelberg: Springer.

Lemke, F. (2014). Preisentscheidungen in sequenziell gekoppelten Privathandels- und Double-Auction-Märkten. Eine experimentelle Untersuchung. Karlsruhe: KIT Scientific Publishing.

Levenstein, M. C. (1996). Do Price Wars Facilitate Collusion? A Study of the Bromine Cartel before World War I. Explorations in Economic History, 33 (1), 107-137.

Lewis, T. R. & Yildirim, H. (2005). Managing switching costs in multiperiod procurements with strategic buyers. International Economic Review, 46 (4), 1233-1269.

Li, F. (2010). The Information Content of Forward-Looking Statements in Corporate Filings—A Naïve Bayesian Machine Learning Approach. Journal of Accounting Research, 48 (5), 1049-1102.

Lindstädt, H. (1997). Optimierung der Qualität von Gruppenentscheidungen. Ein simulationsbasierter Beitrag zur Principal-Agent-Theorie (Physica-Schriften zur Betriebswirtschaft, Bd. 59). Heidelberg: Physica-Verlag.

Lindstädt, H. (1999). Verhalten von Personal bei Informationsüberlastung. In: Kossbiel, H. (Hrsg.), Modellgestützte Personalentscheidungen 3 (S. 103-124). München, Mering: Rainer Hampp Verlag.

Lindstädt, H. (2006). Beschränkte Rationalität. Entscheidungsverhalten und Organisationsgestaltung bei beschränkter Informationsverarbeitungskapazität (Schriften zu Management, Organisation und Information, Bd. 7, 1. Aufl.). München, Mering: Rainer Hampp Verlag.

Lipczynski, J., Wilson, J. O. S. & Goddard, J. A. (2005). Industrial Organization. Competition, Strategy, Policy (2. Aufl.). Harlow, New York: Pearson.

Long, J. S. & Freese, J. (2014). Regression Models for Categorical Dependent Variables Using Stata (3. Aufl.). College Station: Stata Press.

Magin, V., Schunk, H., Heil, O. & Fürst, R. (2003). Kooperation und Coopetition. Erklärungsperspektive der Spieltheorie. In: Zentes, J., Swoboda, B. & Morschett, D. (Hrsg.), Kooperationen, Allianzen und Netzwerke. Grundlagen - Ansätze - Perspektiven (1. Aufl., S. 122-140). Wiesbaden: Gabler.

Mahmood, A. (2011). An Experimental Investigation of Behaviour Based Price Discrimination. Working Paper, Oxford University.

Marbach, F. (1950). Monopolistische Organisationsformen. Eine kurze Einführung. Bern: A. Francke.

Maskin, E. & Tirole, J. (1987). A Theory of Dynamic Oligopoly, III. European Economic Review, 31 (4), 947-968.

Maskin, E. & Tirole, J. (1988a). A Theory of Dynamic Oligopoly, I. Overview and Quantity Competition with Large Fixed Costs. Econometrica, 56 (3), 549-569.

Maskin, E. & Tirole, J. (1988b). A Theory of Dynamic Oligopoly, II. Price Competition, Kinked Demand Curves, and Edgeworth Cycles. Econometrica, 56 (3), 571-599.

Maskin, E. & Tirole, J. (2001). Markov Perfect Equilibrium. Journal of Economic Theory, 100 (2), 191-219.

Mayer, L. (1959). Kartelle, Kartellorganisation und Kartellpolitik. Wiesbaden: Gabler.

Maynard Smith, J. (1982). Evolution and the Theory of Games. Cambridge: Cambridge University Press.

McAfee, R. P. & McMillan, J. (1996). Competition and game theory. Journal of Marketing Research, 33 (3), 263-267.

McCutcheon, B. (1997). Do Meetings in Smoke-Filled Rooms Facilitate Collusion? Journal of Political Economy, 105 (2), 330-350.

Menkhaus, D. J., Phillips, O. R. & Bastian, C. T. (2003). Impacts of Alternative Trading Institutions and Methods of Delivery on Laboratory Market Outcomes. American Journal of Agricultural Economics, 85 (5), 1323-1329.

Menkhaus, D. J., Phillips, O. R., Johnston, A. F. M. & Yakunina, A. V. (2003). Price Discovery in Private Negotiation Trading with Forward and Spot Deliveries. Review of Agricultural Economics, 25 (1), 89-107.

Morgan, P. B. & Shy, O. (2000). Undercut-Proof Equilibria. Working Paper, University of Haifa.

Nash, J. F. (1950). Equilibrium points in n-person games. Proceedings of the National Academy of Sciences, 36 (1), 48-49.

Neeman, Z. & Vulkan, N. (2010). Markets versus Negotiations. The Predominance of Centralized Markets. The B.E. Journal of Theoretical Economics, 10 (1), 1-28.

Noel, M. D. (2008). Edgeworth Price Cycles and Focal Prices. Computational Dynamic Markov Equilibria. Journal of Economics & Management Strategy, 17 (2), 345-377.

Normann, H. (2010). Experimentelle Ökonomik für die Wettbewerbspolitik (DICE Ordnungspolitische Perspektiven, Bd. 6). Düsseldorf: Düsseldorfer Institut für Wettbewerbsökonomie.

Normann, H. & Wallace, B. (2012). The impact of the termination rule on cooperation in a prisoner's dilemma experiment. International Journal of Game Theory, 41 (3), 707-718.

Offerman, T., Potters, J. & Sonnemans, J. (2002). Imitation and Belief Learning in an Oligopoly Experiment. Review of Economic Studies, 69 (4), 973-997.

Orzen, H. & Sefton, M. (2008). An experiment on spatial price competition. International Journal of Industrial Organization, 26 (3), 716-729.

Osborne, M. J. & Rubinstein, A. (1990). Bargaining and Markets (Economic theory, econometrics, and mathematical economics, 3. Aufl.). San Diego, London: Academic Press.

Osborne, M. J. & Rubinstein, A. (1994). A Course in Game Theory. Cambridge, London: The MIT Press.

Overgaard, P. B. & Møllgaard, H. P. (2008). Information Exchange, Market Transparency and Dynamic Oligopoly. Economics Working Paper 2007-3, University of Aarhus.

Padilla, A. (1992). Mixed pricing in oligopoly with consumer switching costs. International Journal of Industrial Organization, 10 (3), 393-411.

Padilla, A. (1995). Revisiting Dynamic Duopoly with Consumer Switching Costs. Journal of Economic Theory, 67 (2), 520-530.

Paulik, D. (2016). Auswirkungen von Kommunikation auf Preisentscheidungen und die Stabilität von Kundenbeziehungen in B2B-Kontraktmärkten. Dissertation, Karlsruher Institut für Technologie.

Pazgal, A. & Soberman, D. (2008). Behavior-Based Discrimination. Is It a Winning Play, and If So, When? Marketing Science, 27 (6), 977-994.

Peeters, R. & Strobel, M. (2005). Differentiated Product Markets: An ExperimentalTest of Two Equilibrium Concepts. METEOR Research Memorandum, 20.

Pesendorfer, E.-M., Graf, A. & Koeszegi, S. T. (2007). Relationship in electronic negotiations: Tracking behavior over time. Zeitschrift für Betriebswirtschaft, 77 (12), 1315-1338.

Petersen, M. A. (2009). Estimating Standard Errors in Finance Panel Data Sets. Comparing Approaches. Review of Financial Studies, 22 (1), 435-480.

Pham, L., Zaitsev, A., Steiner, R. & Teich, J. E. (2013). NegotiAuction: An experimental study. Decision Support Systems, 56, 300-309.

Pindyck, R. S. & Rubinfeld, D. L. (2013). Mikroökonomie (8. Aufl.). München: Pearson.

Plott, C. R. (1982). Industrial Organization Theory and Experimental Economics. Journal of Economic Literature, 20 (4), 1485-1527.

Plott, C. R. (1989). An Updated Review of Industrial Organization: Applications of Experimental Methods. In: Schmalensee, R. & Willig, R. D. (Hrsg.), Handbook of Industrial Organization (Bd. 2, S. 1109-1176). Amsterdam, Oxford: North-Holland.

Plott, C. R. & Smith, V. L. (Hrsg.). (2008). Handbook of Experimental Economics Results (Bd. 1, 1. Aufl.). Amsterdam, Oxford: North-Holland.

Potters, J. (2009). Transparency about past, present and future conduct: experimental evidence on the impact on competitiveness. In: Hinloopen, J. & Normann, H. (Hrsg.), Experiments and Competition Policy (S. 81-104). Cambridge: Cambridge University Press.

Pruitt, D. G. & Drews, J. L. (1969). The effect of time pressure, time elapsed, and the opponent's concession rate on behavior in negotiation. Journal of Experimental Social Psychology, 5 (1), 43-60.

Rees, R. (1993). Tacit collusion. Oxford Review of Economic Policy, 9 (2), 27-40.

Rieck, C. (1993). Spieltheorie. Einführung für Wirtschafts- und Sozialwissenschaftler. Wiesbaden: Gabler.

Rittner, F., Dreher, M. & Kulka, M. (2014). Wettbewerbs- und Kartellrecht. Eine systematische Darstellung des deutschen und europäischen Rechts (Schwerpunkte, 8. Aufl.). Heidelberg: C.F. Müller.

Rosenthal, R. & Jacobson, L. (1968). Pygmalion in the Classroom. Teacher Expectation and Pupils' Intellectual Development. New York: Holt, Rinehart and Winston.

Rössler, P. (2010). Inhaltsanalyse (UTB basics, Bd. 2671, 2. Aufl.). Konstanz: UVK.

Roth, A. E. (1995). Introduction to Experimental Economics. In: Kagel, J. H. & Roth, A. E. (Hrsg.), The Handbook of Experimental Economics (S. 3-110). Princeton: Princeton University Press.

Rothfuß, D. (2016). Einfluss von Persönlichkeitsmerkmalen auf das Verhandlungsverhalten und -ergebnis. Unv. Dissertation, Karlsruher Institut für Technologie.

Roux, C. & Thöni, C. (2015). Collusion among many firms. The disciplinary power of targeted punishment. Journal of Economic Behavior & Organization, 116, 83-93.

Sally, D. (1995). Conversation and Cooperation in Social Dilemmas. A Meta-Analysis of Experiments from 1958 to 1992. Rationality and Society, 7 (1), 58-92.

Salop, S. C. (1986). Practices that (Credibly) Facilitate Oligopoly Co-ordination. In: Stiglitz, J. E. & Mathewson, G. F. (Hrsg.), New Developments in the Analysis of Market Structure. Proceedings of a conference held by the International Economic Association in Ottawa, Canada (S. 265-294). Cambridge: The MIT Press.

Schaffer, M. E. (1989). Are profit-maximisers the best survivors? Journal of Economic Behavior & Organization, 12 (1), 29-45.

Schatzberg, J. W. (1990). A Laboratory Market Investigation of Low Balling in Audit Pricing. The Accounting Review, 65 (2), 337-362.

Schauenberg, B. (1991). Organisationsprobleme bei dauerhafter Kooperation. In: Ordelheide, D., Rudolph, B. & Büsselmann, E. (Hrsg.), Betriebswirtschaftslehre und ökonomische Theorie (S. 329-356). Stuttgart: C.E. Poeschel.

Schelling, T. C. (1960). The Strategy of Conflict. Cambridge: Harvard University Press.

Schendera, C. F. G. (2014). Regressionsanalyse mit SPSS (2. Aufl.). München: De Gruyter Oldenbourg.

Schmalensee, R. (1987). Competitive advantage and collusive optima. International Journal of Industrial Organization, 5 (4), 351-367.

Schmidt, P. (2012). Preisentscheidungen in realitätsähnlichen Bertrand-Edgeworth-Oligopolen. Eine experimentelle Untersuchung (Schriften zu Management, Organisation und Information, Bd. 39). München, Mering: Rainer Hampp Verlag.

Schmidtchen, D. (2003). Wettbewerb und Kooperation (Co-opetition): Neues Paradigma für Wettbewerbstheorie und Wettbewerbspolitik? In: Zentes, J., Swoboda, B. & Morschett, D. (Hrsg.), Kooperationen, Allianzen und Netzwerke. Grundlagen - Ansätze - Perspektiven (1. Aufl., S. 65-92). Wiesbaden: Gabler.

Schnitzer, M. (1994). Dynamic Duopoly with Best-Price Clauses. The RAND Journal of Economics, 25 (1), 186-196.

Schultz, C. (2005). Transparency on the consumer side and tacit collusion. European Economic Review, 49 (2), 279-297.

Schütze, R. (2015). An Introduction to European Law (2. Aufl.). Cambridge: Cambridge University Press.

Scott, W. A. (1955). Reliability of Content Analysis. The Case of Nominal Scale Coding. Public Opinion Quarterly, 19 (3), 321-325.

Sell, J. & Wilson, R. K. (1990). The effects of signalling on the provisioning of public goods. Discussion Paper, Workshop in Political Theory and Policy Analysis, Indiana University.

Selten, R. (1965). Spieltheoretische Behandlung eines Oligopolmodells mit Nachfrageträgheit. Teil I: Bestimmung des dynamischen Preisgleichgewichts. Zeitschrift für die gesamte Staatswissenschaft, 121 (2), 301-324.

Selten, R. (1975). Reexamination of the perfectness concept for equilibrium points in extensive games. International Journal of Game Theory, 4 (1), 25-55.

Selten, R. & Apesteguia, J. (2005). Experimentally observed imitation and cooperation in price competition on the circle. Games and Economic Behavior, 51 (1), 171-192.

Selten, R. & Stoecker, R. (1986). End behavior in sequences of finite Prisoner's Dilemma supergames A learning theory approach. Journal of Economic Behavior & Organization, 7 (1), 47-70.

Shi, M., Chiang, J. & Rhee, B.-D. (2006). Price Competition with Reduced Consumer Switching Costs. The Case of "Wireless Number Portability" in the Cellular Phone Industry. Management Science, 52 (1), 27-38.

Shilony, Y. (1977). Mixed pricing in oligopoly. Journal of Economic Theory, 14 (2), 373-388.

Short, J. C., Broberg, J. C., Cogliser, C. C. & Brigham, K. H. (2010). Construct Validation Using Computer-Aided Text Analysis (CATA). An Illustration Using Entrepreneurial Orientation. Organizational Research Methods, 13 (2), 320-347.

Shy, O. (2002). A quick-and-easy method for estimating switching costs. International Journal of Industrial Organization, 20 (1), 71-87.

Sieg, G. (2000). Spieltheorie. München: Oldenbourg.

Smith, A. (1776). An Inquiry into the Nature and Causes of the Wealth of Nations (Bd. 1, 1. Aufl.). London: W. Strahan and T. Cadell.

Smith, V. L. (1962). An Experimental Study of Competitive Market Behavior. Journal of Political Economy, 70 (2), 111-137.

Smith, V. L. (1976). Experimental Economics: Induced Value Theory. The American Economic Review, 66 (2), 274-279.

Smith, V. L. (2010). Theory and experiment. What are the questions? Journal of Economic Behavior & Organization, 73 (1), 3-15.

Spatz, C. (2010). Basic Statistics. Tales of Distributions (10. Aufl.). Belmont: Wadsworth.

Srnka, K. J. & Koeszegi, S. T. (2007). From Words to Numbers: How to Transform Qualitative Data into Meaningful Quantitative Results. Schmalenbach Business Review, 59 (1), 29-57.

Stachowiak, H. (1973). Allgemeine Modelltheorie. Wien: Springer.

Stango, V. (2002). Pricing with Consumer Switching Costs: Evidence from the Credit Card Market. The Journal of Industrial Economics, 50, 475-492.

Stevenson, R. L. (2001). In Praise of Dumb Clerks: Computer Assisted Content Analysis. In: West, M. D. (Hrsg.), Theory, Method, and Practice in Computer Content Analysis (Progress in communication sciences, Bd. 16, S. 3-12). Westport, London: Ablex.

Stigler, G. J. (1964). A Theory of Oligopoly. Journal of Political Economy, 72 (1), 44-61.

Stock, J. H. & Watson, M. W. (2012). Introduction to Econometrics. Global Edition (3. Aufl.). Harlow: Pearson.

Stockmann, R. (2000). Evaluation in Deutschland. In: Stockmann, R. (Hrsg.),
  Evaluationsforschung. Grundlagen und ausgewählte Forschungsfelder
  (Sozialwissenschaftliche Evaluationsforschung, Bd. 1, S. 11-40). Opladen: Leske +
  Budrich.

Stone, P. J., Dunphy, D. C., Smith, M. S. & Ogilvie, D. M. (1966). The General Inquirer:
  A Computer Approach to Content Analysis. Cambridge, London: The MIT Press.

Strickland, A. D. (1985). Conglomerate Mergers, Mutual Forbearance Behavior and
  Price Competition. Managerial and Decision Economics, 6 (3), 153-159.

Stuart, E. A. (2010). Matching methods for causal inference: A review and a look
  forward. Statistical Science, 25 (1), 1-21.

Sweezy, P. M. (1939). Demand Under Conditions of Oligopoly. Journal of Political
  Economy, 47 (4), 568-573.

Taylor, C. R. (2003). Supplier Surfing: Competition and Consumer Behavior in
  Subscription Markets. The RAND Journal of Economics, 34 (2), 223-246.

Thisse, J.-F. & Vives, X. (1988). On The Strategic Choice of Spatial Price Policy. The
  American Economic Review, 78 (1), 122-137.

Thomas, C. J. & Wilson, B. J. (2000). Design comparisons for procurement systems.
  ACM SIGecom Exchanges, 1 (1), 14-20.

Thomas, C. J. & Wilson, B. J. (2002). A Comparison of Auctions and Multilateral
  Negotiations. The RAND Journal of Economics, 33 (1), 140-155.

Thomas, C. J. & Wilson, B. J. (2005). Verifiable Offers and the Relationship Between
  Auctions and Multilateral Negotiations. The Economic Journal, 115 (506), 1016-
  1031.

Thomas, C. J. & Wilson, B. J. (2014). Horizontal product differentiation in auctions
  and multilateral negotiations. Economica, 81 (324), 768-787.

Tirole, J. (1988). The Theory of Industrial Organization. Cambridge, London: The
  MIT Press.

Tirole, J. (1999). Industrieökonomik (Wolls Lehr- und Handbücher der Wirtschafts-
  und Sozialwissenschaften, 2. Aufl.). München, Wien: Oldenbourg.

Tucker, A. W. (1950). A Two-Person Dilemma: The Prisoner's Dilemma. Unv. Paper, Stanford University. Nachdruck in: Tucker, A. W. (1983). The Mathematics of Tucker. A Sampler. The Two-Year College Mathematics Journal, 14 (3), 228.

Tukey, J. W. (1977). Exploratory Data Analysis. Reading: Addison-Wesley.

Ullrich, C. (2004). Die Dynamik von Coopetition. Möglichkeiten und Grenzen dauerhafter Kooperation (Entscheidungs- und Organisationstheorie, 1. Aufl.). Wiesbaden: Deutscher Universitätsverlag Springer.

Urban, D. & Mayerl, J. (2011). Regressionsanalyse. Theorie, Technik und Anwendung (Studienskripten zur Soziologie, 4. Aufl.). Wiesbaden: VS Verlag für Sozialwissenschaften.

Van Damme, E. (1989). Renegotiation-proof equilibria in repeated prisoners' dilemma. Journal of Economic Theory, 47 (1), 206-217.

Varian, H. R. (2011). Grundzüge der Mikroökonomik (8. Aufl.). München: Oldenbourg.

Vega-Redondo. (1997). The Evolution of Walrasian Behavior. Econometrica, 62 (2), 375-384.

Viard, V. B. (2007). Do switching costs make markets more or less competitive? The case of 800-number portability. The RAND Journal of Economics, 38 (1), 146-163.

Villas-Boas, J. M. (1999). Dynamic Competition with Customer Recognition. The RAND Journal of Economics, 30 (4), 604-631.

Von Stackelberg, H. (1934). Marktform und Gleichgewicht. Wien, Berlin: Springer.

Von Weizsäcker, C. C. (1984). The Costs of Substitution. Econometrica, 52 (5), 1085-1116.

Waichman, I., Requate, T. & Siang, C. K. (2014). Communication in Cournot competition. An experimental study. Journal of Economic Psychology, 42, 1-16.

Waterson, M. (2003). The role of consumers in competition and competition policy. International Journal of Industrial Organization, 21 (2), 129-150.

Weingart, L. R., Brett, J. M., Olekalns, M. & Smith, P. L. (2007). Conflicting social motives in negotiating groups. Journal of Personality and Social Psychology, 93 (6), 994-1010.

Weingart, L. R., Hyder, E. B. & Prietula, M. J. (1996). Knowledge matters: The effect of tactical descriptions on negotiation behavior and outcome. Journal of Personality and Social Psychology, 70 (6), 1205-1217.

Weingart, L. R., Olekalns, M. & Smith, P. L. (2004). Quantitative Coding of Negotiation Behavior. International Negotiation, 9 (3), 441-456.

Whinston, M. D. (2006). Lectures on Antitrust Economics (Cairoli Lectures). Cambridge: The MIT Press.

Wied-Nebbeling, S. (2004). Preistheorie und Industrieökonomik (4. Aufl.). Berlin, Heidelberg: Springer.

Wilson, B. J. & Zillante, A. (2010). More Information, More Ripoffs. Experiments with Public and Private Information in Markets with Asymmetric Information. Review of Industrial Organization, 36 (1), 1-16.

Woeckener, B. (2011). Strategischer Wettbewerb. Eine Einführung in die Industrieökonomik (2. Aufl.). Berlin, Heidelberg: Springer.

Wooldridge, J. M. (2010). Econometric Analysis of Cross Section and Panel Data (2. Aufl.). Cambridge, London: The MIT Press.

Wooldridge, J. M. (2013). Introductory Econometrics. A Modern Approach (5. Aufl.). Mason: South-Western.

Yu, T. & Cannella, A. A. (2013). A Comprehensive Review of Multimarket Competition Research. Journal of Management, 39 (1), 76-109.

Zizzo, D. J. (2010). Experimenter demand effects in economic experiments. Experimental Economics, 13 (1), 75-98.

Printed in the United States
By Bookmasters